普通高等教育"十二五"部委级规划教材(高职高专)

宁波市高校特色教材

纤维素纤维织物的染整

吴建华　主编

中国纺织出版社

内 容 提 要

本书系统地介绍了纤维素纤维织物前处理、染色及后整理的加工原理、生产工艺与设备。重点介绍了棉机织物的染整前处理工艺、染色工艺及整理工艺。对麻类织物的染整，再生纤维素纤维中的黏胶纤维织物、铜氨纤维织物、Tencel 纤维及竹纤维织物的染整等内容也作了介绍。

本书可作为高职高专院校染整技术专业的教材，也可供从事纺织印染及其相关专业的技术人员参考。

图书在版编目(CIP)数据

纤维素纤维织物的染整/吴建华主编 . —北京：中国纺织出版社，2015. 5 (2023.7重印)

普通高等教育"十二五"部委级规划教材 . 高职高专

ISBN 978-7-5180-1485-9

Ⅰ.①纤… Ⅱ.①吴… Ⅲ.①纤维素纤维-织物-染整-高等职业教育-教材 Ⅳ.①TS190.6

中国版本图书馆 CIP 数据核字(2015)第 063535 号

策划编辑：秦丹红 张晓蕾　　责任编辑：朱利锋　　责任校对：余静雯
责任设计：何　建　　　　　　责任印制：何　建

中国纺织出版社出版发行
地址：北京市朝阳区百子湾东里 A407 号楼　邮政编码：100124
销售电话：010—67004422　传真：010—87155801
http://www.c-textilep.com
中国纺织出版社天猫旗舰店
官方微博 http://weibo.com/2119887771
北京虎彩文化传播有限公司印刷　各地新华书店经销
2015 年 5 月第 1 版　2023 年 7 月第 4 次印刷
开本：787×1092　1/16　印张：17.5
字数：355 千字　定价：55.00 元

出版者的话

《国家中长期教育改革和发展规划纲要》(简称《纲要》)中提出"要大力发展职业教育"。职业教育要"把提高质量作为重点。以服务为宗旨,以就业为导向,推进教育教学改革。实行工学结合、校企合作、顶岗实习的人才培养模式"。为全面贯彻落实《纲要》,中国纺织服装教育学会协同中国纺织出版社,认真组织制订"十二五"部委级教材规划,组织专家对各院校上报的"十二五"规划教材选题进行认真评选,力求使教材出版与教学改革和课程建设发展相适应,并对项目式教学模式的配套教材进行了探索,充分体现职业技能培养的特点。在教材的编写上重视实践和实训环节内容,使教材内容具有以下三个特点:

(1)围绕一个核心——育人目标。根据教育规律和课程设置特点,从培养学生学习兴趣和提高职业技能入手,教材内容围绕生产实际和教学需要展开,形式上力求突出重点,强调实践。附有课程设置指导,并于章首介绍本章知识点、重点、难点及专业技能,章后附形式多样的思考题等,提高教材的可读性,增加学生学习兴趣和自学能力。

(2)突出一个环节——实践环节。教材出版突出高职教育和应用性学科的特点,注重理论与生产实践的结合,有针对性地设置教材内容,增加实践、实验内容,并通过多媒体等形式,直观反映生产实践的最新成果。

(3)实现一个立体——开发立体化教材体系。充分利用现代教育技术手段,构建数字教育资源平台,开发教学课件、音像制品、素材库、试题库等多种立体化的配套教材,以直观的形式和丰富的表达充分展现教学内容。

教材出版是教育发展中的重要组成部分,为出版高质量的教材,出版社严格甄选作者,组织专家评审,并对出版全过程进行跟踪,及时了解教材编写进度、编写质量,力求做到作者权威、编辑专业、审读严格、精品出版。我们愿与院校一起,共同探讨、完善教材出版,不断推出精品教材,以适应我国职业教育的发展要求。

中国纺织出版社
教材出版中心

前言

本教材是高职染整技术专业的核心课程配套教材之一。2011年5月被教育部高职高专轻化类教学指导委员和中国纺织出版社确定为部委级"十二五"规划教材。

本教材包括:棉织物的染整、麻类织物的染整及再生纤维素纤维织物的染整三部分内容。其中棉织物的染整是本课程中最基本、也是最重要的内容,因此在本教材内容中占了大部分的篇幅。由纤维素纤维制成的纺织品可以是纱线、机织物、针织物、成衣等不同形态,本教材主要以机织物作为载体来介绍染整前处理、染色及后整理工艺。根据染整新技术发展趋势和染整行业可持续发展的需要,本教材突出了对近年来较成熟的新技术、新工艺、新设备、新材料方面内容的介绍,例如:棉织物的酶精练技术,高效短流程前处理工艺与设备,棉织物的新型活性染料染色及近代浸染技术,抗菌、抗紫外线整理技术,汉麻织物的染整工艺,天丝(Tencel)纤维及竹纤维织物的染整工艺等。

本教材由浙江纺织服装职业技术学院吴建华老师担任主编。全书共分为十五章,第一、第二、第三、第四、第五、第六、第十一、第十二、第十三章由浙江纺织服装职业技术学院吴建华老师编写;第七、第八章由浙江纺织服装职业技术学院王华清老师编写;第九、第十章由浙江纺织服装职业技术学院董杰老师编写;第十四章由浙江纺织服装职业技术学院董杰老师和雅戈尔集团股份有限公司王庆淼博士编写,第十五章由浙江纺织服装职业技术学院王华清老师和宁波维科精华集团股份有限公司研究院何羽总工程师编写。全书由吴建华老师统稿。

本教材在编写过程中得到了教育部高职高专轻化类教学指导委员染整分委员会的关心和指导,还得到了浙江理工大学材料与纺织学院、雅戈尔集团股份有限公司、宁波维科精华集团股份有限公司等单位专家和领导的支持。另外,本教材还得到了宁波市高校特色教材建设专项经费的支持,在此一并表示诚挚的感谢。

由于编者水平有限,纰漏之处在所难免,敬请读者批评指正。

编 者

2014 年 12 月 25 日

☞ 课程设置指导

一、课程基本信息

课程名称:纤维素纤维织物的染整

适用专业:染整技术

课程性质:专业必修课

建议教学时数:80 学时

建议学分:5 学分

二、课程教学目标

本课程以教授纤维素纤维织物染整加工的基本工艺及方法为目标,强调以岗位职业能力为着眼点,培养染整技术专业职业岗位群所需要的高素质技术人才。通过该课程的学习,让学生能制订纤维素纤维织物的染整工艺,学会适合该类织物的染料和染整助剂的使用方法,能采用正确的方法和标准对该类织物的染整产品的主要性能进行测试及分析,能对产品的质量问题进行分析和评价,培养学生的创新能力和实战能力。能实际操作纤维素纤维织物染整加工的主要小、中样设备,能熟练运用训练所获得的技能对纤维素纤维织物的染色标样进行仿色操作,达到染色小样工国家职业技能证书考核要求。

三、课程内容和教学要求

课程内容突出对学生职业能力的训练,理论知识的选取紧紧围绕学习型工作任务完成的需要来进行,同时又充分考虑了高等职业教育对理论知识学习的需要,以过程性知识为主,陈述性知识为辅,技能训练过程完全按照生产企业工作过程的步骤和质量控制要求展开,从而达到以下教学要求:

1. 掌握烧毛、退浆、煮练、漂白、丝光等棉织物染整前处理工艺的原理和方法,能进行棉织物前处理工艺方案的制订和实验操作。

2. 掌握直接染料、活性染料、还原染料和硫化染料的分类、结构与性能,染色原理、染色牢度测定、常见病疵分析、预防措施和解决办法,能进行染料对棉织物染色的工艺方案的制订和实验操作。

3. 掌握棉织物定形、外观、手感等一般整理原理和方法,能进行棉织物一般整理的工艺方案的制订。

4. 了解防皱整理剂的分类、结构与性能,掌握棉织物防皱整理的原理和方法,能进行棉织物防皱整理的工艺方案的制订和实验操作。

5. 掌握棉织物拒水、阻燃、抗菌、抗紫外线整理等功能整理的原理和方法，了解功能整理剂的分类、结构与性能，能进行棉织物功能整理的工艺方案制订和实验操作。

6. 掌握麻类织物的染整前处理、染色、后整理的方法，能进行麻类织物的染整工艺方案的制订和实验操作。

7. 掌握黏胶纤维和铜氨纤维织物的染整前处理、染色、后整理的方法，能进行黏胶纤维织物的染整工艺方案的制订和实验操作。

8. 掌握天丝(Tencel)纤维、竹纤维等新型再生纤维素纤维织物的前处理、染色、后整理的方法。能进行天丝(Tencel)纤维织物的染整工艺方案的制订和实验操作。

四、课程教学建议

1. 教学方法：在教学中应根据课程目标和学生认知特点，以典型项目教学中的学习型工作任务引领，通过案例分析、现场教学、竞赛型学习、"教学做"一体等方法与手段，引导学生积极思考、勇于实践，提高学生的学习兴趣，激发学生的成就动机和创新意识。教师以染整生产产品为载体，将教学内容分解为具体的学习型工作任务，学生以工作小组的形式围绕学习型工作任务，查阅资料或书籍，并在教师的指导下，制订完成任务的工艺方案，师生共同进行讨论，边学边做，培养学生分析问题和解决问题的能力，提高学生的职业素质和技能。

2. 网络教学：通过网络教学可以拓展学生的学习空间，有效地保证学习内容的完整性。本课程的网络资源已按国家级精品资源共享课的要求进行建设，经过近年来课程组教师的不懈努力，形成了含有动画、图片、教学视频、教学案例、PPT演示文稿、习题、模拟试卷等基本教学资源；开发了模拟染整生产过程的仿真软件，建立网上虚拟实验室，运用文献、媒体素材等拓展资源，使课程的教学做到直观、清新、形象、生动。

五、教学学时分配建议

序号	典型项目	学习型工作任务	与教材对应的章节	学时分配	
				理论	实验
1	棉织物的前处理	原布准备	第一章　第一节	1	
		烧毛	第一章　第二节	1	
		退浆	第二章　第一节	2	2
		精练	第二章　第二节	2	2
		漂白	第二章　第三节	2	2
		高效短流程前处理工艺	第二章　第四节	1	
		丝光	第三章	3	2

序号	典型项目	学习型工作任务	与教材对应的章节	学时分配	
				理论	实验
	小计			12	8
2	棉织物的染色	染料基础知识	第四章	2	
		染色原理	第五章	3	2
		染色方法与设备	第六章	3	
		直接染料染色	第七章	2	2
		活性染料染色	第八章	4	2
		还原染料染色	第九章	3	2
		硫化染料染色	第十章	1	2
	小计			18	10
3	棉织物的整理	定形整理	第十一章　第一节	1	
		外观整理	第十一章　第二节	1	
		手感整理	第十一章　第三节	1	2
		防皱整理	第十二章	3	2
		拒水整理	第十三章　第一节	1	2
		阻燃整理	第十三章　第二节	1	2
		抗菌整理	第十三章　第三节	1	
		抗紫外线整理	第十三章　第四节	1	
	小计			10	8
4	麻类织物的染整	麻类织物的前处理	第十四章　第一节	2	
		麻类织物的染色	第十四章　第二节	2	2
		麻类织物的整理	第十四章　第三节	2	
	小计			6	2
5	再生纤维素纤维织物的染整	黏胶纤维及铜氨纤维织物的染整	第十五章　第一节	2	2
		天丝(Tencel)纤维织物的染整	第十五章　第二节	1	
		竹纤维织物的染整	第十五章　第三节	1	
	小计			4	2
合计学时				50	30

目录

上篇　棉织物的染整

下篇 其他纤维素纤维织物的染整

上篇
棉织物的染整

第一章　原布准备与烧毛

❈ 本章知识要求

1. 了解棉织物染整前处理过程的主要工序。

2. 了解原布物理指标与外观疵点。

3. 了解原布分批、分箱原则和方法。

4. 了解常用的缝头方法及特点。

5. 掌握烧毛的目的与方法。

6. 掌握常见烧毛设备的种类。

7. 掌握气体烧毛机的组成和作用。

8. 掌握烧毛火口的种类及火口位置。

❈ 本章技能要求

1. 学会原布检验。

2. 学会翻布、分箱、打印、缝头等操作。

3. 能进行气体烧毛机烧毛工艺的制订。

4. 学会烧毛工艺条件的控制。

5. 能进行烧毛质量的评定。

　　织布厂织机下来的原色坯布,简称原布或坯布。织物染整前处理加工的任务是要将来自织布厂的坯布经过前处理后,为后加工提供合格的半制品,以保证染色、印花、后整理这些后加工能够顺利进行,从而将坯布加工成漂白布、染色布和印花布等各种染整产品。

　　棉机织物的染整前处理过程主要由原布准备、烧毛、退浆、精练、漂白(开幅、轧水、烘干)、丝光等工序组成。棉针织物的染整前处理过程与棉机织物有所不同:一般品种只需进行精练和漂白,汗布类产品则需要进行碱缩,而高档棉针织物还需要进行丝光。本教材所讨论的染整前处理加工过程仅限于棉机织物。

第一节　原布准备

　　原布准备包括原布检验、翻布(分批、分箱、打印)和缝头。原布在加工之前,都要进行检验,以便发现问题,及时采取措施,保证染整产品的质量。在染整生产中为了避免由于批量大、品种多而造成混乱,常将相同规格、相同工艺的原布划为一类,进行分批、分箱,并在每箱布的两头打上印记。为适应染整生产连续加工的要求,将翻好的布匹逐箱逐匹用缝纫机连接起来,称为缝头。在间歇加工中,还应根据设备的容量,将已经划分为一批的织物计重,已便染化料加入时准确计量。

一、原布检验

原布检验内容主要包括物理指标和外观疵点的检验。物理指标检验包括原布的长度、幅宽、重量、强力及经纬纱的规格和密度等。外观疵点检验主要是指纺织过程中所形成的疵病,如缺经、断纬、跳纱、油污纱、色纱、棉结、斑渍、筘路、破洞等。原布检验率一般为10%左右,也可以根据原布的质量情况和品种要求适当增减。

二、翻布(分批、分箱、打印)

原布分批、分箱目前多采用人工翻布,即把一匹匹布翻摆在堆布板或堆布车上,同时把布的两端拉出,要注意布边整齐,布头不能漏拉,做到正、反一致,便于缝接。分批的原则应根据设备的容量而定,分箱的原则根据布箱大小、原布组织和有利于运送而定。为了避免搞错,将每箱布的两头打上印记,部位在离布头10~20cm处,印记标出原布品种、加工类别、批号、箱号、日期、翻布人代号等。印染加工的织物品种和工艺过程较多,每箱布都附有一张分箱卡,注明织物的品种、批号、箱号(卷号),便于管理。

三、缝头

缝头要求平直、坚牢、边齐,针脚均匀,不漏针、跳针,缝头的两端针脚应加密,加密长度为1~3cm,以防开口和卷边。常用的缝头方法有环缝、平缝和假缝三种。

环缝的特点是缝接平整、坚牢,但用线量多,适用于一般中厚织物,尤其适宜卷染、印花、轧光、电光等加工。平缝的特点是灵活、方便、用线少,适用于箱与箱之间或湿布的缝接。但由于两端布重叠、易产生横档等疵病,对重型轧辊有损伤,所以不宜卷染、轧光、电光等加工。假缝的特点是缝接坚牢,不易卷边,用线较省,特别适用于薄织物的缝接,但同样存在两端布重叠的情况。

第二节　烧　毛

烧毛是去除布面绒毛。布面绒毛是由暴露在纱线表面的纤维末端形成的,它不仅影响织物的光洁度、外观和容易沾染尘污,而且还会在染色、印花等后续加工中带来各种疵病,影响产品品质。一般棉织物都要通过烧毛将布面绒毛去除。烧毛是将织物平幅迅速地通过火焰或擦过赤热的金属表面,这时布面上存在的绒毛很快升温燃烧而被烧去,而布身比较紧密,升温较慢,在未升到着火点时,已离开了火焰或赤热的金属表面,织物本身并未受到损伤。

烧毛的质量是在保证织物强力符合要求的前提下,根据绒毛的去除程度来评定的。参照颁布的5级制标准进行评级:1级为未经烧毛坯布,2级为长毛较少,3级基本上没有长毛,4级为仅有较整齐的短毛,5级为烧毛洁净。一般织物烧毛要求达3~4级,质量要求高的织物要求达4级以上。

烧毛的设备有气体烧毛机、铜板烧毛机和圆筒烧毛机,气体烧毛属于无接触式烧毛,而铜板和圆筒烧毛均属接触式烧毛。圆筒烧毛机热能消耗大,清洁保养麻烦,目前已很少使用。

一、气体烧毛机烧毛

(一)气体烧毛机的组成和作用

气体烧毛机通常由进布装置、刷毛箱、烧毛火口、灭火和落布等装置组成,如图1-1所示。

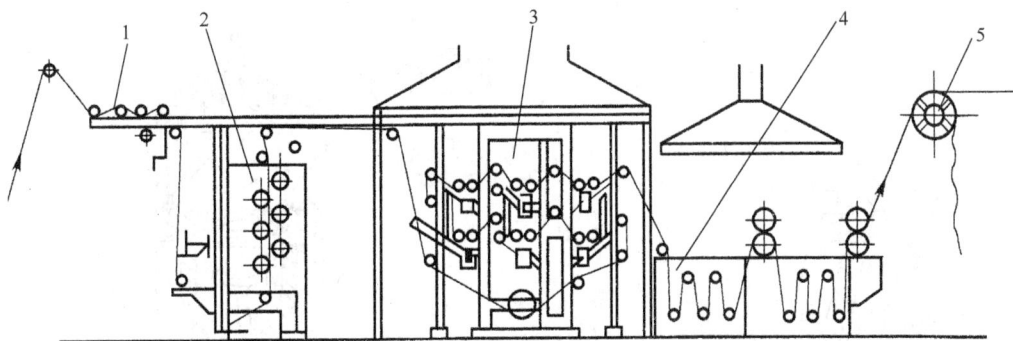

图1-1 气体烧毛机示意图
1—进布架 2—刷毛箱 3—烧毛火口 4—灭火槽 5—落布装置

1. 进布架

烧毛机的进布架主要由一组导布辊筒组成,织物的张力通过导布辊筒的位置进行调节。

2. 刷毛箱

刷毛箱内有4~8只猪鬃或尼龙刷毛辊,刷毛辊转动方向与织物前进方向相反。刷毛箱旁装有吸风机,使刷下来的杂物落入箱底,并送出室外。刷毛的作用是刷去织物表面的纱头、灰尘和杂物,并使绒毛竖立起来,便于烧除。为了刷去织物上的部分棉籽壳,可以增加1~2对金刚砂辊筒以及1~2把刮刀。

3. 烧毛火口

火口是气体烧毛机的关键部件,火口的性能直接影响到烧毛的效率和质量。

火口要不易变形,维修方便,热能利用率高。火口种类有狭缝式火口、双喷射辐射式火口和复合式火口等。一般气体烧毛机有4~6个火口,双层布同时烧毛,火口数量加倍。

(1)火口种类。

①狭缝式火口。狭缝式火口(图1-2)是一狭长形铸铁小箱,箱内是可燃性气体和空气的混合室,上部有一个可调节的狭缝,狭缝的宽度根据可燃性气体燃烧速率的快慢加以调节,燃气与空气在混合室内混合后由狭缝喷出燃烧形成火焰,火焰温度为800~900℃。狭缝式火口的特点是结构简单,维修方便,由于燃烧不充分,火焰不均匀,火焰温度低,能耗大,目

前已逐渐被淘汰。

②双喷射辐射式火口。这种火口有不锈钢喷嘴片辐射式火口(图1-3)、双狭缝辐射式火口(图1-4)等不同形式。不锈钢喷嘴片辐射式火口的设计原理采用双股同心射流原理,可燃性气体和空气经二次混合后,经不锈钢叠片喷嘴喷至由耐火砖组成的燃烧室中进行燃烧,从耐火砖的缝隙中喷出高温火焰。双狭缝辐射式火口材料为铸铁,上面装有特殊耐火砖,可燃性气体和空气经预混合后进入混合室,再通过孔板从两条狭缝喷口喷出。双喷射辐射式火口的特点是可燃烧气体和空气在火口内二次混合,使喷向燃烧室的混合气体压力均匀,燃烧时火焰均匀,能使天然气获得充分燃烧,节能约30%~50%,且火焰平稳,穿透力强,火焰温度最高可达1400℃。由于火口温度很高,火口体内装有冷却装置。

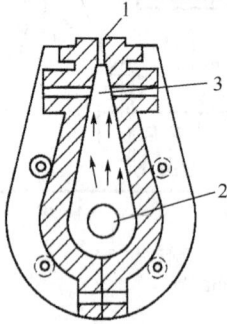

图1-2　狭缝式火口

1—火口缝隙　2—可燃性气体进气管

3—可燃性气体与空气的混合器

图1-3　不锈钢喷嘴片辐射式火口

1—火口体　2—冷水通道　3—气体一次混合室　4—气体二次混合室　5—不锈钢喷嘴片　6—耐火砖　7—截止阀　8—气体喷出口

③复合式火口。复合式火口是一种新型火口(图1-5),其主要由火口体、火口燃烧室和可旋转的陶瓷管组成。火口点燃时,火焰从陶瓷管左右壁面与第二燃烧室耐火砖之间的两条狭缝中喷出,火焰温度最高可达1300℃。同时旋转的陶瓷管经火焰灼烧,其表面温度可达800~1000℃。烧毛时,织物通过气体火焰上方的同时,还从旋转的赤热陶瓷管表面擦过,构成了对织物既有气体式又有接触式的烧毛形式。复合式火口的特点是火焰燃烧充分,无黑烟排放,节能,烧毛效率高,对织物品种的适用性广。

(2)烧毛火口的位置。目前生产中的气体烧毛机火口的位置是可以调节的,按织物的不同,可以是透烧、对烧和切烧等形式,如图1-6所示。透烧是火焰垂直于布面,火焰气流可以透过布面,热量充分利用,烧毛效率高,适用于纯棉、再生纤维素纤维及其混纺厚重织物的烧毛。对烧是火焰对准包覆在冷水辊表面的织物,火焰不穿透织物,布面温度较低,适合于合成纤维及其混纺织物等对温度敏感的织物烧毛。切烧是指火焰切向接触包覆冷水辊的织物,适合于一些不耐高温的轻薄型织物烧毛。

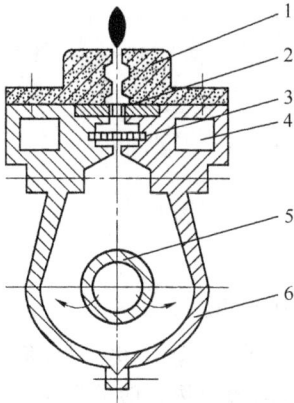

图 1-4　双狭缝辐射式火口
1—异形耐火砖　2—狭缝喷嘴　3—孔板
4—冷水腔　5—喷气管　6—火口体

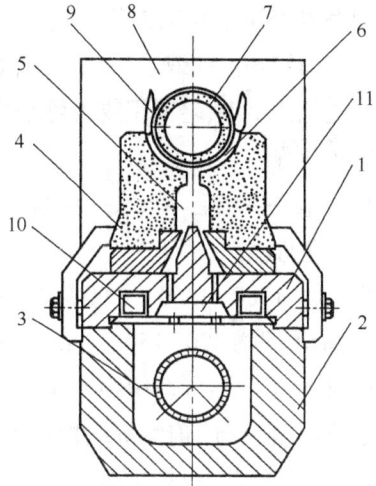

图 1-5　复合式火口
1—火口上体　2—火口下体　3—旋混管　4—耐火砖
5—第一燃烧室　6—第二燃烧室　7—陶瓷管　8—端盖
9—喷射火焰　10—冷却水管　11—燃烧混合室

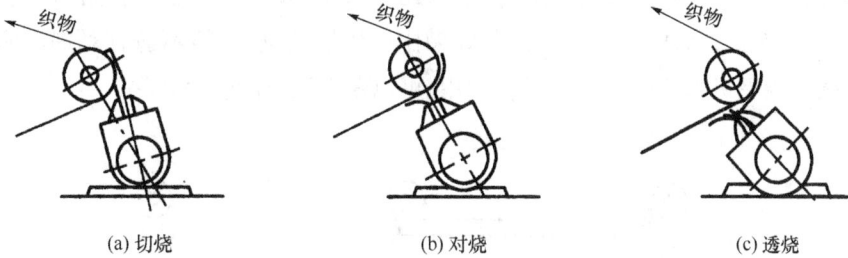

(a) 切烧　　　　　(b) 对烧　　　　　(c) 透烧

图 1-6　烧毛火口的三种位置示意图

4. 灭火装置

织物经火口烧毛后,布面温度很高,且烧毛过程中常有火星落入布面,如不及时处理,就会造成织物的损伤,甚至可能引起火灾。因此,烧毛后的织物必须立即进行灭火。

灭火方法根据落布方式的不同,通常有灭火槽灭火和蒸汽灭火箱灭火。

灭火槽灭火是将烧毛后的织物立即浸入盛有热水或退浆液的灭火槽中进行浸轧,达到既灭火又有退浆、精练预处理的目的,此法用于湿态落布,目前应用较为广泛。蒸汽灭火箱灭火主要是针对需要干态落布的品种,蒸汽灭火箱是由上、下导辊和直接蒸汽管组成,当织物通过时,直接蒸汽管对布面喷射蒸汽进行灭火。

5. 落布装置

落布装置根据织物的染整加工方式不同,有两种不同的方式:对需要进行绳状加工的织物,出布时经导布磁圈成绳状堆布;需要进行平幅加工的织物,则通过落布架往复摆动而平堆于布箱中,或进行平幅打卷。

(二)气体烧毛机烧毛工艺

为了烧净织物上的绒毛,又不使织物在高温下损伤,就必须制订合理的烧毛工艺。纯棉织物一般用透烧法烧毛,轻薄织物也可采用切烧。参考工艺如下:

①工艺流程。

进布→刷毛→烧毛→灭火→出布

②工艺条件。

火焰温度:1200~1300℃(双喷射式火口)。

车速:稀薄织物120~150m/min;厚密织物80~120m/min。

织物与火焰距离:稀薄织物1.0~1.2cm;厚密织物0.5~0.8cm。

烧毛面:一般平布、府绸等织物正反面烧毛次数相同,如一正一反、二正二反;斜纹、卡其等有正反面之分的织物,以烧正面为主,如二正一反、三正一反;稀薄织物一般采用一正一反。

二、铜板烧毛机烧毛

铜板烧毛机是由铜板、炉灶、摇摆装置和灭火槽等组成,如图1-7所示。一般铜板烧毛机由2~4块半弧形铜板分别置于炉膛上,炉膛内可用煤、油或气体燃烧加热铜板,织物迅速地擦过赤热的铜板表面,从而烧去织物表面的绒毛。铜板烧毛机的铜板温度一般控制在700~900℃。车速根据织物的厚薄而定,一般为50~120m/min。铜板与织物的接触宽度:厚织物5~7cm,一般织物4~5cm。铜板烧毛机的去杂效果比气体烧毛机好,但不适宜对提花织物和轻薄织物烧毛。铜板烧毛机与气体烧毛机联合使用,可以获得满意的烧毛效果。

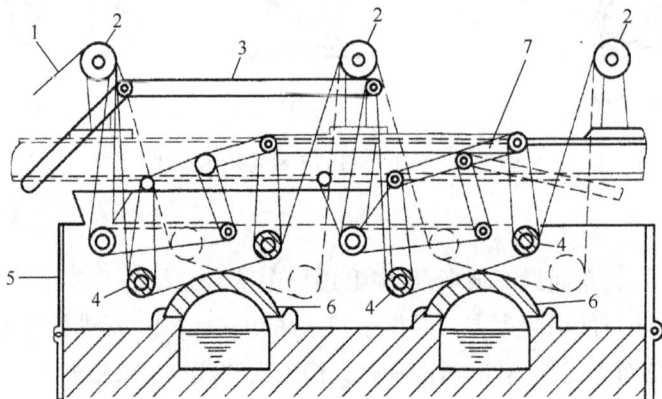

图1-7 铜板烧毛机示意图

1—织物 2,4—导布辊 3—导布杠杆 5—炉灶 6—弧形铜板 7—摇摆导布装置

☞ 思考题

1. 为何要进行原布检验?原布检验主要包括哪些内容?

2. 常用的缝头方法有哪几种?各有什么特点?

3. 简述烧毛的目的和意义。烧毛的质量是如何评定的?

4. 常见烧毛设备有哪几种? 目前使用最广泛是哪一种?

5. 狭缝式火口、双喷射辐射式火口、复合式火口各有什么特点? 烧毛火口的位置一般可以调节成哪几种形式?

6. 气体烧毛机烧毛的主要工艺条件有哪些?

参考文献

[1]阎克路.染整工艺学教程:第一分册[M].北京:中国纺织出版社,2005.

[2]陶乃杰.染整工程:第一册[M].北京:中国纺织出版社,2005.

[3]林细娇,陈晓玉.染整技术:第一册[M].北京:中国纺织出版社,2009.

[4]蔡苏英.纤维素纤维制品的染整[M].2版.北京:中国纺织出版社,2011.

[5]陈立秋.新型染整工艺设备[M].北京:中国纺织出版社,2009.

[6]吴立.染整工艺设备[M].北京:中国纺织出版社,1993.

第二章 退浆、精练、漂白

✤ **本章知识要求**

1. 掌握退浆的目的。

2. 了解常用浆料及性能。

3. 掌握退浆方法及原理。

4. 掌握退浆工艺。

5. 掌握精练的目的。

6. 了解纤维素共生物。

7. 掌握精练原理及方式。

8. 掌握精练设备与工艺。

9. 了解酶精练。

10. 掌握轧液率的概念。

11. 掌握漂白的目的与方法。

12. 掌握常用的漂白剂及漂白原理。

13. 掌握过氧化氢漂白工艺。

14. 了解短流程前处理工艺。

✤ **本章技能要求**

1. 能进行退浆、精练和漂白工艺的制订。

2. 能进行退浆、精练和漂白工艺操作。

3. 学会退浆、精练和漂白工艺条件控制。

4. 学会退浆率的测定。

5. 学会毛细管效应的测定。

6. 学会失重率的测定。

7. 学会织物白度的测定。

8. 学会织物损伤程度的测定。

棉坯布中有大量的杂质,这些杂质包括棉纤维里存在的果胶、蜡质等天然杂质,机织物在织造过程中经纱上的浆料及油污等人工杂质。这些杂质的存在,会给染色、印花、后整理等染整后加工带来麻烦,而且影响织物的外观、手感和内在品质。棉织物前处理加工的目的就是通过化学和物理机械作用去除这些杂质,使织物具有洁白的外观、柔软的手感,织物的力学性能、润湿渗透性等内在质量也同时得以提高。在染整加工中一些表面上看起来是染色、印花、后整理的质量问题,实质上却是由于前处理的质量问题而造成的,因此织物前处理后的半制品质量直接关系到染色、印花、后整理工序的质量。

第一节　退　　浆

为了降低织造过程中经纱的断头率,一般经纱都需要上浆。在织造前对经纱进行上浆处理后,在纱线表面形成一层牢固的浆膜,使纱线变得紧密光滑,提高了经纱的断裂强度和耐磨性。上浆对织造是有利的,但是给染整加工带来了麻烦,纱线表面的浆膜会阻碍染化料向纤维内部渗透,而且还会沾污染整工作液,所以退去坯布经纱上的浆料是染整前处理加工中的主要任务之一。

经纱上浆常用的浆料可分为天然浆料、变性浆料和合成浆料三类。天然浆料主要有各种淀粉(如小麦、玉米、甘薯、马铃薯、木薯、橡子等),海藻类(如褐藻酸钠、红藻胶等),其他植物种子(如田仁粉、槐豆粉等)。变性浆料主要有糊精、可溶性淀粉、氧化淀粉、羧甲基淀粉、羧甲基纤维素(CMC)等。合成浆料主要有聚乙烯醇(PVA)、聚丙烯酸类(PA)等。

织物上的浆料与织物品种有关,目前纯棉织物和再生纤维素纤维织物一般采用淀粉和变性淀粉浆料,或淀粉、变性淀粉浆料—合成浆料混合浆;涤棉混纺织物常用聚乙烯醇(PVA)、聚丙烯酸类(PA)等合成浆料,或淀粉、变性淀粉浆料—合成浆料混合浆。上浆率的高低视织物品种、织机种类、上浆工艺不同而异,一般上浆率为4%~15%。纱线细、密度大的织物,经纱上浆率应高些,如府绸类可高达8%~14%。经过并捻的纱线可以不上浆或上1%~3%的轻浆。

退浆率表示织物上浆料去除的程度,是评价退浆效果的主要指标,其计算公式为:

$$退浆率=\frac{退浆前织物的含浆率-退浆后织物的含浆率}{退浆前织物的含浆率}\times100\%$$

淀粉浆退浆率的测定有重量法、水解法、高氯酸法。在实际生产中往往评级的方法对棉织物的退浆效果进行评定,评级法是根据织物所含的淀粉量不同而对碘液所呈现的颜色深浅不同进行的评价。此法方便快捷,使用广泛。

一、常用浆料及性能

(一)淀粉与变性淀粉

淀粉(Starch)是一种多糖类天然高分子化合物,其分子式为:$(C_6H_{10}O_5)_n$。淀粉由直链淀粉和支链淀粉组成。淀粉中直链淀粉和支链淀粉的比例取决于淀粉的来源,一般是含有75%~85%的支链淀粉和15%~25%的直链淀粉。

直链淀粉是由α-葡萄糖通过1,4-苷键连接而成的直链状化合物,平均聚合度较低,在250~4000之间,其结构式如图2-1所示。支链淀粉的分子结构中除了1,4-苷键外,还有少量1,3-苷键和1,6-苷键,平均聚合度较高,在600~6000之间,其结构式如图2-2所示。

直链淀粉微溶于水,支链淀粉则难溶于水。淀粉在热水中能发生溶胀,直链淀粉溶液黏度较小,支链淀粉溶液黏度较大。淀粉与碘作用生成淀粉—碘复合物,其中直链淀粉遇碘呈深蓝

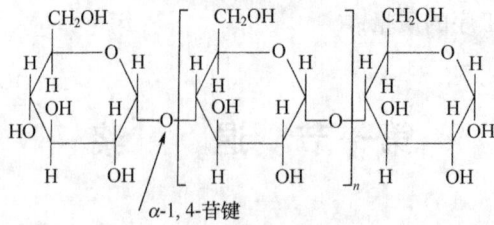

图2-1　直链淀粉结构式

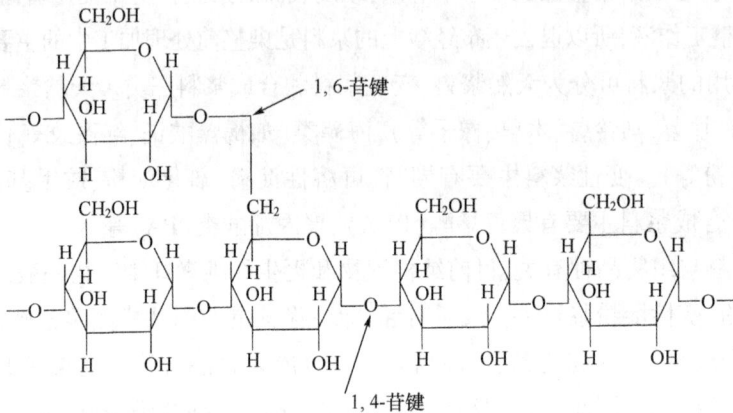

图2-2　支链淀粉结构式

色,支链淀粉遇碘呈紫红色。

淀粉对碱较稳定,在室温及低温下,淀粉在烧碱溶液中可发生溶胀。在高温及有氧存在时,碱也能使淀粉分子链中的苷键断裂,聚合度降低,黏度下降。淀粉对酸不稳定,在酸性溶液中苷键发生水解,形成相对分子质量较小、黏度较低和溶解度较高的可溶性淀粉、糊精等中间产物,最后水解成葡萄糖。淀粉会被氧化剂氧化分解,相对分子质量降低。淀粉酶对淀粉水解起催化作用。

淀粉对亲水性的天然纤维具有良好的黏附性和成膜能力,但缺点是浆液黏度高、稳定性较差,形成的浆膜脆硬,耐磨性较差,且对疏水性的合成纤维黏附性差,为了克服这些缺点,改善浆膜性能和对疏水性纤维的黏附性,提高浆液的稳定性,通过物理、化学等多种方法对淀粉进行变性处理后得到的产品统称为变性淀粉。变性淀粉目前已成为棉和涤/棉织物上浆的主要浆料之一。

变性淀粉可以分为降解淀粉、淀粉的衍生物和接枝淀粉。降解淀粉主要是用化学、物理的方法将淀粉大分子降解,以达到提高浆料浓度、降低浆液黏度、增加浆液流动性的目的。降解淀粉主要有酸解淀粉、氧化淀粉和糊精等。淀粉的衍生物主要是通过酯化、醚化、交联等反应,在淀粉大分子结构的羟基上引入一个基团或低分子物,主要品种有交联淀粉、醚化淀粉、酯化淀粉等。接枝淀粉是在淀粉大分子链中引入一个有一定聚合度的高分子化合物的接枝侧链,使其既有淀粉又有合成浆料的特性,而被用于涤棉混纺纱的上浆。

(二) 聚乙烯醇

聚乙烯醇(Polyvinyl Alcohol)浆料简称 PVA,其结构式为:

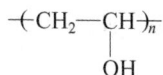

$$+CH_2-CH\!\!\mid_n$$
$$\qquad\quad OH$$

PVA 是一种典型的水溶性合成高分子物,对合成纤维有优良的黏附性能,是棉与合成纤维混纺纱的主体浆料之一。聚乙烯醇是一种难以被生物降解的合成浆料,长期在环境中积累会造成生态问题,自 20 世纪末以来,已被一些国家禁止使用。

聚乙烯醇通常是用聚醋酸乙烯酯在甲醇溶液中加入氢氧化钠,使酯键发生醇解而制得的,其反应如下:

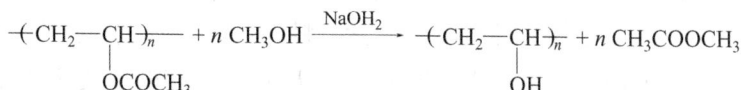

$$+CH_2-CH\!\!\mid_n + n\,CH_3OH \xrightarrow{NaOH_2} +CH_2-CH\!\!\mid_n + n\,CH_3COOCH_3$$
$$\quad OCOCH_3 \qquad\qquad\qquad\qquad\qquad OH$$

聚醋酸乙烯酯被醇解的百分率称为醇解度,是决定 PVA 浆料主要性能的重要指标。

聚乙烯醇对酸碱的作用比较稳定,但能被氧化剂氧化而降解,形成黏度较低、相对分子质量较小的产物,经剧烈氧化后的产物是二氧化碳和水。

热碱液能使 PVA 浆膜发生膨化,但不能使 PVA 大分子发生降解,低黏度的 PVA 用含有碱和表面活性剂的水溶液润湿,然后经堆置或汽蒸,使 PVA 浆膜膨化和软化,最后用大量热水冲洗,即能达到退浆的目的。而对黏度高的 PVA,这种退浆方法的效果较差。更有效的方法是采用氧化剂退浆,目前生产中常采用的氧化剂有双氧水和亚溴酸钠。

(三) 聚丙烯酸类浆料

聚丙烯酸类浆料(Polycrylic Acid)简称 PA,该类浆料是丙烯酸类单体的均聚物、共聚物或共混物的总称。按照侧链的官能团不同,可将聚丙烯酸类浆料分成三大类:聚丙烯酸酯、聚丙烯酰胺及聚丙烯酸盐浆料。

聚丙烯酸酯是以聚丙烯酸乙酯(或丁酯)、甲基丙烯酸甲酯和丙烯酸铵盐为主要单体聚合而成的共聚物,已作为主体浆料在喷水织机机织物的化纤长丝上使用;聚丙烯酰胺及聚丙烯酸盐浆料对亲水性纤维的黏附力较高,成膜性能较好,因此,常作为棉、黏胶纤维、苎麻、涤/棉等织物经纱上浆的辅助浆料。

聚丙烯酸类浆料的组分具有多样性,其性能变化也比较复杂。但总的来说,这类浆料属于热塑性高分子化合物,相对分子质量及侧链上所含官能团的结构,决定着它们的主要理化性能。这类浆料在水中具有一定的溶解度,对酸较稳定,对碱不稳定。

(四) 羧甲基纤维素

羧甲基纤维素(CMC)是一种水溶性阴离子型线型高分子化合物,是纤维素和一氯醋酸在烧碱存在下经醚化反应而得的纤维素的衍生物。其结构式如下:

$$
\begin{array}{c}
CH_2OCH_2COOH \\
\end{array}
$$

低黏度的 CMC 能溶于水,并形成透明的黏糊状,呈中性或微碱性。热碱能使 CMC 膨化,氧化剂能使 CMC 降解。因此,CMC 可采用热水退浆、碱退浆和氧化剂退浆。CMC 具有良好的混溶性,增稠效果好,常与淀粉等其他浆料混合使用,较少单独使用。

二、碱退浆

碱退浆是国内印染企业使用较为普遍的一种退浆方法,适用性较广,可用于各种天然浆料和合成浆料。碱退浆成本较低,通常印染厂碱退浆使用的是丝光的废碱液,但是碱退浆的退浆率不高,为 50%~70%,余下的浆料要在精练过程中进一步去除。

(一)碱退浆的作用原理

碱对大多数浆料都具有退浆作用,不论是天然浆料,还是合成浆料,在热碱溶液中都会发生溶胀,从凝胶状态变为溶胶状态,与纤维的黏着变松,再通过机械作用,便比较容易使浆料从织物上脱落下来。某些含有羧基的变性淀粉、羧甲基纤维素以及聚丙烯酸类等浆料在热的稀碱液中会生成水溶性较高的钠盐而使溶解度增大,经水洗便可获得较好的退浆效果。但是碱对大多数浆料没有化学降解作用,在退浆过程中脱落下来的在水洗槽中的浆料有可能重新黏附到织物上去,从而影响退浆效果。因此,碱退浆后的水洗是至关重要的。除了应选用高效率的水洗设备外,在实际生产中还需及时更换水洗槽中的洗液,使洗涤过程始终保持较高的浓度差进行充分水洗,才能获得较好的退浆效果。

热碱液除了有退浆作用外,对棉纤维上的天然杂质也有分解和去除作用,因而有减轻精练负担的效果。

(二)碱退浆工艺

棉织物碱退浆可以采用绳状或平幅加工。绳状加工时车速快,生产效率高,适用于一般棉织物的加工。但绳状加工易造成织物褶皱,不宜加工重浆厚重织物,尤其是不能用于涤棉混纺织物的加工。平幅加工时轧碱均匀,布面平整,适用于各类棉织物以及涤棉混纺织物的加工。织物先在烧毛机的灭火槽中轧碱后,进入汽蒸箱中汽蒸或打卷堆置,然后进行充分的水洗。

常用平幅加工的碱退浆工艺如下:

①工艺流程。

轧碱→堆置或汽蒸→热水洗→冷水洗

②工艺处方与工艺条件。碱退浆工艺处方与工艺条件如表 2-1 所示。

表 2-1　碱退浆工艺处方与工艺条件

工艺处方		工艺条件	
烧碱(g/L)	5~10	碱液温度(℃)	70~80
润湿剂(g/L)	1~2	堆置时间(min)	240~300
—	—	汽蒸温度(℃)	100~102
—	—	汽蒸时间(min)	30~60
—	—	热水洗温度(℃)	80~85

三、酶退浆

酶是一类由生物体分泌出来的具有高效、高度专一催化作用的蛋白质。酶的种类繁多,分类也有多种方法。根据酶的来源不同可分为动物酶、植物酶和微生物酶。按其催化作用的性质分为氧化还原酶、水解酶、裂解酶、转移酶等。对淀粉水解具有催化作用的酶,称为淀粉酶,主要用于淀粉和变性淀粉上浆织物的退浆。用淀粉酶退浆,退浆率高,且不损伤纤维,淀粉水解反应过程中也不产生有毒物质,对环境保护有利。

(一)淀粉酶的特性及退浆原理

酶对被催化的化学反应有严格的选择性,一种酶只能催化一种或某一类化学反应,而对其他的化学反应则没有催化作用。淀粉酶用于淀粉和变性淀粉上浆的织物退浆,对其他天然浆料和合成浆料没有退浆作用。淀粉酶主要有两种类型:α-淀粉酶和β-淀粉酶。在实际生产中,应用于退浆的淀粉酶主要是α-淀粉酶,并以 BF-7658 淀粉酶和胰酶应用最广。胰酶取自动物的胰腺,BF-7658 淀粉酶是从枯草杆菌中分泌出来的细菌酶。淀粉酶用于对淀粉退浆的机理并不复杂,主要是淀粉大分子中的α-苷键在淀粉酶的催化作用下发生水解断裂,生成相对分子质量较小、黏度较低、溶解度较高的一些低分子化合物,然后经水洗除去水解产物,从而达到退浆的目的。

由淀粉变成葡萄糖,往往需要高温、高压、强酸或强碱等条件,经过复杂的反应才能完成,但在淀粉酶的催化作用下,改变了淀粉水解的反应历程,降低了反应的活化能,淀粉水解可在常温、常压、温和的酸碱条件下进行,如果条件过分剧烈,反而引起酶的变性,导致酶催化功能的丧失。

酶的催化能力要比无机催化剂强得多,一般工业用酶制剂(大多数含有杂质和填料)的催化反应效率比无机催化剂高 $10^5 \sim 10^7$ 倍。酶的催化能力通常用酶的活力(或转化率)来表示。所谓活力是用 1g 酶粉或 1mL 酶液在特定条件(60℃,pH 为 6.0,1h)下水解淀粉的克数来表示。如 BF-7658 淀粉酶的活力为 2000,即 1g 淀粉酶在上述条件下可以水解 2000g 淀粉。

(二)淀粉酶退浆工艺

根据设备、织物以及酶的品种不同,淀粉酶退浆工艺有浸轧法、浸渍法和卷染法等,现以浸轧法为例说明如下:

①工艺流程。

浸轧热水→浸轧酶液→堆置或汽蒸→水洗

浸轧热水可以加快浆膜溶胀,促使酶液较好地渗透到浆膜中去。也可采用预水洗的方法,即先将烧毛后的织物在 80~95℃ 的热水中水洗,经过预水洗的织物要挤去水分,以免在浸轧酶液时影响酶液的浓度。浸轧酶液时,织物的轧液率控制在 100% 左右,在酶液中加入适量的氯化钙可起一定的活化作用。淀粉酶对织物上淀粉的完全分解需要一定的时间,保温堆置可以使酶对淀粉进行充分的水解,使浆料易于去除。保温的温度与时间,要根据酶的性质和设备条件进行设定。对于高温酶,则可以采用连续化轧蒸工艺。浆料水解后,需要经过热水水洗才能从织物上去除,可以在热水中加入洗涤剂或烧碱提高洗涤效果。

②工艺处方。

BF-7658 淀粉酶	1~2g/L
食盐	2~5g/L
渗透剂	0~2g/L

③工艺条件见表2-2。

表 2-2 淀粉酶退浆工艺条件

退浆方法 项目	保温堆置法	高温汽蒸法
浸轧热水温度(℃)	65~70	65~70
浸轧酶液温度(℃)	55~60	80~85
pH	6.0~7.0	6.0~7.0
轧液率(%)	100~110	100~110
堆置温度(℃)	40~50	100~102
堆置时间(min)	120~240	3~5

(三) 影响淀粉酶催化作用的因素

1. 温度

温度对酶的催化作用产生两个方面的影响:温度可以改变酶催化反应的速率,也会导致酶蛋白变性失效。因此酶退浆时应从这两个方面来确定退浆温度,包括酶液温度和堆置保温时的温度。在不同的温度下,酶的活性是不同的,只有保持在酶的最大活性和活性稳定性的温度范围内进行退浆,才能达到快速、高效的退浆效果。

从图2-3中可以看出,普通型的细菌淀粉酶在温度为40~75℃之间活性较高,因此,一般情况下,酶退浆时的酶液温度应选60~70℃,堆置保温的温度根据处理时间和设备的不同可以有所不同,但也不要超过85℃。目前也有一些热稳定性好的α-淀粉酶,在80℃以上可以达到非常高的活力水平,这种酶用于轧蒸退浆工艺,可使酶退浆工艺连续化。

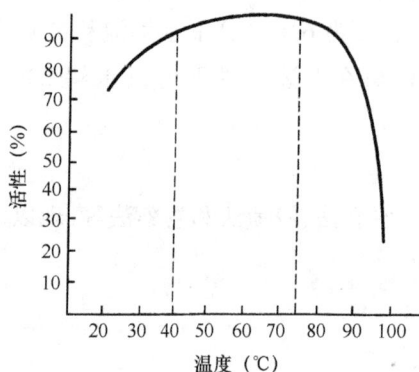

图 2-3 细菌淀粉酶的活性与温度的关系

2. pH

酸、碱可以影响酶的催化活性和稳定性,pH 对酶催化反应的影响很大,不同 pH 下测得的酶的活性及稳定性是不同的。酶都有一定的酸碱稳定性范围,超过这个范围,酶就会变性失效。图 2-4 表示了 pH 对淀粉酶的活性和稳定性的影响。

从图2-4可以看出,当 pH 为 6 时,细菌淀粉酶的活性最高,当 pH 为 6~9.5 时,细菌淀粉酶的稳定性最好。酶具有最大活性与最大稳定性所需的 pH 是不同的,但选择适当可兼顾酶的活性与酶的稳定性。

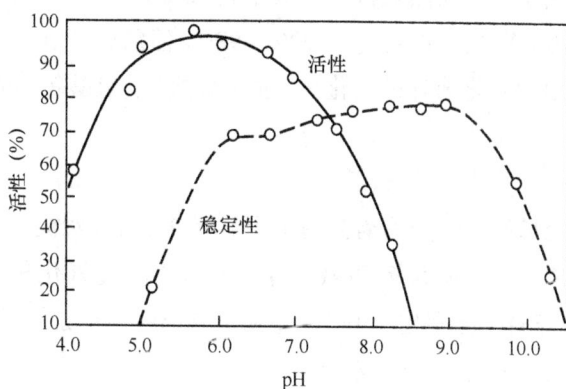

图 2-4 pH 对细菌淀粉酶的活性和稳定性的影响

3. 活化剂与抑制剂

淀粉酶对淀粉的催化作用常受到一些化学剂的影响而变得活泼或迟钝,这种现象叫活化或抑制,这些化学剂称为活化剂或抑制剂。例如:Ca^{2+}对细菌淀粉酶和胰酶有活化作用,所以加入氯化钙可以提高酶的活性。其他一些金属离子如 Mg^{2+}、Ba^{2+}、Sr^{2+}等也可提高 α-淀粉酶的活性。而另外一些重金属离子如 Cu^{2+}、Fe^{2+}则对 α-淀粉酶有阻化作用,使酶的活性减弱,甚至完全丧失。离子型表面活性剂对 α-淀粉酶的活性有抑制作用,因此在酶退浆时要用非离子型的表面活性剂作渗透剂或润湿剂。

四、酸退浆

稀硫酸在适当条件下能使淀粉等浆料发生一定程度的水解,转化为水溶性较高的产物,易从织物上洗去而获得退浆效果。酸退浆时,必须严格控制工艺条件,如酸的浓度、酸液温度等,堆置时防止风干,否则将严重损伤纤维。酸退浆一般不单独使用,常与碱退浆或酶退浆联合进行,以提高退浆效率,这种联合退浆的方法分别称为碱—酸退浆、酶—酸退浆。退浆工艺是织物先经碱或酶退浆,并充分水洗及脱水后,再经酸退浆、水洗,具体工艺如下:

①工艺流程。

碱退浆(或酶退浆)→水洗→脱水→酸退浆→堆置→水洗

②工艺处方与条件。

碱退浆(或酶退浆)工艺处方与条件同前。

酸退浆:

稀硫酸	3~5g/L
轧酸温度	30℃
堆置时间	30~60min

五、氧化剂退浆

氧化剂退浆是利用氧化剂使浆料氧化降解,水溶性增大,经水洗容易被去除,从而达到退浆的目的。氧化剂退浆可用于任何天然浆料和合成浆料,适用性广。氧化剂退浆迅速,并兼有部分漂白作用,退浆率比碱退浆高,一般可达到90%~98%,但氧化剂在退浆的同时,对纤维素有一定的损伤。工业上常用的氧化剂有过氧化氢、过硫酸盐(过硫酸钠、过硫酸铵、过硫酸钾)和亚溴酸钠等。

(一)过氧化氢退浆

过氧化氢不仅对聚乙烯醇(PVA)有着独特的退浆效果,而且对淀粉也有良好的作用,故也适用于以PVA为主的混合浆。退浆多在碱性条件下进行,过氧化氢多数以过氧氢阴离子(HO_2^-)形式存在,在碱性条件下不稳定,因此在过氧化氢退浆时应加入稳定剂,如硅酸钠、有机螯合剂等。过氧化氢退浆可采用一浴法或二浴法。

1. 一浴法退浆工艺

①工艺流程。

浸轧退浆液→汽蒸→热水洗→冷水洗

②工艺处方与工艺条件。过氧化氢一浴法退浆工艺处方与工艺条件见表2-3。

表2-3　过氧化氢一浴法退浆工艺处方与工艺条件

工艺处方(g/L)		工艺条件	
35%过氧化氢	4~6	浸轧温度(℃)	室温
稳定剂	2~4	汽蒸温度(℃)	100~102
烧碱	10~15	汽蒸时间(min)	20~30
润湿剂	2~4	热水洗温度(℃)	80~85

2. 二浴法退浆工艺

①工艺流程。

浸轧过氧化氢液→浸轧碱液→热水洗→冷水洗

②工艺处方与工艺条件。过氧化氢二浴法退浆工艺处方与工艺条件见表2-4。

表2-4　过氧化氢二浴法退浆工艺处方与工艺条件

工艺处方(g/L)			工艺条件	
过氧化氢液	35%过氧化氢	4~6	浸轧温度(℃)	40~50
	稳定剂	2~4	pH	6.5
	润湿剂	2~4	—	—
碱液	烧碱	8~10	浸轧温度(℃)	70~80
—	—	—	热水洗温度(℃)	80~85

(二)亚溴酸钠退浆

亚溴酸钠的退浆原理是使浆料氧化降解,通过水洗而去除。它的优点是作用快速,退浆率较高,对浆料适用范围广,但如果退浆工艺控制不当,则会引起纤维的损伤。

亚溴酸钠的退浆工艺如下:

①工艺流程。

浸轧退浆液→堆置→碱洗→热水洗→冷水洗

②工艺处方与工艺条件。亚溴酸钠的退浆工艺处方与工艺条件见表2-5。

表2-5 亚溴酸钠的退浆工艺处方与工艺条件

工艺处方（g/L）		工艺条件	
亚溴酸钠（含有效溴）	0.5~1.5	退浆液温度（℃）	20~30
润湿剂	1~2	退浆液pH	9.5~10.5
烧碱	4~5	堆置时间（min）	15~20
—	—	碱洗温度（℃）	85~90

第二节 精 练

原布经过退浆后,棉织物上大部分的浆料及小部分的天然杂质已被去除,但是残留的浆料和大部分的天然杂质的存在使得织物色泽发黄,润湿渗透性差。为了使后续加工顺利进行,还需要对棉织物进行精练,去除织物上大部分的天然杂质与残留的浆料以获得洁净的外观和良好的吸水性。棉织物的精练效果包括织物的去杂程度、润湿性、白度、织物的受损程度以及有无练疵等。可用油脂、蜡质残留量的百分率来反映精练的去杂效果,一般要求残蜡含量在0.2%左右;精练后棉织物的润湿性常用毛细管效应来衡量;织物白度可用白度仪直接测定;织物的受损程度用铜氨溶液的流度或直接测定精练前后织物强力的变化。可同时使用这些测试指标,综合衡量精练后棉织物半制品的质量。

一、棉纤维中纤维素共生物及棉籽壳

棉纤维的主要成分是纤维素,除纤维素外还有一定含量的天然杂质,这些杂质与纤维素共生共长,因此也称其为纤维素共生物。纤维素共生物主要有果胶物质、含氮物质、蜡质、灰分、色素等,棉纤维中的纤维素共生物主要存在于纤维的初生胞壁中,表2-6反映了纤维素共生物在棉纤维中的分布。另外棉纤维中还有伴生物——棉籽壳,棉籽壳的存在影响了织物的外观和手感。

表2-6 纤维素共生物在棉纤维中的分布

组成成分的名称	棉纤维的组成（%）	初生胞壁的组成（%）
纤维素	94.0	54.0
果胶物质	1.2	8.0
蜡质	1.3	14.0
蛋白质	0.6	8.0
灰分	1.2	3.0
其他物质	1.7	2.0

(一)果胶物质

果胶物质广泛存在于自然界的植物体中,天然纤维素纤维棉和麻中均含有此类物质,棉纤维中果胶物质的含量随棉纤维成熟度的提高而降低。成熟的棉纤维中果胶物质的含量低于1.2%,在不成熟的棉纤维中高达6%。果胶物质的主要成分是果胶酸的衍生物。果胶酸的化学组成主要是半乳糖醛酸,具有链状结构:

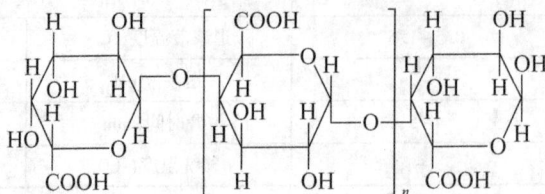

果胶酸虽然具有大量亲水性的羟基和羧基,但由于在棉纤维上的果胶物质部分是以钙盐、镁盐和甲酯的形式存在,所以它的亲水性比纤维素本身要低。果胶物质对纤维的色泽和润湿性有一定的影响,不利于纤维的染色和印花等化学加工,而且对染色制品的染色牢度也有不利影响,因此必须在前处理过程中将其去除。

(二)含氮物质

含氮物质主要是以蛋白质的形式存在于纤维的胞腔中,也有部分存在于初生胞壁和次生胞壁中。棉纤维中含氮物质的含量在0.2%~0.6%之间。纤维上若有蛋白质存在,则织物在加工或服用过程中,经过漂洗,与有效氯接触,很容易形成氯胺,引起织物泛黄。

(三)蜡质

在棉纤维中,不溶于水而能被有机溶剂提取的物质,统称为蜡质。含量为0.5%~1.3%,其中含有脂肪族高级一元醇,碳原子数在24~30之间。蜡质对纤维的润湿性能有很大影响,但棉织物的润湿性并不与蜡质的含量完全成正比。表2-7反映了在不同的碱处理条件下棉织物上蜡质含量与润湿性的关系。

表2-7 不同的碱处理条件下棉织物上蜡质含量与润湿性的关系

碱处理条件	织物浸在水中被润湿所需时间	蜡质含量(%)
1%NaOH,压力为196.14kPa($2kgf/cm^2$),精练时间为4h	2.4s	0.26
6%NaOH,0.43%Na_2CO_3,常压,精练时间为2h	>1min	0.24

表2-7表明在不同的处理条件下,即使棉织物上的蜡质去除量基本相同,润湿性差异仍然较大,这可能与蜡质在纤维上的分布有关。需要指出的是,少量蜡质的保留对织物的手感有利,一般要求精练后残蜡含量在0.2%左右。

(四)灰分

成熟棉纤维的灰分含量为1%~2%,是由各种无机盐组成的,包括硅酸、碳酸、盐酸、硫酸及磷酸的钾、钠、钙、镁和锰盐、氧化铁和氧化铝等。其中以钾盐和钠盐的含量最多,约占灰分总量的95%。

无机盐的存在对纤维的吸水性、白度和手感有一定影响。而且某些盐类和氧化铁等,对于漂白剂的分解有催化作用,加速漂白剂对纤维的损伤,这对染整加工是有害的。

(五)色素

棉纤维中的有色物质称为色素,色素影响织物的白度,可通过漂白作用被去除。

(六)棉籽壳

棉籽壳不是棉纤维的共生物。籽棉在轧花过程中,虽然棉籽壳和棉纤维得到了分离,但会有少量棉籽壳的残片附在纤维上,影响棉织物的外观。

棉籽壳的化学组成是木质素、单宁、纤维素、半纤维素以及其他的多糖类,除此以外,还含有少量的蛋白质、油脂和矿物质,但以木质素为主。

二、精练原理

用烧碱作为精练主要用剂目前仍然是棉织物精练的主要方法。在烧碱和其他助练剂的共同作用下,选用合适的工艺条件和加工设备,棉纤维中的大部分天然杂质可以在精练过程中被除去。精练后织物外观洁净,吸水性显著提高。

精练是一个很复杂的过程,在这一过程中常同时伴随有水解、皂化、乳化、复分解、溶解等多种作用的发生,棉纤维中杂质也正是借助于这些作用而被去除。在精练过程中,棉纤维中果胶酸的衍生物在烧碱的作用下发生水解,生成可溶性的羧酸钠盐,在较剧烈的条件下,还可能发生果胶大分子链的断裂,大部分的果胶物质可以被溶解而除去。蜡质中的脂肪酸类物质在热稀碱溶液中能发生皂化而溶解,经水洗后便可以去除。蜡质中其余的高级醇和碳氢化合物需要借助于助练剂如肥皂、平平加 O 等净洗剂的乳化作用才能去除。棉纤维中的含氮物质,可分为两部分:一部分为无机盐类,如硝酸盐或亚硝酸盐,占含氮物质总量的 15% ~ 20%,可溶于 60℃ 的热水或常温稀酸、稀碱溶液中;另一部分的主要成分为蛋白质,需要在烧碱溶液中长时间煮沸才能被去除。灰分是由各种无机盐组成的,在棉织物的前处理中,可通过水洗和酸洗被去除。

棉籽壳中的单宁、蛋白质、油脂、矿物质和多糖类物质,能与烧碱发生化学作用,通过提高在水中的溶解度而被去除。木质素是一种比较难去除的杂质,在高温、烧碱的作用下,可能发生结构上的分解,随着在碱液中的溶解度增大而被去除。另外,精练液中加入亚硫酸氢钠能使木质素形成易溶于碱的衍生物。在高温烧碱液的长时间作用下,棉籽壳发生溶胀,变得松软而解体,残存的部分经过水洗和受到机械搓擦作用,从织物上脱落。在常压烧碱汽蒸精练时,如果作用时间与温度不够,棉籽壳不易去除干净,可以在漂白过程中,使木质素发生氯化、氧化作用而进一步去除。

三、精练设备与工艺

精练方式可分为连续式、半连续式和间歇式精练。连续式精练按加工时织物的不同运行状态,又可分为绳状和平幅精练。精练的工艺与采用不同的加工方式和使用的设备密切相关。

(一)连续式汽蒸精练

1. 常压绳状连续汽蒸精练

经退浆后的织物,可进入常压绳状连续汽蒸精练联合机进行精练。连续绳状精练的设备生产效率高,但对一些厚密和特别薄的织物容易产生精练不匀、擦伤、折痕、纬斜等疵病,涤棉混纺织物也不适宜进行绳状加工。

（1）常压绳状连续汽蒸精练联合机。常压绳状连续汽蒸精练联合机由多台绳状浸轧机和绳状汽蒸容布器组成。绳状浸轧机用来浸轧精练液和洗涤织物（轧水），主要由轧液辊、导布辊、轧液槽等构成，如图2-5所示。通常退浆后的织物先在绳状浸轧机（图2-6）上浸轧热的精练液，使烧碱和其他助练剂组成的精练液均匀地渗透到织物内部并与纤维上的杂质发生作用。浸轧过烧碱溶液的织物进入汽蒸容布器，通过汽蒸升温至100~102℃，并在容布器内堆置保温60~90min，使烧碱和棉纤维上的杂质充分发生作用。汽蒸容布器是汽蒸精练的核心部分。常见的绳状汽蒸容布器是伞柄式的，又称"J"形箱（图2-7）。

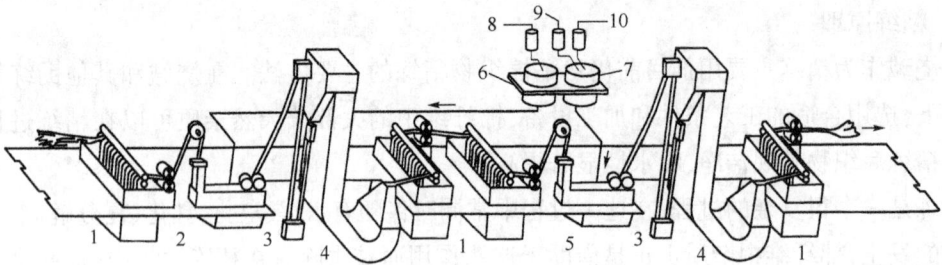

图2-5　连续绳状精练（漂白）机

1—水洗机　2—绳状浸轧机（精练）　3—加热装置　4—J形箱　5—绳状浸轧机（精练或漂白）

6—储碱槽　7—漂白液储槽　8—碱输液管　9—硅酸钠输液管　10—过氧化氢输液管

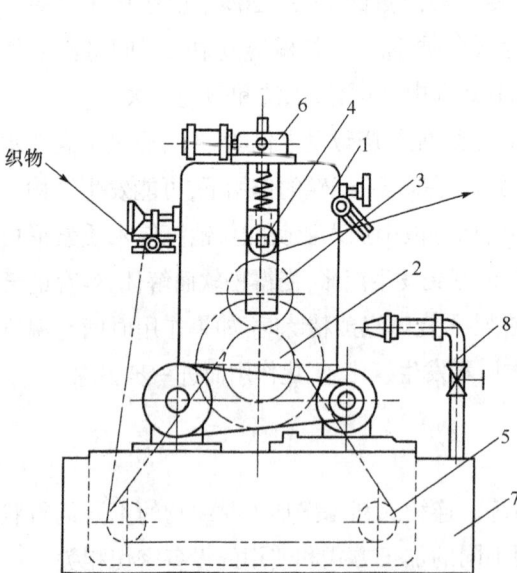

图2-6　绳状浸轧机

1—机架　2—主动轧辊　3—被动轧辊　4—小轧液辊

5—轧槽导辊　6—加压装置　7—轧槽　8—喷水管

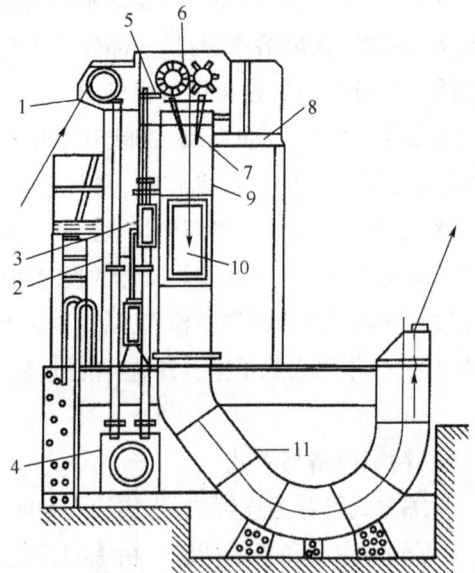

图2-7　绳状汽蒸容布器

1—导布瓷圈　2—加热管　3—热分配器　4—大槽轮箱

5—往复摆动装置　6—六角辊　7—摆布斗　8—操作台

9—J形直箱　10—玻璃观察窗　11—J形弯箱

伞柄式汽蒸容布器的加热方式有两种,一种是容布器中直接通入饱和蒸汽,称为内加热式。另一种是在容布器前的管形加热器中通入饱和蒸汽,由加热器中的加热管小孔分散喷射到织物上,称为外加热式。运转时应控制箱内织物的堆置高度,过高将影响导布,甚至会造成导布和摆布装置的损坏,过低则不能保证足够的堆置时间。

(2)常压绳状连续汽蒸精练工艺。织物经轧碱汽蒸后,必须及时地充分水洗,将已经发生溶胀和分解的杂质以及剩余的烧碱一起洗除,以获得良好的精练效果。常压绳状连续汽蒸精练工艺如下:

①工艺流程。

轧碱→汽蒸→(轧碱→汽蒸)→水洗

②工艺处方与工艺条件。常压绳状连续汽蒸精练工艺处方与工艺条件见表2-8。

表2-8 常压绳状连续汽蒸精练工艺处方与工艺条件

工艺处方(g/L)			工艺条件	
烧碱	薄织物	20~30	轧碱温度(℃)	70~80
	厚织物	30~40	轧液率(%)	120~130
表面活性剂	5~8		车速(m/min)	140
亚硫酸氢钠	0~5		汽蒸温度(℃)	100~102
磷酸三钠	0~1		汽蒸时间(min)	60~90

2. 常压平幅连续汽蒸精练

常压平幅连续汽蒸精练的工艺流程与绳状连续汽蒸精练相似,经退浆后的织物以平幅状态进入常压平幅连续汽蒸精练联合机进行精练,连续平幅精练适合于各种类型的织物的加工,加工后的半制品质量较高,但平幅精练设备的车速较绳状精练低得多。

(1)常压平幅汽蒸精练联合机。常压平幅汽蒸精练联合机包括浸轧机、汽蒸箱和水洗机。该设备同样也适用于退浆和漂白,所以又被称为平幅汽蒸练漂联合机。

平幅汽蒸练漂联合机是目前广泛使用的棉及棉型织物前处理加工设备,该设备由浸轧槽、平幅汽蒸箱、平洗机等单元组成。汽蒸箱的形式多样,平幅汽蒸练漂联合机类型较多。生产中常用的汽蒸箱的形式有J形箱式、履带式、辊床式、全导辊式、R形液下式等。

①J形箱式平幅汽蒸箱。J形箱式平幅汽蒸箱的结构和运转情况与绳状连续汽蒸精练设备相似(图2-8)。其区别在于织物加热时的饱和蒸汽不是通过加热管,而是通过加热器中的多孔加热板喷射到平幅堆放的织物上去的。由于J形箱中堆放的布层较密,易产生横向折痕、擦伤,因此这种设备不适宜加工要求较高的产品。

②履带式汽蒸箱。履带式汽蒸箱如图2-9所示。

织物平幅轧碱后进入汽蒸箱进行汽蒸加热,织物先在预热区的两排导辊间穿行,然后由摆布器有规律疏松地堆积在履带上,履带是由多孔或多条缝隙的不锈钢薄板组成,履带随辊筒的转动缓缓向前移动,织物随之向前运行。由于该设备运转时履带上堆积的布层较J形箱中薄,

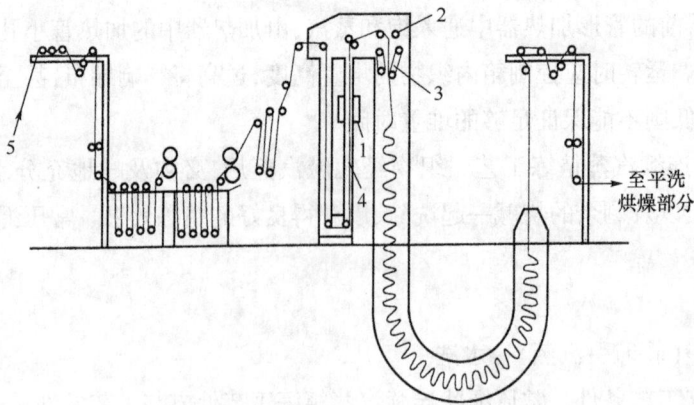

图 2-8　J形箱式平幅汽蒸练漂联合机

1—蒸汽加热器　2—导布辊　3—摆布器　4—饱和蒸汽　5—织物

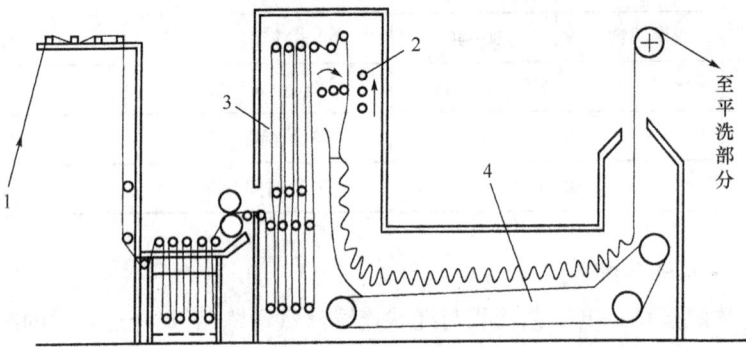

图 2-9　履带式汽蒸箱

1—织物　2—摆布器　3—加热区

织物受到的压力、摩擦力较小,因此织物形成折痕的程度较轻,一般不易被擦伤。但在加工厚密织物时产生的横向折痕,有时会对某些染色产品的质量有所影响。该设备的缺点是织物在履带上相对静止,织物与履带接触面固定不变,在无孔或无缝隙处的履带板上堆积的织物会因水分蒸发而产生干斑和烫折痕,为单层履带时尤其严重,若为双层履带,上层织物翻转至下层时,织物与履带接触面发生改变,情况相对会好些。

　　③辊床式汽蒸箱。辊床式汽蒸箱与履带式汽蒸箱的结构相似,所不同的是将堆置织物的履带换成了导辊(图 2-10)。在汽蒸箱内,导辊慢速回转,带动堆置于导辊上的织物缓缓向前移动。由于导辊是在转动中,织物与导辊的接触面在不断地改变,可以避免平板履带式汽蒸箱由于织物与履带接触面固定不变,在无孔或无缝隙处的履带板上堆积的织物会因水分蒸发而产生干斑和烫折痕,且辊床与织物之间的摩擦力比平板履带床的小,织物不易被擦伤,因此这种汽蒸箱在前处理中被广泛使用。辊床式汽蒸箱导辊较多,导辊轴封要求较高,与履带式汽蒸箱相比,安装维修较为不便。

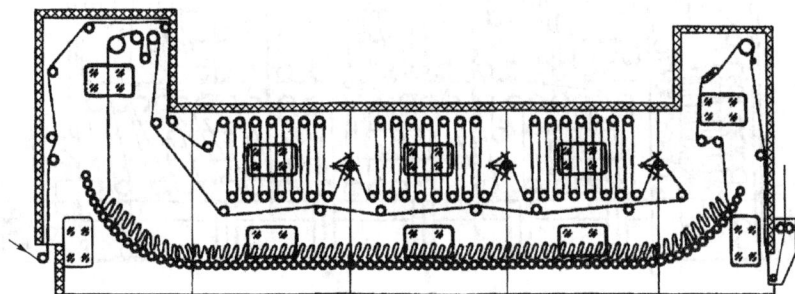

图 2-10　辊床式汽蒸箱

④R 型汽蒸箱(R-BOX)。R 型汽蒸箱(图 2-11)输送织物的装置主要由半圆弧形网状履带和中心大圆辊组成。织物浸轧处理液后进入汽蒸箱,在导布辊间汽蒸加热,由落布装置均匀折叠堆于缓慢运行的半圆弧形网状履带上,由于履带下部浸在处理液中,并有蒸汽加热管加热保温,在处理液煮沸的情况下,这种设备的处理效果比只经汽蒸的织物的处理效果好。但在连续加工的过程中,织物上的杂质不断地溶入处理液中,会导致处理效果逐渐降低。

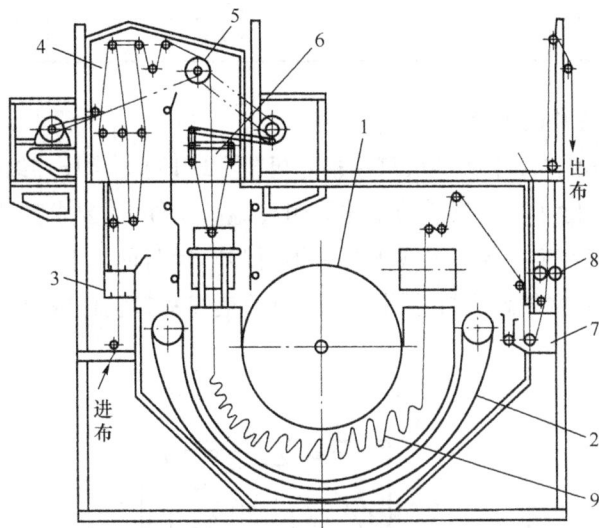

图 2-11　R 形汽蒸箱

1—中心圆孔辊　2—半圆网状履带　3—汽封口　4—汽蒸区　5—多角辊
6—落布斗　7—水封出口　8—轧液辊　9—织物

⑤全导辊式汽蒸箱。全导辊式汽蒸箱(图 2-12)是专门为含有氨纶的弹性织物而设计的,这是由于弹性织物在汽蒸时不能堆置,织物只能上下穿行在导辊间进行汽蒸。

(2)常压平幅汽蒸精练工艺。

①工艺流程。

轧碱→汽蒸→(轧碱→汽蒸)→水洗

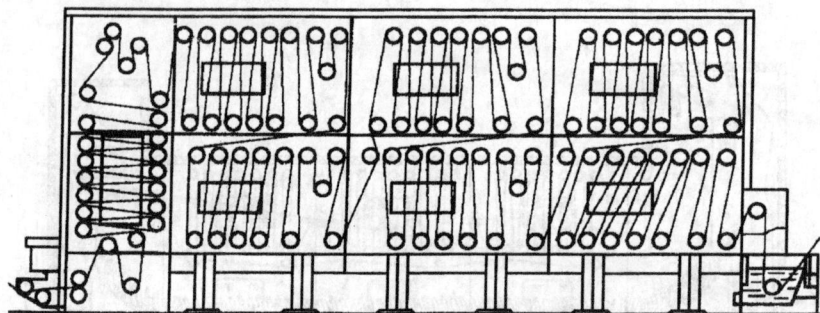

图 2-12　全导辊式汽蒸箱

②工艺处方与工艺条件。常压平幅汽蒸精练工艺处方与工艺条件见表 2-9。

表 2-9　常压平幅汽蒸精练工艺处方与工艺条件

工艺处方(g/L)		工艺条件	
烧碱	25~50	碱液温度(℃)	70~80
表面活性剂	5~8	轧液率(%)	80~90
亚硫酸氢钠	0~5	车速(m/min)	40~100
磷酸三钠	0~1	汽蒸温度(℃)	100~102
—	—	汽蒸时间(min)	60~90

3. 高温高压平幅连续汽蒸精练

(1)精练设备。高温高压平幅连续汽蒸精练机(图 2-13)与常压连续精练机的主要不同之处在于汽蒸箱的结构。除了要求汽蒸箱箱体能耐高温高压外,还要求汽蒸箱具有耐磨的封口,以确保蒸汽压力和温度稳定。封口方式主要有辊封和唇封两种。辊封即用辊筒密封织物进出口,其密封有面封和端封两种。唇封是用一定压力的空气密封袋作封口,织物从加压的密封袋间隙摩擦通过。

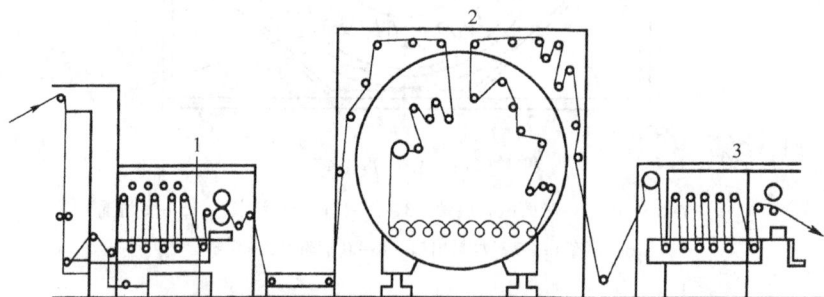

图 2-13　高温高压平幅连续汽蒸精练机

1—浸渍槽　2—高温高压汽蒸箱　3—平洗槽

(2)高温高压平幅连续汽蒸精练工艺。

①工艺流程。

轧碱→汽蒸→水洗

②工艺处方与工艺条件。高温高压平幅连续汽蒸精练工艺处方与工艺条件见表2-10。

表2-10 高温高压平幅连续汽蒸精练工艺处方与工艺条件

工艺处方(g/L)		工艺条件	
烧碱(100%)	35~45	轧碱温度(℃)	85~90
渗透剂	10~15	汽蒸压力(kPa)	196.4~245.5
NaHSO$_3$	0~5	汽蒸温度(℃)	132~138
Na$_3$PO$_4$	0~1	汽蒸时间(min)	3~5

高温高压平幅连续汽蒸练漂机占地面积小、劳动强度低、加工速度快(一般汽蒸1.5~2min)、半制品周转快、耗汽较省,可用于一般中厚织物的加工。但由于加工速度快、时间短,纯棉织物的棉籽壳仅呈膨化状态,不能完全去除。此外,唇封口材料寿命短,高温、碱的作用会使材料脆化,一段时间后会对产品的质量、加工精度产生不利影响。

(二)半连续式平幅汽蒸精练

半连续式是轧卷汽蒸或堆置方式进行的平幅精练,轧卷式汽蒸练漂机(图2-14)是一种半连续式的平幅汽蒸练漂设备,它是由浸轧部分、汽蒸室和可移动的布卷汽蒸车组成。该机特点是结构简单,能适应多品种、小批量加工,织物平整无皱痕,但布卷内外层有时会产生练漂不匀,且操作较复杂。

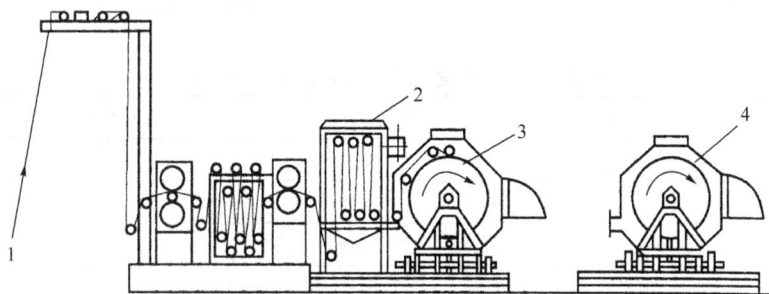

图2-14 轧卷式汽蒸练漂机

1—织物 2—汽蒸箱 3—布卷 4—可移动的布卷汽蒸箱

(三)间歇式(煮布锅)精练

间歇式生产是使用煮布锅进行的绳状精练加工方式。煮布锅(图2-15)是一种使用较早的间歇式生产设备,织物以绳状形式进行加工。这种设备精练匀透,除杂效果好,煮布锅精练品种适应性广,灵活性大,但由于它是间歇式的生产,生产率较低,劳动强度高,所以适用于小批量生产。

煮布锅精练工艺如下:

①工艺流程。

轧碱→进锅→精练→水洗

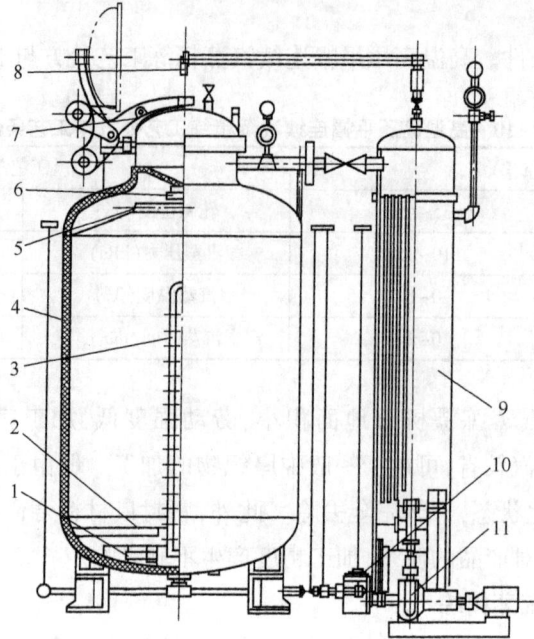

图 2-15　煮布锅示意图

1—蒸汽加热管　2—假底　3—循环管　4—锅体　5—压布框　6—喷液盘　7—锅盖
8—练液喷淋洒管　9—列管式加热器　10—过滤器　11—循环泵

②工艺处方及工艺条件。煮布锅精练工艺处方及工艺条件见表 2-11。

表 2-11　煮布锅精练工艺处方及工艺条件

工艺处方(g/L)			工艺条件	
轧碱	烧碱	4~10	轧碱温度(℃)	40~50
	—	—	轧液率(%)	110~130
精练	烧碱	10~15	浴比	1:(3~4)
	表面活性剂	1~3	压力(kPa)	177~206
	亚硫酸氢钠	0~1	温度(℃)	125~130
	水玻璃(36%)	1~2	时间(min)	180~360
	磷酸三钠	0~1	—	—

四、影响精练效果的主要工艺因素

精练工艺要根据纤维材料的来源与含杂情况和使用的设备来制订。精练效果与碱液浓度、精练的温度和时间、其他助练剂的种类和用量等工艺因素有关。

(一)碱液浓度

烧碱的用量应视织物的品种与含杂情况、采用设备的类型、精练方式、后加工对产品的质量要求等方面进行考虑。根据棉纤维中杂质与碱反应消耗的和棉纤维本身吸附的烧碱量分析(表 2-12)。

表 2-12　100g 棉纤维消耗或吸附的烧碱量

消耗或吸附烧碱的物质	100g 棉纤维消耗或吸附的烧碱量(g)
果胶	0.2~0.3
含氮物质	1.0
蜡质(脂肪酸)	0.1
纤维中的羧基	0.2~0.3
100g 纤维吸附碱	1.0~2.0
总计	2.5~3.7

所以烧碱的用量,按理论计算为棉纤维质量的 2.5%~3.7%,实际用量相当于棉纤维质量的 3%~4%。

烧碱浓度与精练的温度和时间等工艺因数有密切的相关性。用煮布锅进行精练时,由于是在高温高压的条件下进行,且处理的时间较长,当其浴比(浴比的概念将在第六章中介绍)为 1∶(3~4)时,烧碱的浓度可以低一些,为 10~15g/L。而用常压连续汽蒸精练时,由于汽蒸时间短,温度也较低,因此要提高碱液浓度,一般中厚织物可提高到 25~30g/L,厚重织物为 30~50g/L。

在连续化精练时,烧碱浓度与织物浸轧烧碱液后的带液量有关,织物浸轧烧碱液后的带液量可以用轧液率(吸液率)来表示,轧液率是指织物经过浸轧后所带的溶液的质量占干布质量的百分率:

$$轧液率 = \frac{浸轧后湿布质量-浸轧前干布质量}{浸轧前干布质量} \times 100\%$$

常压绳状汽蒸精练时,轧液率为 120%~130%,烧碱浓度为 20~40g/L,常压平幅汽蒸精练时,轧液率为 80%~90%,烧碱浓度为 25~55g/L。

(二)精练温度

精练温度是影响精练效果的重要因素。提高精练温度,可使烧碱与天然杂质的反应速率大大提高,有利于杂质的去除。杂质的去除情况随温度的不同而不同,表 2-13 表明了不同精练温度对去除棉纱杂质的影响。

表 2-13　不同精练温度对去除棉纱杂质的影响

精练温度(℃)	精练失重率(%)	残蜡含量(%)
50	4.1	0.49
100	5.2	0.36
116	6.9	0.21
125	7.0	0.20
134	7.2	0.18
141	7.1	0.17

注　精练液 NaOH 浓度为 1%,处理时间为 6h。

精练温度在 100~141℃ 范围内,棉纱失重率变化不大,说明在 100℃ 左右精练时,存在于棉纤维中的大部分杂质都可以去除。随着温度的升高,残蜡含量逐渐下降。

一般煮布锅精练压力为 196.14kPa(2kgf/cm²),温度为 130~135℃,常压汽蒸精练温度为 100~102℃,高温高压精练压力为 196.14~294.21kPa(2~3kgf/cm²),温度为 130~140℃。

(三)精练时间

精练时间也是影响精练效果的重要因素之一,较长的精练时间对蜡质的去除是有利的,表 2-14 表明了不同精练时间对去除棉纱杂质的影响。

表 2-14 不同精练时间对去除棉纱杂质的影响

精练时间(h)	精练失重率(%)	残蜡含量(%)
2	6.6	0.30
4	6.7	0.22
6	7.0	0.20
12	7.1	0.23

注 精练液 NaOH 浓度为 1%,处理温度为 125℃。

一般来讲,煮布锅精练为 3~5h,常压汽蒸精练为 1~1.5h,高温高压精练为 3~5min。精练时间和精练温度密切相关,精练温度高,精练时间可缩短,反之精练时间要延长。

(四)助练剂

棉织物碱精练时,烧碱是主要用剂,此外,为了提高精练效果,在精练液中通常要加入表面活性剂、硅酸钠、亚硫酸氢钠、磷酸三钠等助练剂。

1. 表面活性剂

为了提高织物的润湿性,加速碱液向纤维内部渗透,精练液中常加入一些表面活性剂。精练用表面活性剂除要求有良好的润湿、净洗、乳化等作用外,还必须具有耐碱、耐高温性能。如前所述,表面活性剂可以通过乳化作用将蜡质中的高级醇和碳氢化合物去除,同时也能将各种杂质乳化、分散在溶液中而不至于重新黏附到织物上去。

2. 硅酸钠

硅酸钠(Na₂SiO₃)俗称水玻璃或泡花碱。硅酸钠除了能吸附精练液中的铁质,防止织物产生锈渍和锈斑外,还能吸附棉纤维中天然杂质的分解物,防止这些分解产物重新沉积在织物上,有助于提高织物的润湿性和白度。

3. 亚硫酸钠(或亚硫酸氢钠)

亚硫酸钠(或亚硫酸氢钠)具有还原作用,能防止棉纤维在高温精练时被空气氧化而形成氧化纤维素,导致织物的损伤。如前所述,亚硫酸钠(或亚硫酸氢钠)还能使木质素变成可溶性的木质素衍生物而溶于烧碱溶液中,有助于去除织物上的棉籽壳。

4. 磷酸三钠

磷酸三钠是常用的软水剂。主要用于软化硬水,提高精练效果。

五、酶精练

随着生物技术的发展,生物酶精练工艺已逐步得到了应用。目前生物酶精练工艺中使用的主要是果胶酶。果胶酶与α-淀粉酶、纤维素酶、脂肪酶、过氧化氢酶等的复合酶也被研究用于棉织物退浆—精练—漂白一步法加工。生物酶精练工艺的特点是节能环保,符合染整技术的发展趋势。但与碱精练工艺相比,酶精练效果稍差一些,成本也相对较高,需要进一步的开发与研究。

(一)果胶酶精练原理

果胶物质在植物的细胞组织中起着"黏合"作用,在棉纤维的初生胞壁中,果胶质含量占9%~12%。果胶物质主要是由D-半乳糖醛酸以α-1,4苷键连接形成的直链状聚合物。部分D-半乳糖醛酸上的羧基被甲醇酯化形成甲酯,或被一种或多种碱部分或全部中和。果胶酶是分解果胶的一种多酶复合物,通常包括原果胶酶、果胶甲酯水解酶、果胶酸酶及果胶裂解酶。通过它们的协同作用使果胶物质得以完全分解。棉纤维上的果胶物质在原果胶酶作用下,转化成水可溶性的果胶,果胶被果胶甲酯水解酶催化去掉甲酯基团,生成果胶酸,果胶酸经果胶酸酶降解生成D-半乳糖醛酸。通过果胶酶的作用,将果胶物质降解为小分子物质,从纤维中游离出来,可使与其黏合在一起的其他杂质(如蜡质、蛋白质、灰分等),与纤维素彻底分开,达到精练棉纤维的目的。

在果胶酶的精练液中,一般需要加入表面活性剂。随着果胶物质从纤维表面的角质层和初生胞壁中溶解下来,蜡质在纤维上的黏附也发生了松动,可被精练液中表面活性剂乳化而去除。

(二)影响酶精练的主要工艺因素

1. 果胶酶的活力

果胶酶作为一种生物催化剂,其酶活力值是与其催化效率及有效(即有生物活性)酶的含量相关的。酶活力是果胶酶在单位时间内将底物转化为反应产物的能力,以U(mol/时间)表示,底物即是果胶物质。通常果胶酶制剂的活力是以U/g酶制剂(或U/ml酶制剂)表示。在特定条件下,通过测定单位质量或单位体积的某种果胶酶制剂在单位时间内催化足够量果胶物质生成反应产物的量,即可测出此果胶酶制剂的活力。对于织物精练来说,主要测定解聚酶(包括果胶甲酯水解酶、果胶酸酶及果胶裂解酶等)的活力。解聚酶对果胶分子的酶催化作用表现为,每切断一个果胶分子的α-1,4苷键就会形成一个还原性的醛基:D-半乳糖醛酸或低聚半乳糖醛酸。生成的D-半乳糖醛酸(还原糖)量即可衡量果胶酶的活力,可用黏度法、滴定法、分光光度法等方法进行测定。

2. 果胶酶的浓度

目前用于棉织物精练的果胶酶有酸性果胶酶A和碱性果胶酶B。从图2-16可知,酸性果胶酶A用量在0.01%~0.50%(omf)时,对果胶的去除率维持在20%左右;而当碱性果胶酶B用量为0.05%时,果胶的去除率超过80%。按照试验经验和文献记载,当果胶去除率达到70%时就可以满足精练加工的需要,此时碱性果胶酶B用量为0.025%。原因有:(1)在碱性条件下果胶酶与表面活性剂协同发生皂化乳化作用,可有效去除果胶、蜡质及其他杂质,从而增强了精练效果;(2)碱性果

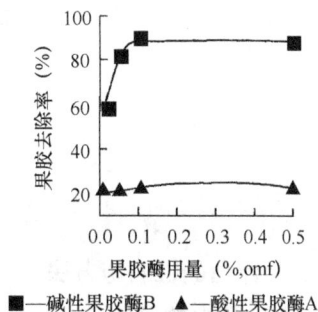

图2-16 果胶酶精练效果比较

胶酶 B 对棉织物精练,其专一性和针对性更强;(3)碱性果胶酶 B 分子更小,渗透性更强,其与果胶接触的可能性更大,果胶去除率更高。

3. 酶处理温度

从图 2-17 可以看出,30~60℃是酸性果胶酶 A 最适宜的温度范围,大于 60℃以后酶活迅速下降,所以酸性果胶酶 A 应在不大于 60℃的条件下使用;碱性果胶酶 B 最适宜的温度范围在 40~60℃,超过 60℃酶活显著下降。考虑温度对酶催化反应的影响,兼顾高温造成酶蛋白失活,碱性果胶酶 B 应在 40~60℃使用。

酸性果胶酶A, pH为5   酸性果胶酶B, pH为7

图 2-17　温度对果胶酶还原糖量的影响

4. 处理浴的 pH

从图 2-18 可以看出,pH 为 3~5 是酸性果胶酶 A 的最适宜使用范围,pH 大于 5 之后酸性果胶酶 A 的活性就迅速下降,所以酸性果胶酶 A 应在 pH 为 3~5 时使用;pH 在 7~9 是碱性果胶酶 B 的最适宜使用范围,pH 大于 9 或小于 7 时碱性果胶酶 B 的活性就迅速下降,故碱性果胶酶 B 应在 pH 为 7~9 时使用。

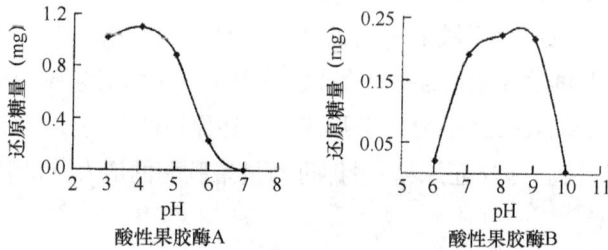

酸性果胶酶A   酸性果胶酶B

图 2-18　pH 对果胶酶还原糖量的影响(60℃)

第三节　漂　　白

一、漂白的目的与方法
(一)漂白的目的

棉织物经过精练后,大部分的杂质已被去除,织物的吸湿性有了很大程度的提高,织物的手感和外观也得到了很大的改善,但织物中的天然色素在精练过程中并未被去除,织物的白度还不能达到漂白产品的要求,最终也将会影响染色和印花产品的色泽鲜艳度。因此,除少数品种外,一般棉织物经退浆、精练后,都需进行漂白处理,除去织物中的天然色素以及在退浆、精练过程中未除净的杂质。

棉织物染整加工的品种很多,对漂白的质量要求也不相同,例如:漂白产品以及浅色和白底印花产品对白度的要求较高,需要进行二次漂白,而大多数染色、印花产品只需经过一次漂白便可以达到要求。生产中应根据不同产品的不同要求来选择漂白的方法与工艺。

棉织物经漂白后,天然色素被破坏去除,对光的反射率大大提高,织物白度增加,棉纤维本身也可能受到损伤,所以在评定漂白效果时,既要测量织物的白度,也要测量纤维的受损程度。织物的白度是通过测量试样表面漫反射的辐射亮度,然后与同一辐射条件下完全漫反射的辐射亮度对比,用白度仪或电脑测色仪来测量。织物的受损程度可通过织物在漂白前后的强度变化来评定,但这种方法不能反映出纤维在练漂过程中所受到的潜在损伤。为了能较全面地反映棉纤维的受损情况,可通过测定碱煮后织物的强力变化,也可通过测定漂白前后棉纤维在铜氨或乙二胺溶液中的黏度变化来衡量。

(二)漂白剂与漂白方法

漂白方法主要有浸漂、淋漂和轧漂三种。浸漂和淋漂属间歇式加工,轧漂则为连续式加工,棉机织物的漂白以采用连续轧漂为主,而漂白的工艺与采用的漂白剂密切相关。

常用的漂白剂主要有氧化性漂白剂和还原性漂白剂两大类。属于还原性漂白剂的有亚硫酸钠、连二亚硫酸钠(保险粉)等,还原性漂白剂主要通过还原色素达到漂白的目的。使用还原性漂白剂漂白后的制品在空气中长久放置后,已被还原的色素会与空气中的氧作用而复色,导致织物白度下降,除了连二亚硫酸钠(保险粉)在羊毛织物的漂白中还在使用外,其他的已很少使用。氧化性漂白剂有次氯酸钠、过氧化氢、亚氯酸钠、过硼酸钠、过氧乙酸等。氧化性漂白剂主要通过氧化作用来破坏色素,但是在破坏色素的同时,棉纤维本身也会受到损伤。棉织物在工业生产中应用较多的漂白剂是过氧化氢、次氯酸钠与亚氯酸钠,其中应用最为广泛的是过氧化氢,与次氯酸钠和亚氯酸钠相比,其漂白产品的白度好,生产过程的环保性好,且能适合浸漂、淋漂和轧漂多种加工工艺和短流程前处理工艺。次氯酸钠漂白的工艺和设备比较简便,漂白成本低廉,可用与棉织物和涤/棉织物的漂白,对麻类织物的漂白效果好。但次氯酸漂白废水中含有有效氯,会对环境造成污染,所以现在正逐步减少使用。亚氯酸钠漂白的效果好,对纤维损伤小,可用于棉、麻和涤/棉织物的漂白。但在漂白中释放出的二氧化氯腐蚀性强、毒性大,对漂白设备要求很高,漂白成本较高,且有环境污染,其应用也受到了一定的限制。

二、过氧化氢漂白

(一)过氧化氢的性质及其漂白原理

1. 过氧化氢的性质

过氧化氢又称双氧水,化学式为 H_2O_2,是一种氧化性较强的漂白剂,商品过氧化氢为无色的水溶液,浓度一般为 27.5%、30%、35%,也有高达 50% 的。纯过氧化氢极不稳定,浓度高于

60%和温度稍高时,与有机物接触很容易引起爆炸。染整生产中常用过氧化氢溶液的浓度为30%~35%。商品过氧化氢溶液的基本物理性质见表2-15。

表 2-15 商品过氧化氢溶液的基本物理性质

物理性质	H_2O_2(%,质量分数)			
浓度(%)	27.5	30	35	50
相对密度(20℃)	1.101	1.114	1.131	1.195
冰点(℃)	约-22	约-27	约-34	约-52
H_2O_2含量(g/kg)	275	300	350	500
H_2O_2含量(g/L)	303	334	396	598

过氧化氢的性质极不稳定,在放置过程中会逐渐分解,如受热或光照,过氧化氢分解更快,放出氧气:

$$2H_2O_2 \longrightarrow 2H_2O + O_2 \uparrow$$

过氧化氢是一种弱二元酸,在水溶液中可按下式电离:

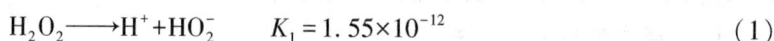

$$H_2O_2 \longrightarrow H^+ + HO_2^- \qquad K_1 = 1.55 \times 10^{-12} \tag{1}$$

$$HO_2^- \longrightarrow H^+ + O_2^{2-} \qquad K_2 = 1.0 \times 10^{-25} \tag{2}$$

当溶液中加入碱剂即在碱性条件下时,有利于式(1)反应的进行,生成 HO_2^-;当 pH>11 时,溶液中过氧化氢多数以过氧氢阴离子(HO_2^-)形式存在,生成的 HO_2^- 不稳定,它可按下式进行分解:

$$HO_2^- \longrightarrow OH^- + [O]$$

$$2HO_2^- \longrightarrow O_2 + 2OH^-$$

同时,由于 HO_2^- 是一种亲核试剂,它还可引发过氧化氢分解,形成游离基。

过氧化氢也可按下式发生自身分解:

$$H_2O_2 \longrightarrow 2HO \cdot$$

此分解反应需要较高的活化能。

由上述可知,过氧化氢溶液是一个成分复杂而不稳定的溶液,随着溶液的 pH 不同,溶液的组分及稳定性也发生变化。过氧化氢在碱性条件下极易分解,但在酸性条件下比较稳定。如图 2-19 所示。

由图 2-19 可知,在 pH<5 时,过化氢溶液较为稳定,当 pH 接近 5 时,过氧化氢开始分解,并随着溶液 pH 的升高,分解速率加快。因此商品过氧化氢溶液中一般都加有硫酸或磷酸等作为稳定剂,使溶液的 pH 维持在 4 左右。

过氧化氢的稳定性除了与溶液的 pH 有关外,还受重金属(Fe、Cu、Mn 等)离子或金属屑等其他多种外界因素的影响。某些金属离子对 H_2O_2 分解的影响见表2-16。

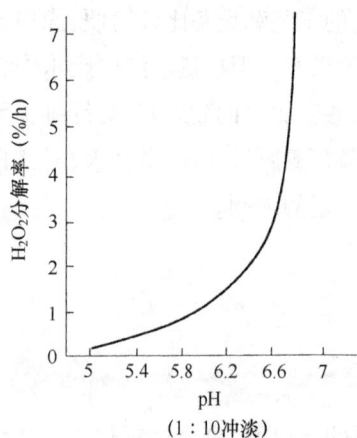

图 2-19 H_2O_2 的稳定性与 pH 的关系

表 2-16　某些金属离子对 H_2O_2 分解的催化作用

H_2O_2 溶液中金属离子的含量 10mg/L	回流煮沸 1h 后 H_2O_2 的分解率(%)	回流煮沸 3h 后 H_2O_2 的分解率(%)
空白	0.8	1.1
Cu^{2+}	57.4	96.3
Fe^{2+}	2.6	4.6
Cr^{3+}	1.5	8.0

2. 过氧化氢的漂白原理

过氧化氢对棉纤维的漂白是一个非常复杂的反应过程,在过氧化氢的分解产物 $HO\cdot$、$HO_2\cdot$、HO_2^-、OH^- 及 O_2 中,通常认为过氧化氢分解产生的大量 HO_2^- 可与色素中的双键发生加成反应,使色素中原有的共轭系统被中断,天然色素的发色体系遭到破坏而消色,达到漂白的目的。

但是生成的 HO_2^- 是不稳定的,它可按下式进行分解,生成氢氧根离子和初生态氧:

$$HO_2^- \longrightarrow OH^- + [O]$$

初生态氧可与色素中的双键发生反应,产生消色作用:

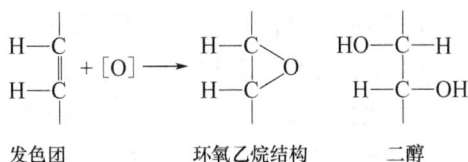

　　　发色团　　　　　环氧乙烷结构　　　二醇

因此 HO_2^- 是起漂白作用的主要成分,但在漂白过程中,过氧化氢的分解产物中的 $HO\cdot$、$HO_2\cdot$ 等游离基也可能破坏色素的结构而起漂白作用。

(二) 过氧化氢漂白工艺

过氧化氢漂白方式很多,有浸漂、淋漂和轧漂,其中轧漂又可分为轧蒸漂和轧卷漂。轧蒸漂是织物浸轧漂液后进入汽蒸箱进行高温汽蒸;轧卷漂属于半连续式平幅加工,织物浸轧漂液后打卷,室温或保温堆置。过氧化氢漂白用哪种方式进行,应视设备条件、加工品种和质量要求而定。连续汽蒸轧漂具有设备生产效率高,产品质量稳定等优点,应用最为广泛。轧卷漂中的冷轧堆漂白工艺极大地节约了能源和设备上的投资,适合小批量、多品种的加工要求,但该工艺所需的化学品浓度高,化学剂的使用成本会提高。连续汽蒸轧漂设备加工方式有绳状和平幅之分,由于绳状加工易产生折痕和处理不均匀,因此目前棉和涤/棉织物的漂白工艺以平幅汽蒸轧漂设备为主。

过氧化氢平幅轧蒸漂工艺参考如下:

①工艺流程。

浸轧漂液→汽蒸→水洗

②工艺处方及工艺条件。过氧化氢平幅轧蒸漂工艺处方及工艺条件见表 2-17。

表 2-17　过氧化氢平幅轧蒸漂工艺处方及工艺条件

工艺处方(g/L)		工艺条件	
H_2O_2浓度(100%)	2~2.5	漂液 pH	10.5~11
稳定剂	4~6	轧液率(%)	80~90
渗透剂	1~2	浸轧温度	室温
NaOH	适量	汽蒸温度(℃)	95~100
—	—	汽蒸时间(min)	45~60
—	—	平洗温度(℃)	85~90

(三)影响过氧化氢漂白的主要因素

1. 漂液 pH

在过氧化氢漂白过程中,漂液的 pH 是影响漂白质量的重要因素之一。应适当控制 pH,使过氧化氢在漂白的时间内稳定分解出有效漂白成分,以获得理想的漂白效果,即获得最佳的织物白度和最小的纤维损伤。图 2-20 至图 2-23 表示在过氧化氢漂白过程中漂液的 pH 对过氧化氢分解率(残余率与分解率成反比)、织物白度、织物强力以及纤维聚合度的影响。

从图 2-20 可知,过氧化氢在酸性到弱碱性的条件下较为稳定,分解率较低,而在碱性的条件下,分解率较高,pH 在 10 以上更为明显。从图 2-21 可以看出,漂液的 pH 在 9 以下,织物的白度随 pH 的增大而提高,当 pH 在 9~11 时,织物白度最高,若进一步提高漂液 pH,织物白度反而下降。从图 2-22 可以看出,pH 在 3~10 之间,织物强度较高,且变化不大,pH 小于 3 或大于 10 时,织物强度明显下降。从图 2-22 可以看出,在 pH 为 6~10 的范围内,纤维的聚合度具有最大值,pH 小于 6 或大于 10 时,纤维的聚合度均发生明显下降。

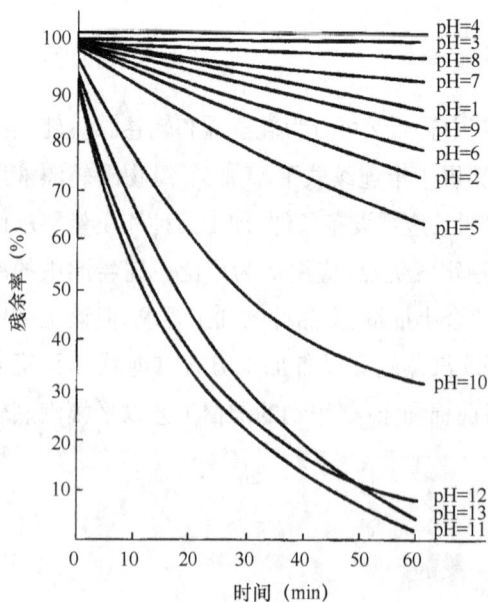

图 2-20　H_2O_2漂液 pH 对 H_2O_2分解率的影响

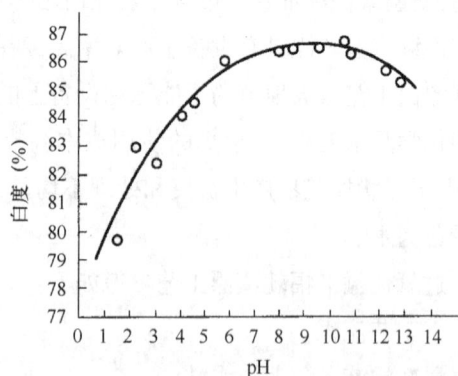

图 2-21　H_2O_2漂液 pH 对织物白度的影响

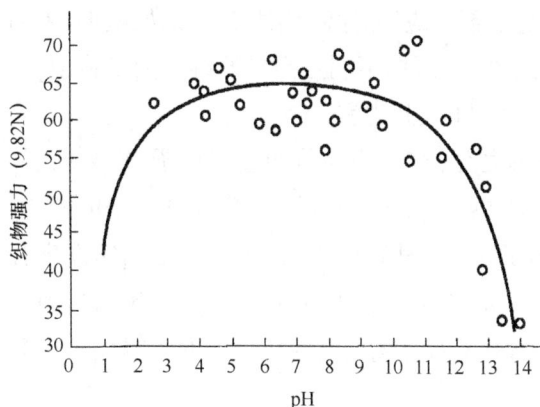

图 2-22　H_2O_2 漂液 pH 对织物强力的影响

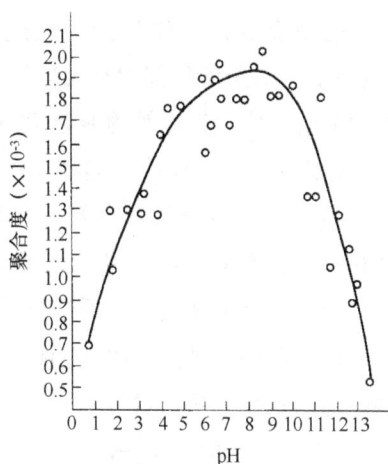

图 2-23　H_2O_2 漂液 pH 对纤维聚合度的影响

根据以上分析,综合考虑双氧水的分解速率、织物的白度、强度、纤维的聚合度等多种因素,漂液 pH 以控制在 10~11 之间为宜。

2. 漂白温度与时间

漂白的温度与时间也是影响漂白效果的重要因素,两者密切相关,相互制约,提高漂白温度,能加快双氧水的分解速率,缩短漂白时间;反之,降低漂白温度,则漂白时间延长。在室温下双氧水的漂白速率比较缓慢,漂白时间较长,堆置时间常需 12h 以上,若采用高温汽蒸漂白,漂白时间只需 45~60min,而在高温高压下漂白,漂白时间一般为 1~2min 即可。

3. 过氧化氢的浓度

一般情况下,白度随着双氧水浓度的增加而提高,但不成正比关系(图 2-24)。当双氧水浓度达到一定值时,白度不再继续提高,而纤维的聚合度却有较大的下降。在实际生产中,要根据织物品种、精练情况、加工要求的不同来确定双氧水的浓度。一般情况下,过氧化氢的浓度为 2~6g/L(过氧化氢以 100% 计)。由于过氧化氢浓度和漂白温度和时间对漂白效果的影响是互相关联的,可将浓度、温度与时间三个因素进行相应调节,以获得最佳的漂白效果。

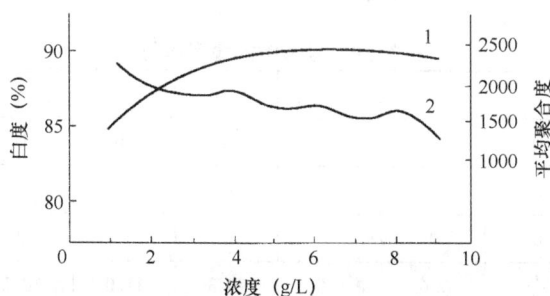

图 2-24　浓度与织物白度、纤维平均聚合度的关系

1—白度　2—聚合度

4. 稳定剂

(1)稳定剂的作用。酸性条件下,过氧化氢是稳定的,即使加热到较高温度也不易分解,一般商品的过氧化氢溶液里都加有大量的无机酸作稳定剂。应用时必须添加活化剂如碱剂,来加速 H_2O_2 的分解反应。但过量的碱会使 H_2O_2 分解过剧,对漂白不利且损伤纤维。为了将 H_2O_2 分解速率控制在合适的水平上,漂液 pH 以控制在 $10\sim11$ 之间为宜。

如前所述,H_2O_2 的分解有有效分解和无效分解之分,在一些物质如金属离子、重金属屑、酶、有棱角的固体等的催化作用下,H_2O_2 的无效分解加剧。无效分解的产物如 $HO_2\cdot$、$HO\cdot$、O_2 等并无漂白作用,有的还会加速纤维素的降解。为了阻止这些物质的催化作用,使 H_2O_2 发生有效分解,生成对漂白有效的 HO_2^-,在漂液中常添加一定量的稳定剂,使稳定和分解作用达到平衡,有利于漂白过程的顺利进行。表 2-18 列举了铜离子对过氧化氢催化分解的影响以及硅酸钠在过氧化氢漂白中的稳定作用。

作为过氧化氢漂白的稳定剂,必须具有良好的稳定作用,即稳定对漂白有效的 HO_2^-,抑制无漂白作用的 $HO_2\cdot$、$HO\cdot$、O_2 的产生。同时还要具备耐碱、耐高温、耐氧化等应用性能。

表 2-18　铜离子和硅酸钠对过氧化氢漂白的影响

漂浴 ＼ 样品	样品 I	样品 II	样品 III
H_2O_2(%)	0.15	0.15	0.15
Na_2SiO_3 g/L	7.0	—	—
Na_2CO_3 g/L	1.7	1.7	1.7
NaOH g/L	0.5	—	—
$CuSO_4$ g/L	—	—	0.1
2h 后 H_2O_2(%)	0.063	0.015	0(45min 全部分解)
纤维素流度(Pa·s)	3.5	4.3	8.5
织物白度(%)	95	93.1	84.5

(2)常用的稳定剂。

①硅酸钠。硅酸钠(Na_2SiO_3)又称水玻璃。它有 Na_2O 和 SiO_2 两种组分,漂白用硅酸钠 $Na_2O:SiO_2$ 含量比约为 $1:3.3$。硅酸钠对过氧化氢的分解有较好的稳定作用(表 2-19)。

表 2-19　硅酸钠的稳定作用

漂浴编号	1	2	3	4	5	6	7	8
Na_2SiO_3(g/L)	0	2	5	10	40	0	0	7
Na_2CO_3(g/L)	0	0	0	0	0	1.7	0	1.7
NaOH(g/L)	0	0	0	0	0	0	0.5	0.5
漂白开始时的 pH	6.8	9.6	9.9	10.3	11.0	10.2	10.2	10.3
H_2O_2 分解率(%)	1.0	12.5	19.0	25.0	54.2	79.2	82.5	38.5

注　H_2O_2 浓度为 0.6%,80℃加热 2h。

漂白时,Na_2SiO_3 既是稳定剂,又是碱剂。随着 Na_2SiO_3 用量的增加,漂浴 pH 升高,H_2O_2 分解率不断增大。但在相近 pH 的情况下,加有 Na_2SiO_3 的有较低的 H_2O_2 分解率,如表 2-19 中的 4 号与 6 号漂浴 pH 相近,分别是 10.3 和 10.2,4 号漂浴中加入 10g/L 的 Na_2SiO_3,H_2O_2 分解率为 25.0%,而 6 号漂浴中未加 Na_2SiO_3,H_2O_2 分解率则达 79.2%,可见 Na_2SiO_3 的稳定作用十分明显。

硅酸钠作为过氧化氢漂白的稳定剂具有稳定效果好,产品白度高,使用方便,价格便宜等优点,因此在实际生产中使用较为广泛。但在使用的过程中,一些硅酸钠脱水后会沉积在织物和设备上,生成坚硬、难溶的沉淀物,俗称"硅垢"。使织物造成擦伤、破洞和皱条痕、手感粗硬等,沉积在设备上的硅酸盐也给设备清洗工作带来困难。这是硅酸钠作为稳定剂的一大缺点。

②非硅稳定剂。为了避免使用硅酸钠而引起"硅垢",可以用非硅稳定剂代替过氧化氢漂白中使用的硅酸钠。非硅稳定剂有无机磷酸盐、有机膦酸盐和有机稳定剂三类。目前应用较多的是有机膦酸盐,常用的有机膦酸盐主要有乙二胺四亚甲基膦酸(EDTMP)和二亚乙基三胺五亚甲基膦酸(DTPMP)等。有机膦酸盐作为稳定剂,稳定效果好,不结垢,易于清洗,产品手感好,但织物白度不如硅酸钠。

目前在实际生产中非硅稳定剂已逐步在过氧化氢漂白中使用,有的已经替代硅酸钠,有的与硅酸钠混合使用。

三、次氯酸钠漂白

(一)次氯酸钠溶液的性质及其漂白原理

1. 次氯酸钠溶液的性质

次氯酸钠的化学式为 NaClO,商品次氯酸钠有溶液和粉末两种形式:微黄色溶液或白色粉末,有似氯气的气味。次氯酸钠溶液有腐蚀性,能伤害皮肤,操作时应穿戴劳动保护用品。工业上大多使用商品次氯酸钠溶液,其浓度常用有效氯来表示。有效氯是用次氯酸钠加酸后所释放出氯气的量来计算的。

2. 次氯酸钠的漂白原理

为了搞清楚究竟是何种成分在漂白中起作用,有人将棉纤维预先用某种染料染色后,再用次氯酸钠漂白,结果发现染料的褪色速率(即漂白速率)随着溶液 pH 的下降而加快,当 pH 达到 4 以下时,漂白速率变得更快。

次氯酸钠溶液的组成随着溶液 pH 的变化而不同。当次氯酸钠溶液在碱性的条件下,溶液的主要组分是 NaClO,在近中性的范围内,溶液的主要组分是 HClO 和少量 NaClO,溶液的 pH 下降为 4~5 的弱酸性条件时,溶液的主要组分是 HClO 和少量 Cl_2。

次氯酸钠的漂白作用比较复杂,漂白的主要组分有 HClO、Cl_2 及 ClO⁻。在不同 pH 条件下,是不同的组分在起作用,根据漂白速率随溶液 pH 的下降而加快的规律,大致可以判定次氯酸钠溶液在碱性与近中性范围内主要是 HClO 起漂白作用。当溶液 pH 低于 4 时,溶液的主要组成是 HClO 和 Cl_2,Cl_2 和 HClO 都是漂白的主要成分,并且 Cl_2 的漂白作用更为显著。

HClO 和 Cl_2 在溶液中可发生多种形式的分解,例如:

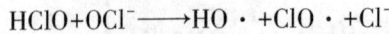

$$HClO \longrightarrow HO^- + Cl^+$$

$$HClO \longrightarrow HO\cdot + Cl\cdot$$

$$HClO \xrightarrow{光} HCl + [O]$$

$$HClO + OCl^- \longrightarrow HO\cdot + ClO\cdot + Cl^-$$

$$Cl_2 \longrightarrow Cl^- + Cl^+$$

这些分解产物对色素分子结构中的双键有加成作用,破坏色素的共轭双键,还可能对色素中的某些基团发生取代、氧化、氯化等作用而达到消色目的。

在次氯酸钠对棉纤维进行漂白时,根据漂白的条件不同,也可以与棉纤维上的其他杂质发生氧化、氯化、加成等反应,从而进一步去除经精练后仍残留在棉纤维上的杂质。如棉纤维上果胶质中的醛基易被氧化成羧基,含氮物质和蜡质中的高级脂肪酸可被氧化成相应的氨基化合物和脂肪酸的氯代衍生物,棉籽壳中的木质素则可被氯化成氯化木质素等。同时,次氯酸钠也会对纤维素产生一定的氧化作用而损伤纤维。有人做过试验,发现次氯酸钠对纤维素和棉纤维上的其他杂质在氧化反应速率上存在着一定的差异,我们可利用这种差异来制订适当的漂白工艺条件,做到既能达到漂白的目的,又尽可能地减少对纤维的损伤。

(二) 影响次氯酸钠漂白的主要因素

在用次氯酸钠作为漂白剂进行漂白时,影响漂白的因素有漂液的 pH、温度、浓度及漂白时间等,为了能使织物损伤最小又获得满意的漂白效果,必须选择合适的漂白工艺条件。

1. 漂液 pH

如前所述,次氯酸钠本身是一种不稳定的化合物,其溶液的组成随 pH 的不同而改变,漂白速率也随 pH 的降低而加快。在酸性条件下(pH = 2 ~ 4),次氯酸钠的漂白速率很快,棉纤维的聚合度较高,纤维损伤小,但此时会有大量的氯气逸出,污染生产环境,由于漂白速率太快,漂白工艺不易控制,因此次氯酸钠在对棉织物漂白时不采用酸性条件下进行。

当次氯酸钠漂白在中性条件下(pH ≈ 7)进行时,棉纤维因氧化作用而产生氧化纤维素,若将漂后的织物经 1g/L 烧碱溶液煮沸 1h,漂后的织物强力大幅度下降,氧化纤维素的潜在损伤就会显现出来。实验测得次氯酸钠中性条件下漂白后棉织物强度和纤维的聚合度最低,纤维损伤严重。所以次氯酸钠漂白必须避免在中性条件下进行。

当漂液 pH = 9 ~ 11 时,虽然漂白速率低一些,但棉纤维的损伤程度较小,棉纤维的聚合度和织物的强度都保持在较高的水平。所以实际生产中次氯酸钠漂白漂液的 pH 以控制在 9 ~ 11 为宜。

当漂液 pH 继续增加(pH > 11)时,漂白速率随 pH 的增加而降低,漂白时间延长,生产效率明显下降。

漂液 pH 与漂白后棉纤维的聚合度及织物强度的关系见图 2-25 和图 2-26。

2. 次氯酸钠的浓度

漂液中次氯酸钠的浓度过低达不到漂白要求,浓度过高不仅造成药品的浪费,加重脱氯的负担,还会使纤维严重受损(表 2-20)。

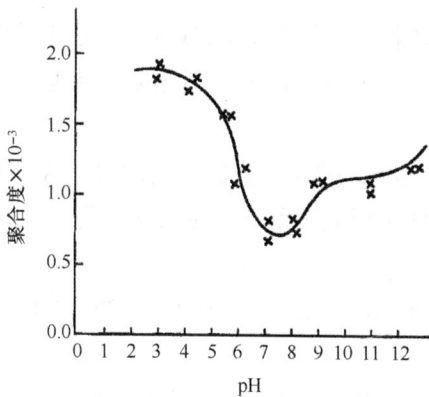

图 2-25 次氯酸钠 pH 与漂白后棉
纤维的聚合度的关系

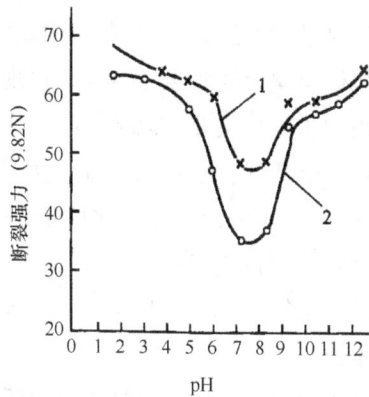

图 2-26 次氯酸钠 pH 与漂白后棉织物强度的关系
1—碱处理前 2—碱处理后

表 2-20 次氯酸钠的浓度与棉纤维的聚合度的关系

次氯酸钠的浓度(有效氯)(g/L)	棉纤维的聚合度	次氯酸钠的浓度(有效氯)(g/L)	棉纤维的聚合度
0	2408	3.7	1760
1.2	2327	5.0	1582
2.5	2090	6.2	1316

漂液中次氯酸钠浓度必须与其他工艺条件(如温度、时间)相适应,实际生产中,还应根据织物的厚薄、织物的含杂情况、对半制品的白度要求、漂白的方式与设备等具体情况而调整。

3. 漂白温度与时间

温度是漂白的重要工艺因素,提高漂液温度,能加快漂白速率,缩短漂白时间,但纤维素氧化的速率也同时提高。实验证明,当漂液 pH 为 11 时,漂液温度每升高 10℃,漂白速率约增大 2.3 倍,纤维素被氧化的速率约增大 2.7 倍。为了获得理想的漂白效果,同时又尽量减少纤维的损伤,漂液温度一般选择 20~35℃ 之间。冬季漂白时温度可稍高些,可控制在 30~35℃,而夏季气温较高,应适当降低漂液温度。

漂白时间与漂液浓度、温度、漂白方式等有密切关系,漂白时间一般选择在 30~60min 之间。如漂液浓度或温度较低时,时间可适当延长一些;漂液浓度或温度较高时,时间可缩短一些。在实际生产中,绳状轧漂的堆置时间一般控制在 30~45min;平幅轧漂的堆置时间控制在 25~30min。

4. 酸洗和脱氯

织物经漂白水洗后,布面上还残留有少量的碱性物质和氯,一般要进行酸洗和脱氯处理。

酸洗不仅可使织物上的碱性物质得到中和,还可与残留的次氯酸钠发生分解反应。反应释放出来的 Cl_2 和 $[O]$,对棉织物有进一步的漂白作用。

布面上还残留有少量的氯也需要及时去除,否则将会造成织物强度下降和泛黄。其原因是织物上残留的氯与煮练后未去尽的含氮物质作用生成氯胺,后者会慢慢释出盐酸而使织物受损和泛黄。

此外,残留的氯会影响某些不耐氯漂的活性染料的染色和印花效果;残氯还会引起含氮树脂在进行树脂整理时吸氯泛黄和氯损现象。因此,次氯酸钠漂白后,必须进行脱氯处理。

常用的脱氯剂主要有以下几种:

①硫代硫酸钠(大苏打)脱氯。大苏打用量为 1~2g/L,室温浸轧、热水洗即可。大苏打脱氯效果好,工艺简单,不损伤织物,价格便宜,但易在织物上形成残留硫而使织物泛黄。所以,大苏打脱氯后必须将残硫清洗干净。

②过氧化氢(双氧水)脱氯。双氧水用量为 1~2g/L,双氧水脱氯效果好,无泛黄,无污染,但价格较贵。

③硫酸脱氯。硫酸的脱氯作用实际上是促使残留在织物上的次氯酸钠发生分解,反应中释放的 Cl_2 和 [O] 对棉织物有进一步的漂白作用,硫酸还有去除灰分等杂质的作用。因此,工厂都采用漂后酸洗的工艺,进一步提高织物白度和去杂效果。

四、亚氯酸钠漂白

(一)亚氯酸钠的性质及其漂白原理

1. 亚氯酸钠的性质

亚氯酸钠是一种温和的氧化性漂白剂,化学式为 $NaClO_2$。亚氯酸钠有液体和固体两种。纯净的亚氯酸钠是无色的,但常因含有二氧化氯而成为黄绿色。液体亚氯酸钠的浓度为 10%~25%,一般不含食盐,但通常加碱将 pH 调节到 10 左右,以便长期储存而不分解,液体亚氯酸钠不易燃烧。固体商品亚氯酸钠的含量在 80% 左右,此外,还含有食盐和少量的碱。固体亚氯酸钠具有很强的吸湿性,室温可以长期存放,但遇有机物,即使低温也能燃烧,故储存时要注意防火。

亚氯酸钠可溶于水,在水中的溶解度为 40%(20℃),溶液呈弱碱性,是一种可水解的盐类,水解反应方程式如下:

$$NaClO_2 + H_2O \longrightarrow HClO_2 + NaOH$$

2. 亚氯酸钠的漂白原理

亚氯酸钠在酸性条件下不稳定,分解反应可表示如下:

$$5ClO_2^- + 2H^+ \longrightarrow 4ClO_2 + Cl^- + 2OH^- \tag{1}$$

$$3ClO_2^- \longrightarrow 2ClO_3^- + Cl^- \tag{2}$$

$$ClO_2^- \longrightarrow Cl^- + 2[O] \tag{3}$$

式(1)是主要反应,式(2)、式(3)为副反应。由上述反应式可知,亚氯酸钠在酸性溶液中的主要成分有 $HClO_2$、ClO_2、Cl^-、[O] 等,实验证明,亚氯酸钠溶液在酸性和中性的条件下(pH = 2.6~7,100℃)均有漂白作用,但亚氯酸钠的漂白速率随漂液 pH 的降低而增加。这是因为亚氯酸钠的分解、亚氯酸和二氧化氯的含量也是随着 pH 的降低而增加。因此,一般认为,$HClO_2$ 的存在是漂白的必要条件,而 ClO_2 则是漂白的有效成分。但 ClO_2 并不是漂白的唯一成分,有人提出式(3)中产生的 [O] 也具有漂白作用。

二氧化氯是具有一定毒性的黄绿色气体,沸点11℃,相对蒸气密度2.3g/L,具有与氯气相似的刺激气味,能侵害人的呼吸道和黏膜,损害人体健康。国家规定生产环境二氧化氯的浓度必须低于0.1mg/kg。

二氧化氯性质活泼,不但具有漂白作用,而且还能溶解木质素和果胶物质,因而去杂能力较强。在漂白过程中,应对亚氯酸钠的分解速率加以控制,否则由于形成二氧化氯的速率过快,还未起漂白作用便从溶液中逸出,不但造成浪费,而且污染环境。

(二) 影响亚氯酸钠漂白的主要因素

亚氯酸钠漂白的工艺因素主要有漂液的浓度、温度、pH、时间等,漂白时要严格控制这些工艺因素,从而保证漂白的效果和生产环境的安全。

1. 漂液pH

漂液pH对织物白度及纤维受损的影响见表2-21。

表2-21　亚氯酸钠漂白时漂液pH对织物白度及纤维受损的影响

漂液pH	亚氯酸钠消耗量(g/100g 织物)	黏度($\times 10^{-2}$Pa·s)	织物白度(%)
2.6	1.7	2.50	84
3.7	1.7	2.86	87
4.6	1.7	3.33	89
5.5	1.6	2.86	91
7.0	1.5	1.43	88
8.0	0.8	1.43	86
8.5	0.9	0.71	82

当漂液pH较高时(pH为8.0~8.5),织物的白度较差,而且纤维受损程度较大,当溶液的pH较低时(pH为2.6~3.7),二氧化氯的产生速率过快,而无漂白作用的氯酸钠的含量却很高,造成浪费且污染环境,并腐蚀设备,织物的白度也不高。当溶液的pH在4.6~5.5之间时,织物的白度较好,对纤维的损伤又小,漂白速率也适中,因此,生产中pH在4.6~5.5为宜。但有时为了提高漂白速率,漂液的pH也可控制在4~4.5。

2. 活化剂

商品亚氯酸钠都在碱性条件下保存,但亚氯酸钠漂白要在酸性条件下进行,为使漂液由碱性转变成酸性,漂液中必须加入一种化学剂,以释出漂白的有效成分ClO_2。这个过程工艺上称作"活化",所加入的化学剂称为活化剂或酸化剂。常用的活化剂有酯类活化剂、酯类活化剂、铵(胺)类活化剂。

在亚氯酸钠漂液中,为了使漂液pH稳定在一定的范围内,还需加入一定量的pH缓冲剂,常用的缓冲剂有磷酸二氢铵、焦磷酸钠、水合肼等。

3. 漂白温度和时间

漂白的温度与时间、漂浴的pH和使用的活化剂等因素是相互关联、相互影响的。升高温度,亚氯酸钠的分解速率加快,白度也随之提高,但温度的选择与活化剂的类型和性质有关,不同的活化剂可选用不同的温度。如有机酸作活化剂,温度为80℃就能获得满意的效果,而有机酯作活化剂时,温度要在95℃以上才能有较好的漂白效果。漂白时间与漂液浓度、温度、活化剂等有密切的关系。一般来说延长漂白时间,有利于白度的提高,但时间过长,不仅生产效率降低,而且还会造成纤维的损伤。

第四节　高效短流程前处理工艺

自20世纪70年代中东石油危机以来,世界范围内的能源持续紧张。染整行业中前处理工序的能耗占总能耗的比例较大,促使人们去研究开发高效、低能耗的前处理工艺。棉织物练漂加工分退浆、精练、漂白三道工序,常规三步法前处理工艺稳妥,重现性好,但加工机台多、时间长、效率低、能耗高。随着技术的不断进步,高效低耗的前处理设备和各种配套助剂陆续被研制和开发成功,为常规三道前处理工序合理缩减或合并提供了可能性。当今节能减排已成为染整行业转型升级、可持续发展的必然趋势。因此高效、低能耗的短流程前处理工艺的研究与推广应用,已成为染整加工工艺中的一项重要新技术。

一、短流程前处理工艺简介

短流程前处理工艺(Combined Preparation Process),就是在棉织物染整前处理过程中将传统的退浆、精练、漂白三道工序合并为二道或一道工序,即所谓的二步法或一步法。根据合并工序的方式不同,可以分为二步法工艺和一步法工艺两大类。

(一)二步法工艺

1. 退浆—煮漂合一工艺

常用的工艺是棉织物先进行退浆,再进行碱氧一浴煮练、漂白。由于碱氧一浴中双氧水不易稳定,因此这一工艺的关键是:

①退浆后的洗涤要充分,最大限度地去除浆料和部分杂质,以减轻碱氧一浴煮漂工序的压力。

②要选择优良的耐高温、耐碱的氧漂稳定剂和螯合分散剂,使碱氧一浴中的双氧水稳定地分解,以取得良好的煮漂效果。

退浆—煮漂合一工艺中常用的退浆方法有酶退浆、氧化剂退浆、碱氧浴冷堆法退浆等。煮漂工艺按设备不同主要有液下履带汽蒸箱工艺和履带汽蒸工艺两种,现分述如下:

(1)液下履带汽蒸箱工艺。

①工艺流程。

退浆后织物→浸轧碱氧液→进入液下履带汽蒸箱(60℃,浸渍20min)→短蒸(100℃,2min)→水洗→烘干

②工艺处方(g/L)。

$H_2O_2(100\%)$	12
NaOH[30%(36°Bé)]	26
润湿剂	5
稳定剂 Lastabil	11

此工艺的特点有：

a. 织物进入液下履带汽蒸箱浸渍时，采用较低的温度，较短的时间，保持 H_2O_2 在浸漂中稳定性，对纤维损伤较小。

b. 浸渍液采用较大的浴比(1:4)，以提高在较低温度(60℃)下的煮漂效果。

c. 选用适合于强碱浴的稳定剂，使 H_2O_2 在浸渍时分解缓慢，以致在织物出履带箱时还有相当浓度的 H_2O_2，足以在短蒸中进一步起漂白作用。

d. 加工过程中织物松弛，布面无折痕、擦伤等疵病，处理后半制品手感较好，白度、毛效较高。

此工艺需要具备自动化程度较高的液下履带汽蒸箱，设备成本投入大，双氧水和碱的消耗也较大。

(2)履带汽蒸工艺。

①工艺流程。

退浆后织物→浸轧碱氧液→进入履带汽蒸箱(100~102℃,20min)→水洗→烘干

②工艺处方(g/L)。

$H_2O_2(100\%)$	8~10
NaOH(100%)	30~35
润湿剂	2
稳定剂	12~15

该工艺在履带汽蒸箱上实施，织物的带液量受到限制(轧液率只有70%~80%)，烧碱的用量高，H_2O_2 在浓碱高温的条件下很难保持稳定。处理后半制品的白度、毛效往往难以达到后加工的要求，织物强度损伤也较大。

2. 退煮合一—漂白工艺

将退浆与煮练合并，然后进行常规漂白。在退煮合一的处理过程中应使用高效助练剂，在碱和高效助练剂的协同作用下，以取得良好的处理效果。此工艺由于碱的浓度较低，对纤维损伤较小，工艺安全系数较高，用过氧化氢漂白时，一般氧漂稳定剂均可使用。但退浆与煮练合一后，浆料在强碱浴中不易洗净，为此退煮后必须加强水洗，从而提高退浆与煮练的效果。此工艺在实际生产中应用较广，根据采用的漂白剂不同，可以有不同的生产工艺。举例如下：

①工艺流程。

烧毛→热水洗→浸轧退煮液→汽蒸(100℃,60min)→热水洗→冷水洗→浸轧漂白液→汽蒸(100℃,60min)→热水洗→冷水洗→烘干→L履带汽蒸箱氧漂(常规氧漂工艺)

②工艺处方(g/L)。

退浆煮练：

NaOH（100%）	25~30
精练剂 YE-802	5
Na_3PO_4	3
Na_2SiO_3	2

漂白：

H_2O_2（100%）	4~5
Na_2SiO_3［38%（40°Bé）］	7~8
精练剂 YE-802	2
$MgSO_4$	0.2

上述退煮合一漂白二步法工艺中，在碱和高效精练剂的协同作用下，通过强化水洗条件，取得了良好的处理效果，织物半制品的毛效、白度都能满足后加工的要求。与常规三步法相比，降低了能耗和生产成本。

（二）一步法工艺

将棉织物前处理中退浆、精练、漂白三道工序合而为一，常采用的是碱氧一浴法工艺。与传统的前处理工艺相比，工艺流程大为缩短。由于纯棉坯布含杂质多，尤其对一些上浆率高的厚重织物，要达到良好的退煮漂效果，就必须加大化学助剂的用量、强化工艺条件。但在高浓度化学助剂和高温等剧烈条件下会造成织物损伤。因此，对纯棉织物进行退浆、精练、漂白一步法前处理，就目前国内的技术水平来说，还存在着较高的风险。一步法前处理工艺可以分为汽蒸法和冷轧堆法。

1. 汽蒸法

汽蒸法是烧毛后的织物浸轧较高浓度的碱、氧化剂、稳定剂、高效精练剂等配制而成的工作液后，在高温汽蒸条件下进行的一步法工艺。由于该工艺可以利用印染厂已有的设备进行处理，因此颇受企业欢迎。

①工艺流程。

烧毛后织物→浸轧热水→浸轧工作液→汽蒸（100~102℃，60min）→高效水洗→烘干

②工艺处方（g/L）。

NaOH（100%）	18~25
H_2O_2（100%）	9
稳定剂 XF-01	7
精练剂 DS	17

此工艺在履带汽蒸箱上实施时，织物的带液量不高，只适合于一些含杂少的纯棉轻浆织物和涤棉混纺织物。若在 R 汽蒸箱（图 2-11）上进行时，织物通过 R 汽蒸箱上部的汽蒸和下部液下浸渍，可以提高处理效果。

2. 冷轧堆法

冷轧堆法是在室温条件下进行的一步法工艺。在室温下，尽管化学助剂浓度较高，但化学助剂的反应速率低，必须延长作用时间，才能达到满意的效果。由于冷轧堆法处理条件温和，对

纤维的损伤相对较小,适用于一般棉织物的退煮漂一步法处理。

①工艺流程。

烧毛后织物→浸轧工作液→打卷堆置→高效水洗→烘干

②工艺处方(g/L)。

NaOH(100%)	50
H_2O_2(100%)	25
稳定剂 GJ-101	5
助练剂 ZS-93	10
过硫酸钾	3

此法最大的特点是可以减少设备投资,设备占地面积少,降低能耗。但由于工作液中化学助剂用量增加,导致印染废水处理负担加重。

二、短流程前处理工艺分析

高效、低能耗的短流程前处理工艺作为染整加工的一项重要新技术,是染整前处理工艺的发展方向,经过多年来研究与推广,已广泛地应用于各种织物品种。但短流程前处理工艺的应用,必须根据品种特点、加工要求、最终用途结合设备类型、织物组织规格、纤维原料的组成等因素,来优选出合适的短流程前处理工艺。

从理论上分析,高效短流程前处理是把常规的退、煮、漂三步工艺各自的作用原理和去除的杂质,合并在一步或二步中完成。如碱的作用,除煮练外,在退煮一浴中还有退浆作用;在碱氧一浴中还可作为过氧化氢漂白的碱剂。又如过氧化氢在退煮漂一步法中既是退浆剂又是漂白剂,还可对纤维上的木质素及其他杂质起氧化作用。而其中添加的各种助剂所发生的乳化、分散、萃取等作用之多不下几十种。因此短流程前处理工艺的特点表现为参与反应物质的多样性及反应类型的复杂性。

从工艺本身来看,高效短流程前处理工艺过程主要有浸轧工作液→反应(冷堆法或汽蒸法)→水洗 3 个重要环节,为保证前处理高效短流程工艺达到高效率、高质量的处理水平,必须从 3 个重要环节入手,合理设计工艺处方,优选出最佳工艺条件。

(一)浸轧工作液

1. 工作液配制

根据二步法或一步法的处理要求,要对工作液的组成进行合理的设计。如在棉织物退煮合一的工艺中,一般选碱既为退浆剂又是煮练剂,这是因为碱退浆和碱煮练是棉织物最为普遍的退浆、煮练方法,虽然在常规的前处理中是两个独立的加工过程,但又是相互渗透和相互联系的,即在碱退浆的同时,棉纤维上的天然杂质也在发生分解作用;而在碱煮练时,退浆后织物上残余的浆料也可以进一步被去除。若将碱退浆和碱煮练合二为一,使棉织物上的浆料和油蜡、果胶等天然杂质的去除在一个工序中完成,则在工作液的组成中必须加入渗透剂、高效精练剂等助剂来满足加工要求。又如在碱氧一浴一步法的加工中,我们选碱和过氧化氢作为主要用剂。这是因为碱兼具退浆、煮练和过氧化氢漂白的碱剂三种作用,而过氧化氢既是漂白剂又具有氧化退浆的作用。当一种化学剂要担当多重作用时,必然需要加大用量,在碱氧一浴中,碱和过氧化氢的浓度都要较常规的三步法工艺高得多。众所周知,过氧化氢漂白在弱碱性(pH=10.5~11)条件下进行较为理想,显然在碱氧同浴中不能满足这一条件,过高的碱浓度会引起过氧化氢无效分解,生成的 O_2 和过氧氢自由基 $HO_2 \cdot$ 导致纤维受损。因此在碱氧一浴法工艺中还必须选用耐碱性较强、稳定性优良的氧漂稳定剂才能获得满意的效果。

2. 浸轧工艺条件

(1)轧液率。工作液经浸轧装置浸轧后在织物上进行吸附、扩散和溶胀,这些过程的进行程度都与织物上的带液量有关。由于棉坯布的吸水性差,除了在工作液中加入渗透剂外,还必须依靠机械的浸轧作用,经测定生坯布一次浸轧的轧液率约为50%,二次浸轧的轧液率约为70%。为了使织物上有足够的带液量,织物至少需要进行二次浸轧。

(2)浸轧温度。一般来说,提高浸轧温度能降低工作液的黏度,有利于液体向纤维内部扩散。但若工作液温度高于布面温度,则当织物浸入工作液时,织物空隙中的空气受热膨胀而阻碍液体的渗透。因此在实际生产中还是以室温下浸轧工作液为宜。

(3)浸轧设备。高效短流程设备大多采取高给液和透芯给液等措施来提高织物上带液量和均匀的渗透性。图2-27、图2-28为德国Menxel公司的Optimax高给液装置的结构示意图和工作原理图。

图 2-27 Optimax 高给液装置的结构示意图

图 2-28 Optimax 高给液装置的工作原理图

1—织物 2—轧车1 3—给液管 4—通行管 5—轧车2 6—溶液

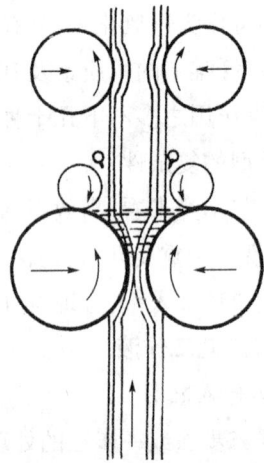

湿织物由下而上进入轧车1,轧车的微孔轧辊具有吸液作用,因此具有很高的轧液效率,湿织物经过轧车轧液后的含湿率极低,织物出微孔轧辊后立即进入由两只导布辊与卧式轧车构成的楔形溶液沟槽,织物在此迅速吸足溶液,出楔形沟槽向上穿过密封狭缝通行管,进入上方的轧车2。该轧车将织物上多余的溶液轧出,使织物的带液量符合工艺要求。通行管收集轧车2轧

出的工作液,通行管中的工作液与织物接触时能更充分地被吸收。

Optimax 高给液装置属于轧吸法,高压力微孔轧辊在轧去织物上水的同时也去除了织物空隙中的部分空气,形成了抽吸工作液的效果。

(二)汽蒸或堆置

1. 汽蒸工艺条件

在纯棉织物煮漂碱氧一浴的汽蒸法工艺中,为达到煮练匀、透,漂白纯、净要求,汽蒸时既要考虑碱与蜡质、果胶等天然杂质足够的反应时间,又要兼顾过氧化氢的分解速率,故常压汽蒸的时间一般需要 60~90min。在用烧碱进行纯棉织物退煮合一汽蒸法工艺中,常压汽蒸的时间一般在 60min 以上时,棉织物上的浆料和天然杂质得以充分地膨化、分解,织物处理后的效果较好。在纯棉织物退煮漂一步法工艺中,要去除的杂质集中在一道工序中,对汽蒸条件设置的要求更高,汽蒸设备要求预热时间长,例如采用瑞士贝宁格公司的平幅退煮漂联合机,该汽蒸机上层为导辊(回形穿布),下层为双层辊床履带(图 2-29)。

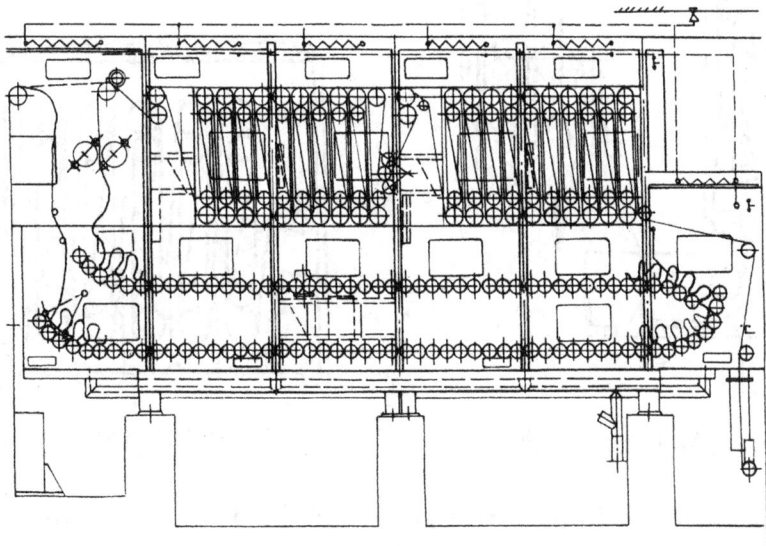

图 2-29　导辊/辊床汽蒸箱

2. 堆置工艺条件

在纯棉织物煮漂碱氧一浴的堆置法工艺中,由于在室温下作用,各化学助剂的反应速率低,要达到加工要求的去杂程度,则需要长时间的堆置,一般纯棉织物打卷冷堆的时间要 24h以上。由于作用条件温和,工作液的扩散和渗透又很充分,常能使一般加工过程中难以去除的杂质(如棉籽壳)被除去。对涤棉混纺织物退煮漂一步法采用冷堆工艺也已取得了良好的效果。

也有人将浸轧工作液后布卷的堆置温度提高至 40~60℃,这样可缩短堆置时间,即所谓的"温堆工艺"。该工艺的关键和难点是保持堆置过程中的温度恒定,否则将会造成布卷内外各片段之间的处理效果差异而影响织物的后加工。

(三) 高效水洗

在短流程前处理工艺中,织物经浸轧工作液和汽蒸(堆置)后,织物上大量的杂质需要通过充分的水洗才能被去除,因此,短流程前处理工艺必须经过高效水洗才能达到处理的要求。高效水洗常采用的是高温洗液、强力冲洗、逆流振荡等方法,国内外各公司开发的高效水洗设备都是基于这些方法来设计制造的,如贝宁格公司的平幅冲洗机(Injecta)是一种专门用于高效短流程前处理工艺的强力水洗设备。该水洗机由一台平幅冲洗机(图2-30)和两台DA-6型高效水洗箱(图2-31)以及进出布装置和烘燥单元组成。

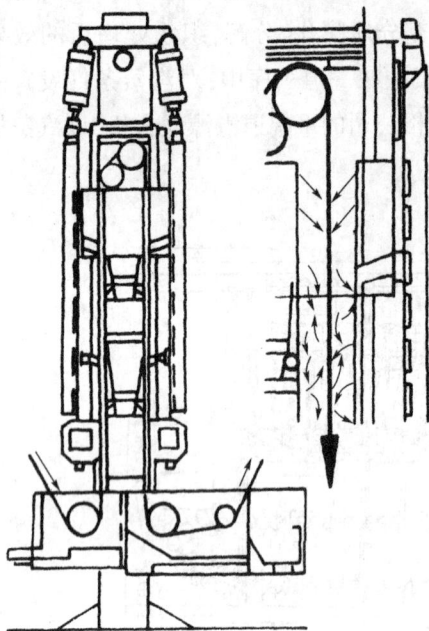

图2-30 平幅冲洗机结构示意

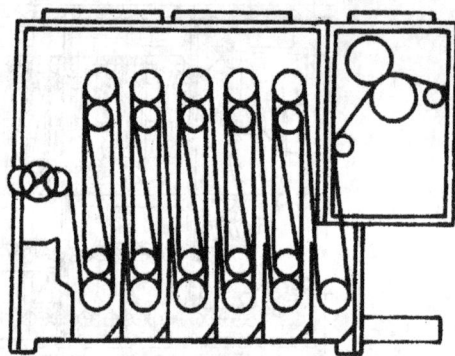

图2-31 DA-6型高效水洗箱示意

该水洗联合机除采用全程逆流供水外,由于织物在水洗狭缝通道内,水洗液对织物的强烈机械作用区达3m以上,与普通平洗槽中的喷淋或真空抽吸的作用程度相比高达几百倍,因此极大地提高了水洗传质过程的浓度梯度,从而提高了洗涤效果。

👉 思考题

1. 试根据淀粉的结构和性能分别说明淀粉酶退浆、碱退浆、酸退浆原理。

2. 试比较酶退浆、碱退浆、酸退浆的主要优缺点。

3. 影响碱退浆效果的主要因素有哪些?试设计合理的碱退浆工艺(包括工艺处方、工艺流程及工艺条件)。

4. 棉纤维的共生物有哪些?简述棉纤维的共生物在精练过程中的变化。

5. 常规的煮练用剂有哪些?它们在煮练过程中各起什么作用?

6. 简述酶精练的原理。酶精练与碱精练相比有何特点和优势?

7. 常见的煮练设备有哪几种？影响煮练效果的主要工艺条件有哪些？

8. 何谓轧液率？请举一实例说明轧液率是如何计算的。

9. 如何评定棉织物的煮练效果？棉织物的煮练中会产生哪些疵病？如何避免和克服？

10. 在 H_2O_2 漂白中为何要加入稳定剂？最常用的稳定剂是什么？常见的非硅稳定剂有哪些？

11. 分析影响 H_2O_2 漂白的主要工艺因素。

12. 说明 $NaClO_2$ 漂白中活化剂的活化原理及活化剂的种类。

13. 为什么说高效短流程是染整前处理发展趋势？试述高效短流程前处理工艺的现状及今后发展方向。

14. 为保证高效短流程前处理工艺达到好的效果，应主要抓好哪几个重要环节？

参考文献

[1]阎克路. 染整工艺学教程：第一分册[M]. 北京：中国纺织出版社,2005.

[2]陶乃杰. 染整工程：第一册[M]. 北京：纺织工业出版社,1991.

[3]林细娇,陈晓玉. 染整技术：第一册[M]. 北京：中国纺织出版社,2009.

[4]蔡苏英. 纤维素纤维制品的染整[M].2版. 北京：中国纺织出版社,2011.

[5]夏建明. 染整工艺学：第一册[M].2版. 北京：中国纺织出版社,2006.

[6]陈立秋. 新型染整工艺设备[M]. 北京：中国纺织出版社,2009.

[7]李连祥. 染整设备[M]. 北京：中国纺织出版社,2002.

[8]吴立. 染整工艺设备[M]. 北京：中国纺织出版社,1993.

[9]王菊生,孙铠. 染整工艺原理：第二册[M]. 北京：纺织工业出版社,1982.

[10]徐谷仓. 染整织物短流程前处理[M]. 北京：中国纺织出版社,1999.

[11]吴建华,王宝岳. 高效煮练剂 ESA-864 在棉织物退煮漂白工艺中的应用[J]. 纺织科学研究,2002(4):51-54.

[12]杨海军,周律,郭世良,等. 棉织物染整中不同果胶酶精练效果的比较研究[J]. 印染助剂,2010(12):28-30.

[13]吴辉,钱国坻,华兆哲,等. 新型碱性果胶酶用于棉针织物精练的工艺优化[J]. 纺织学报,2008(5):59-61.

第三章 丝光

❋ **本章知识要求**

1. 了解各种丝光设备与工艺。

2. 掌握丝光与丝光棉的概念。

3. 掌握丝光原理。

4. 掌握影响丝光效果的各种工艺因素。

5. 了解热碱丝光、真空浸碱透芯丝光和液氮丝光等新工艺。

❋ **本章技能要求**

1. 能进行丝光工艺的制订。

2. 能进行丝光工艺操作。

3. 学会丝光工艺条件控制。

4. 学会丝光效果的测定。

1844 年,英国化学家麦瑟(Mercer)发现用浓烧碱溶液处理棉布能使织物发生收缩、织物厚度和对染料的吸收增加以及强度提高的现象,并于 1850 年申请专利。1890 年,洛尔(Lowe)发现棉布在浓烧碱溶液中处理时施加张力,可提高棉布的光泽。1895 年,浓烧碱溶液处理棉布的工艺技术开始工业化,以后逐步成为棉织物前处理的一个重要工序,被称为麦瑟处理(Mercerizing)。麦瑟处理分为两种:一种是在浓烧碱溶液处理时施加张力,纺织品获得如丝一般的光泽,习惯上称为丝光。棉布经过丝光后,棉纤维发生超分子结构和形态结构上的变化,除了获得良好的光泽外,棉织物的尺寸稳定性、染色性能、拉伸强度等都获得一定程度的提高和改善。另一种是织物以松弛状态经受浓烧碱溶液处理,任其收缩,使织物变得紧密、富有弹性,称之为碱缩,多用于棉针织物的加工。本章仅对棉织物丝光工艺进行讨论。

棉织物丝光按加工品种的不同,丝光工序的安排可以采用原布丝光、漂白前丝光、漂白后丝光、染色后丝光等。原布丝光是针对某些不需要进行练漂加工的品种,以及一些单纯要求通过丝光处理以提高力学性能的工业用布采用。漂白前丝光处理的织物白度及手感较好,但丝光效果不如先漂白后丝光的织物,在漂白过程中易损伤纤维,不适用于染色品种尤其是厚重织物的加工。漂白后丝光是目前使用最为广泛的一种丝光方法,它可以获得较好的丝光效果,丝光后碱液较清洁,有利于碱液的回收。对某些匀染性很差或易产生擦伤的品种,可以考虑染色后丝光。

第一节 丝光原理

一、丝光原理

棉织物在纺织印染加工过程中受到了较大的外力作用,使纤维内部的氢键网络发生变形而存在着内应力,织物的形态不稳定,遇水时织物容易缩水变形。丝光时浓烧碱液使棉纤维发生剧烈溶胀,纤维的无定形区和部分晶区的氢键被大量拆散,在张力作用下,使纤维素大分子进行取向的重新排列,在稳定的位置上重新建立起新的氢键,使织物的形态趋向稳定。

解释棉纤维丝光原理的有水化(合)理论、膜平衡理论等。本节重点介绍水化(合)理论。

浓烧碱溶液处理棉布包含复杂的化学和物理化学过程,棉纤维在浓烧碱作用下生成碱纤维素,使纤维发生剧烈溶胀,从而使棉纤维的形态结构和超分子结构发生不可逆的变化。

棉纤维经浓烧碱处理会发生剧烈的不可逆溶胀的主要原因是由于钠离子体积小,它不仅能进入纤维的无定形区,并能进入纤维的晶区。同时,钠离子是一种水化能力很强的离子,环绕在它周围的水分子有66个之多,以至形成一个水化层,当钠离子进入纤维内部并与纤维结合时,大量的水分也被带入,因而引起了纤维的剧烈溶胀。

在棉纤维剧烈溶胀时,烧碱与天然纤维素(纤维素 I)作用,生成碱纤维素。碱纤维素有两种类型,一种是加成化合物,另一种是醇化合物:

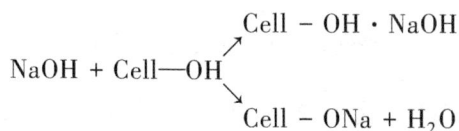

$$NaOH + Cell—OH \nearrow Cell - OH \cdot NaOH$$
$$\searrow Cell - ONa + H_2O$$

在丝光条件下一般以生成加成化合物(Cell-OH · NaOH)为主。整个丝光过程,纤维素变化可用下式表示:

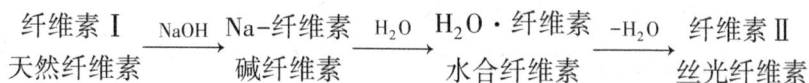

$$纤维素\text{ I} \xrightarrow{NaOH} Na\text{-}纤维素 \xrightarrow{H_2O} H_2O \cdot 纤维素 \xrightarrow{-H_2O} 纤维素\text{ II}$$
天然纤维素　　　　碱纤维素　　　　水合纤维素　　　　丝光纤维素

二、丝光棉的结构与性能

丝光纤维素与天然纤维素的化学结构没什么区别,但两者的形态结构和超分子结构却有很大的不同。

棉纤维经浓碱处理后,由于不可逆溶胀作用,表现在棉纤维上的螺旋状扭曲消失,经向收缩,横向增大,其特有的腰子形截面增大而变圆,胞腔趋向消失,如图3-1所示。如果再施加适当的张力,使棉纤维不发生收缩或得到一定的拉伸,则纤维表面的小皱纹消失,整齐平滑度提高,而且横截面变得更圆,纤维呈圆柱体,结果棉纤维对光线产生有规则的反射,从而使棉织物显示出丝一般的光泽。所以织物内纤维形态结构的变化是产生光泽的主要原因,而张力则是增进光泽的重要因素。

图 3-2 为棉纤维丝光前后的横截面比较。

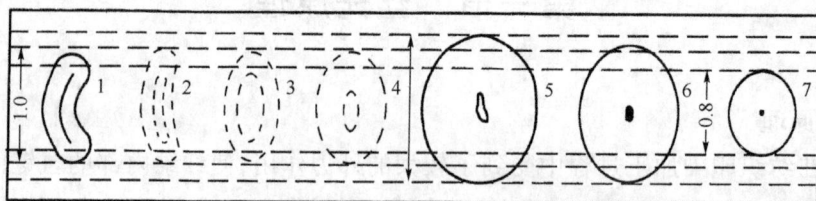

图 3-1　棉纤维丝光过程中横截面的变化示意图

1～5—纤维在碱溶液中继续溶胀　6—溶胀后再浸入水中开始发生收缩

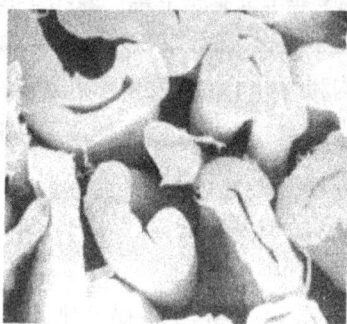

7—完全干燥后

(a) 丝光前棉纤维　　　　　　　　　(b) 丝光后棉纤维

图 3-2　棉纤维丝光前后的横截面比较(SEM 照片)

　　浓碱处理也使棉纤维的超分子结构发生变化,与纤维素 I (天然纤维素)相比,纤维素 II (丝光纤维素)的晶格参数发生了较大的变化,晶区减少,无定形区增多,结晶度由原来的 70% 左右降低到 50%～60%,而染料及其他化学药品对纤维的作用发生在无定形区,所以丝光后棉纤维的化学反应性能和对染料的吸附性能都得到了提高。棉纤维发生剧烈溶胀时,纤维的无定形区和部分晶区的氢键被大量拆散,在张力作用下,纤维素大分子沿纤维轴进行重新排列,在稳定的位置上重新建立起新的氢键,使织物的形态尺寸趋向稳定。由于纤维充分溶胀,大分子间作用力被破坏,氢键断裂,纤维表面不均匀变形被消除,减少了薄弱环节,弯曲的大分子得以舒展、伸直,纤维相互紧贴,减少了滑移。同时,在张力作用下,纤维素大分子排列整齐,增加了纤维分子的相互作用力,纤维间抱合力提高。丝光后,纤维的取向度也有所提高,使纤维能均匀承受外力,减少了因应力集中而造成的纤维断裂现象,因此经浓碱丝光后,纤维的强度得到了提高。

　　衡量棉纤维对化学药品吸附能力的大小,可用棉织物吸附氢氧化钡的能力(称之为钡值)来表示,钡值越高,表示丝光效果越好。通常本光棉布钡值为 100,丝光后织物钡值常在 135～150 之间,钡值在 150 以上表示棉纤维充分丝光。也可将丝光织物浸在碘液中,根据吸碘量的大小,来表示丝光效果。

第二节 丝光设备与工艺

棉织物丝光设备主要有布铗丝光机、直辊丝光机和弯辊丝光机三种,应用比较普遍的是布铗丝光机。采用的设备不同,棉织物丝光工艺也不一样。

一、布铗丝光机

布铗丝光机一般有单层和双层之分,单层布铗丝光机如图3-3所示,是由平幅进布装置、前轧碱槽、绷布辊筒、后轧碱槽、布铗扩幅装置、冲洗吸碱装置、去碱箱、平洗机、烘筒烘燥机、平幅出布装置等部分组成。

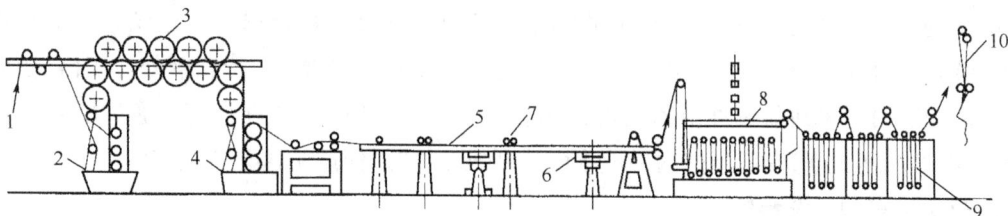

图 3-3 布铗丝光机示意图

1—进布架 2—前轧碱槽 3—绷布辊 4—后轧碱槽 5—布铗链
6—吸水板 7—冲洗管 8—去碱箱 9—平洗机 10—出布架

根据布铗丝光机的结构组成,棉织物丝光工艺流程为:

进布→浸轧碱液→绷布→扩幅淋洗→去碱→平洗→轧水烘干

(一)轧碱槽及绷布辊

由图3-3可知,轧碱槽有前、后两台,在前、后轧碱槽之间是绷布辊。轧碱槽由盛碱槽和三辊重型轧车组成,轧碱槽内装有多只导辊,用以增加织物在碱液中的浸渍时间,织物一般在轧碱槽经历时间约为20s。轧碱槽具有可通冷水的夹层,冷却槽内碱液,使碱液温度维持在20℃左右。轧碱时用杠杆和油泵加压,前、后轧碱槽轧压分别进行控制,前轧碱槽用杠杆加压,压力小些,以便织物带有较多的碱液,轧液率为120%~130%,有利于碱与纤维作用。后轧碱槽用油泵加压,压力要大,织物带碱量要少,轧液率小于65%,便于淋洗去碱。轧碱槽中碱液浓度可根据品种要求控制在240~280g/L之间,补充碱液的浓度为300~350g/L,两个轧碱槽间有联通管连接,碱液进行逆向流动,以保证碱液浓度的均匀。在前、后轧碱槽之间的上方装有十多个上下交替排列的空心绷布辊筒,目的是为了延长织物带碱时间及防止织物浸碱后剧烈收缩。织物沿绷布辊筒的包角应尽量大些,后轧槽的线速度要比前轧槽稍大一些,这样织物的经向便具有一定的张力,可以防止织物吸碱后经纬向的收缩。织物在轧碱和绷布阶段所经过的时间大约为30~50s。

(二)布铗扩幅装置和冲洗吸碱装置

从后轧槽导出的织物带碱量很高,有很大的收缩倾向,因此必须将带有浓碱液的织物在布铗扩幅装置上拉伸至规定的宽度,布铗扩幅装置的作用是使布铗夹住织物布边,在纬向施以张力,以防止织物吸碱后收缩,并使织物在保持拉伸状态下,经冲洗吸碱装置将织物上的烧碱含量冲洗到每千克织物70g以下。为了使织物带浓碱时间比较充分,一般在织物进入布铗链长度的1/4~1/3的地方,才开始冲洗去碱。这样织物从轧碱开始到第一次冲洗之间带浓碱时间为50~60s。

布铗扩幅装置是由左右两条各自循环的布铗链组成,长度约为15~20m。两条环状的布铗链是由许多布铗用销子串联起来并铺设在轨道上,可以通过螺丝杠调节布铗链轨道间的距离,一般是将布铗链轨道调节成两头小中间大的橄榄状。冲洗吸碱装置由布面上方横跨布幅的冲淋器和真空吸碱器组成,冲洗的方法是每隔一段距离冲淋器将稀的热碱液(70~80℃)淋洗在布面上,真空吸碱器的平板上布满小孔或狭缝,平板紧贴在布的下面,通过真空吸碱器使淋洗在布面上的稀的热碱液穿透织物,这样冲、吸配合有利于洗去布面上的烧碱。一般丝光机配有4~6套冲吸装置。由真空吸碱器吸下的碱液排入丝光机下面的储碱槽中,储碱槽分为数格,槽内各格的碱液顺次用泵送到前一冲淋器去淋洗织物,最前一格的碱液浓度最高。通过反复循环淋洗,槽内碱液浓度逐渐升高,当槽内碱液浓度达到50g/L时,便用泵送至蒸碱室回收。

(三)去碱箱和平洗装置

为了将织物上的烧碱进一步洗去,在扩幅冲洗之后,便进入洗碱效率较高的去碱箱(图3-4),一般单层布铗丝光机只有1只去碱箱,而双层布铗丝光机有2只去碱箱。

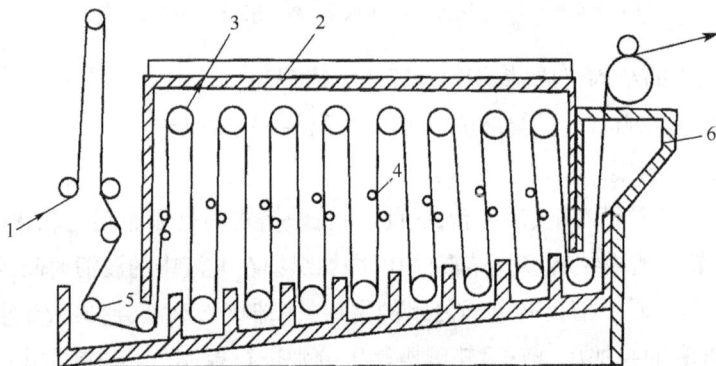

图3-4 去碱箱示意图
1—织物 2—箱盖 3—主动导布辊 4—直接蒸汽管 5—水封口 6—箱体

去碱箱是一个密闭的有盖箱子,箱盖可以打开,便于穿布及处理故障。箱体进出口均有水封,阻止箱内蒸汽向外泄漏。箱内上下各有一排导布辊,上排主动,下排被动。下排导辊浸在去碱箱下部的含碱量较低的洗液中,箱底呈倾斜状,分成8~10格,洗液在去碱箱内逐格倒流,与反向运行的织物上的较浓的碱液交换。织物层间装有直接蒸汽管,当织物通过时,向织物喷射蒸汽,织物被加热,部分蒸汽在织物上冷凝成水,渗入织物内部。直接蒸汽加热起提高织物温度和冲淡织物上碱浓度的作用。

经过多次冷凝、冲洗和交换，织物上大部分的碱已被洗去，每千克织物上含碱量可降至 5g 以下。接着织物进入平洗机平洗，进一步去除织物上的残碱，必要时可用醋酸或稀硫酸来中和，但水洗必须充分，使织物出水洗机时呈中性。水洗后的织物，一般经烘筒烘燥机烘干后供后道加工。

布铗丝光机扩幅效果好，经向张力和扩幅范围可测，处理后织物光泽好，缩水率小，所以使用广泛。

二、直辊丝光机

直辊丝光机与布铗丝光机的结构组成有较大的不同，它是将平幅织物包绕在多只直辊上对织物进行丝光加工的，没有三辊轧碱装置和延长碱作用时间的绷布辊筒。直辊丝光机由进布装置、碱液浸轧槽、重型轧辊、去碱槽、去碱蒸箱和平洗槽等部分组成(图3-5)。

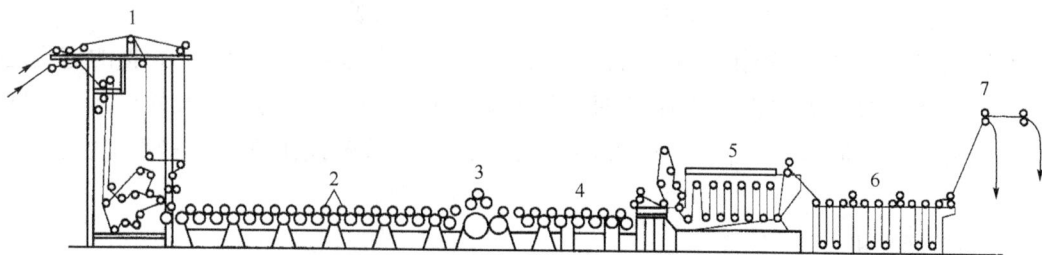

图3-5 直辊丝光机

1—进布装置 2—碱液浸轧槽 3—重型轧辊 4—去碱槽 5—去碱蒸箱 6—平洗槽 7—落布装置

根据直辊丝光机的结构组成，棉织物丝光工艺流程为：

进布→弯辊扩幅→浸轧碱液→去碱→平洗→轧水烘干

织物经过进布装置和弯辊扩幅后便进入碱液浸轧槽。碱液浸轧槽由不锈钢板制成的槽体和多对上下交替、相互轧压的直辊组成，上排直辊是可以提起的包有耐碱橡胶的被动辊，运转时压在下排主动的钢制直辊上。下排直辊是耐腐蚀、耐磨的钢管辊，表面车制有细螺纹以改善浸轧浓碱后织物的纬向收缩。直辊丝光机主要靠直辊圆周表面与织物的摩擦力阻止织物幅宽的收缩，直辊本身无扩幅作用。织物经过碱液浸轧槽后，由重型轧辊轧去多余的碱液，便进入去碱槽去碱。去碱槽与碱液浸轧槽结构相似，也是由槽体和直辊组成，所不同的是下排直辊浸没在稀碱液中，用以洗去织物上的浓碱液。织物从去碱槽出来后进入去碱蒸箱进一步去碱，经平洗槽平洗至中性后，由烘筒烘燥机烘干，丝光过程即告完成。

直辊丝光机具有产量高、丝光均匀、不破边等优点。但由于没有纬向扩幅装置，扩幅效果差，织物纬向缩水率往往难以达标。为了克服上述不足，开发了一种带有针板扩幅装置的直辊丝光机(图3-6)，其主要由直辊浸碱槽、直辊膨化槽、针板扩幅装置、直辊去碱槽和平洗槽组成。

采用湿进布时丝光工艺流程为：

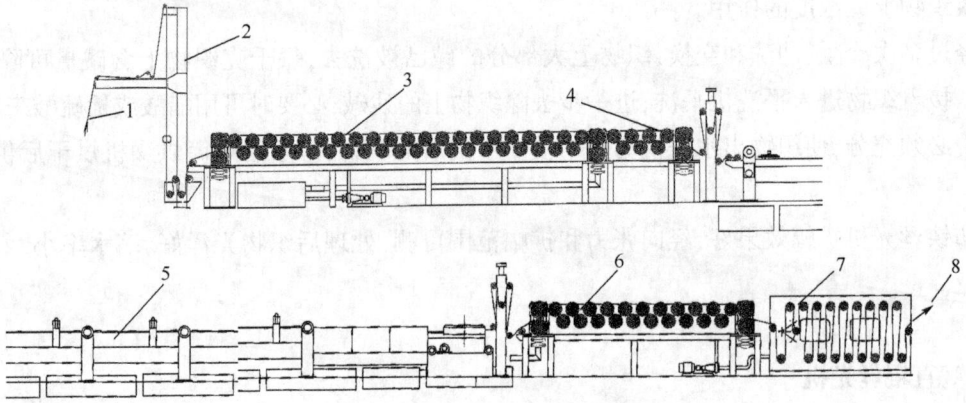

图 3-6 带有针板扩幅装置的直辊丝光机

1—织物 2—进布装置 3—直辊浸碱槽 4—直辊膨化槽 5—针板扩幅装置

6—直辊去碱槽 7—平洗槽 8—轧水烘干

进布→轧水→浸轧碱液→针板扩幅→去碱→平洗→轧水烘干

织物进布后经重型轧辊轧水后进入直辊浸渍槽浸轧碱液,织物的收缩由膨化槽的直辊进行控制,然后由针板扩幅装置进行扩幅,这两个装置使得织物的收缩率得到有效的控制。去碱在针板扩幅装置的中部已经开始,织物进入直辊去碱槽进一步去碱,最后经平洗槽平洗后烘干。

三、弯辊丝光机

弯辊丝光机的浸轧、去碱和平洗装置等组成与布铗丝光机基本相同,所不同的是扩幅装置。如图 3-7 所示。

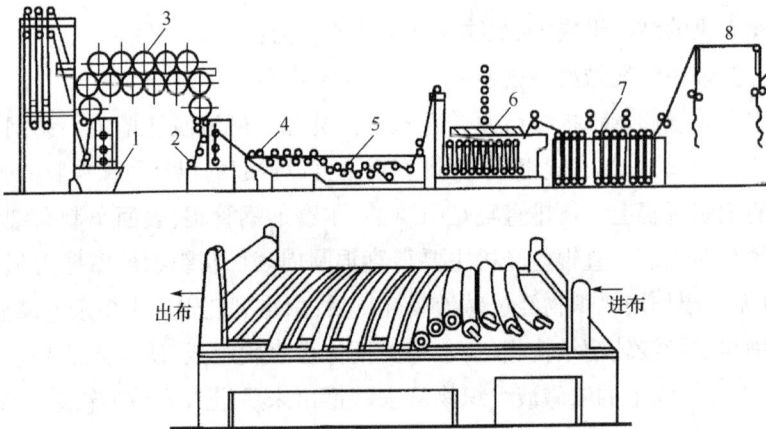

图 3-7 弯辊丝光机

1,2—碱液浸轧槽 3—绷布辊筒 4—橡胶弯辊 5—铸铁弯辊

6—去碱箱 7—平洗槽 8—落布装置

弯辊丝光机是由弯辊来进行扩幅的。弯辊的扩幅作用是依靠织物绕经弯辊套筒的弧形斜面时,所受到的纬向分力将布幅拉宽。弯辊的扩幅能力与弯辊的圆弧半径、弯辊的直径和织物

在套筒面上的包绕角大小有关。

弯辊丝光机一般可以加工两层织物,占地面积较小。但弯辊丝光机扩幅效果差,加工时纬纱呈弧状,易造成经纱密度不匀。另外织物是双层叠在一起加工,洗碱效率要比布铗丝光机的淋洗装置低,织物缩水率不易控制,因此限制了它在实际生产中的应用。

第三节　影响丝光效果的主要工艺因素

影响丝光效果的主要因素是碱液的浓度、温度、纤维与碱液作用的时间、丝光时的张力和丝光后的去碱等。

一、碱液浓度

碱液浓度是影响丝光效果的重要因素之一,只有当碱液浓度达到某一临界值以后才能引起棉纤维剧烈的溶胀,图 3-8 表示棉纤维在不同浓度的烧碱溶液中棉纤维直径、长度和体积的变化。由图中可以看出,棉纤维在 8% 以下浓度的稀烧碱溶液中溶胀很小,当碱液浓度大于 8% 时,棉纤维的直径和长度随碱液浓度的提高而分别急剧变化,直至碱液浓度为 14.5%(约为 170g/L)时,棉纤维直径、长度和体积都达到了最大值。在较浓的碱液中,棉纤维的长度发生收缩的规律与直径增大的规律非常相似,但程度不同,后者比前者约大 5 倍。经浓碱处理后,剧烈的溶胀致使棉纤维体积增加最大可达 140%。

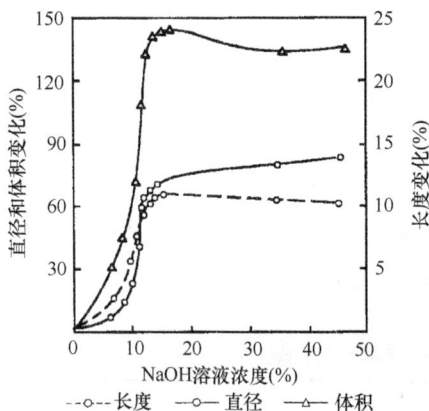

图 3-8　不同浓度的烧碱溶液中棉纤维
直径、长度和体积的变化

图 3-9　不同浓度的烧碱溶液处理后的
织物,经向收缩率和钡值的变化

由图 3-9 可知,烧碱浓度在 110g/L 以下时,棉布的经向收缩率和钡值都很小,烧碱浓度在 100~270g/L 的范围内,经向收缩率和钡值都随着烧碱浓度的增加而急剧上升,当烧碱浓度在 270g/L 以上,经向收缩率和钡值上升趋势减缓,并在烧碱浓度为 300g/L 左右时,基本上达到了最大值。如果单从钡值来看,要达到规定指标 150 的处理效果,烧碱浓度在 180g/L 左右就已经足够了,但考虑处理后织物的光泽要求,织物本身吸碱以及空气中酸性气体耗碱等因素,棉布丝光时烧碱的浓度一般控制在 240~280g/L 之间。在实际生产中,可根据棉织物的品级、组织结构、半制品及成品的质量要求等来确定烧碱的实际使用浓度。如对仅要求提高其染色性能的某些品种,可采用 150~180g/L 的烧碱溶液处理,这种工艺在生产中称之为半丝光。

二、碱液温度

烧碱与纤维素纤维之间的反应是放热反应,提高碱液温度会降低丝光效果。由图 3-10 可知,在烧碱浓度相同的条件下,温度升高,织物的经向收缩率和钡值下降。因此,要提高丝光效果就要降低碱液温度。但要使丝光作用保持在较低的碱液温度下进行,就需要相当大功率的冷却设备和电力消耗。另外由于温度过低,碱液黏度增大,使碱液难以渗透到织物内部,以致丝光不透,造成表面丝光。因此,实际生产中多采用室温或稍低于室温的温度进行丝光,夏天通常在轧碱槽夹层中通入冷水使碱液冷却。

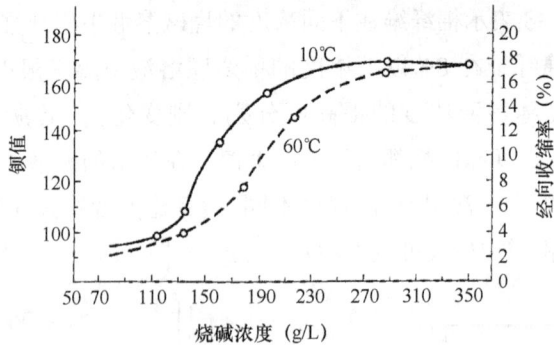

图 3-10 烧碱浓度、碱液温度对丝光的影响

三、张力

棉织物浓碱处理时,只有在施加张力情况下才能防止织物的收缩而获得较好的光泽。张力也会影响断裂强度、断裂延伸度等织物的机械性能。如表 3-1 所示。

表 3-1 张力对棉纱线丝光后光泽及某些机械性能的影响

处理条件	断裂强度(N)	断裂延伸度(%)	光泽[1]
未处理	6.01	5.4	24.3
无张力碱处理	7.16	16.1	20.4
保持原长丝光	7.47	5.5	55.8
比原长拉伸 3%丝光	7.28	4.8	62.0
比原长拉伸 6%丝光	7.37	4.3	68.8
比原长拉伸 9%丝光	7.57	4.0	70.0

[1]数值越大,表示光泽越好。

　　从表 3-1 中可以看出,棉纱线丝光时增大张力能提高光泽和断裂强度,但断裂延伸度却随张力增大而降低。在经无张力碱处理后,棉纱线的断裂延伸度显著增加,弹性增大,但光泽变化较小。

　　张力对织物经、纬向缩水率影响也很大,表 3-2 显示了丝光时纬向张力对织物缩水率的影响。从表中数据可以看出,纬向张力增加,降低了织物缩水率,提高了织物的尺寸稳定性。

表 3-2　丝光时纬向张力对织物缩水率的影响

纬向张力	丝光后幅宽(cm)	成品幅宽(cm)	缩水率(%)
较小	78	85	7.8
较大	82	85	2.8

　　丝光过程中的纬向张力主要依靠布铗链之间的距离来调节。施加纬向张力应注意伸幅速率,伸幅不宜过快,伸幅太快,应力往往集中在布边上,容易拉破布边。有时即使未拉破布边,也会因布面应力分布不均匀而造成丝光不匀等不良后果。而织物的经向张力则由控制前后两轧槽间线速度大小来调节。由于各种不同规格的织物经、纬向缩水率存在着较大差异,实际生产中要根据织物的情况采用不同的方法来调节织物的经、纬向张力。

　　在浓碱处理时,张力对棉纤维的吸附性能也有一定的影响。图 3-11 显示了棉纱用不同浓度的 NaOH 处理时,张力与钡值的关系。从图 3-11 可知,与无张力丝光相比,张力的施加降低了棉纤维的吸附作用。

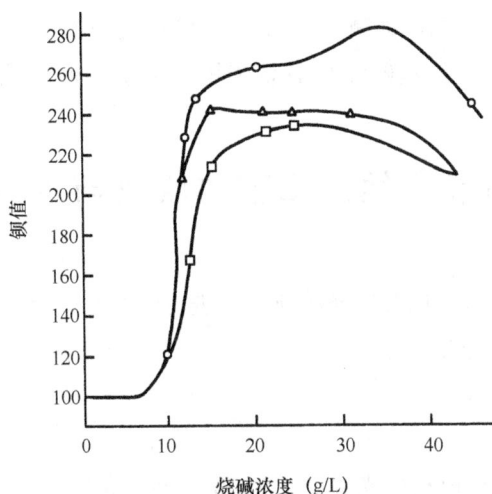

图 3-11　棉纱丝光时的张力、碱液浓度和钡值间的关系

—○— 无张力丝光　　—□— 保持原长丝光　　—△—先无张力收缩后,再拉回原长丝光

　　表 3-3 则反映了浓碱处理时张力对棉纤维吸附染料的影响,施加张力的浓碱处理减少了棉纤维对染料的吸附量。

表 3-3　张力对棉纤维吸附直接染料(苯并红紫 4B)量的影响

处理条件	染料吸附量(g/100g 纤维)
未丝光	1.5
张力丝光	2.9
无张力碱处理	3.5

综上所述,丝光时增加张力能提高织物的光泽和断裂强度,但吸附性能和断裂延伸度却有所下降。因此在生产中应掌握好丝光时经、纬向张力,兼顾织物的各项性能。

四、时间

在丝光过程中,烧碱溶液要充分、均匀地渗透进入织物、纱线和纤维内部,碱液与纤维素大分子进行反应都需要一定的时间。目前生产上丝光的浸碱时间为 35~50s,这个时间指的是从第一轧车浸碱开始到开始冲洗碱为止的时间,厚重织物丝光时浸碱时间要略长些,可控制在 50~60s。

实验证明,碱液渗透过程所需的时间与碱液浓度、温度、织物的结构与润湿性能等因素密切相关。其中以碱液温度和织物的润湿性能影响尤为突出。适当提高碱液温度、加入润湿剂、反复浸轧碱液都是加速碱液渗透的有效措施。

五、去碱

去碱对丝光后织物的尺寸稳定性和后加工工序都有很大影响。在放松纬向张力后,如果织物上还含有过多的碱,织物就会收缩,导致织物的光泽、纬向缩水率和半制品门幅都会发生变化。

去碱一般分两步进行。第一步是在织物的扩幅情况下,用冲吸装置去碱,使布面上含碱在 5% 以下;第二步是纬向张力松弛后,利用去碱蒸箱和平洗装置,把织物上的余碱洗净,必要时可用酸中和,使落布 pH 为 7~8。采用提高洗碱温度、液流采用逆流方式流动等措施可以提高去碱效率。

第四节　丝光工艺的改进与发展

为了提高丝光效果,人们不断地对丝光的新工艺进行研究和探索,下面对热碱丝光、真空浸碱透芯丝光和液氨丝光等丝光方式作简要介绍。

一、热碱丝光

常规的丝光是室温条件下进行,丝光温度约为 10~20℃,亦称作冷丝光。但在室温条件下,高浓度的碱液黏度大、渗透性较差,在丝光时织物表面的棉纤维先与烧碱溶液发生剧烈膨化,导致碱液向纤维内部渗透受阻,易造成织物的表面丝光。热碱丝光时,织物可在接近沸点的烧碱液中松式浸渍,经热拉伸、冷却、水洗完成丝光过程。采用热碱丝光,碱液快速而均匀地渗透到织物内部,改善了棉织物丝光的均匀性。但由于烧碱与纤维素的作用是放热反应,热碱丝光时棉纤维的膨化程度不如冷丝光。为此也有人提出先浸轧热碱液再浸轧冷碱液的二步法丝光工艺。二步法丝光即织物先浸轧热碱,碱液浓度为240g/L,温度60℃。使碱液快速而均匀地渗透到织物和纤维内部,然后再浸轧冷碱液,碱液浓度240~260g/L,温度为20~30℃,使纤维充分膨化。二步法丝光与传统丝光工艺相比,棉纤维的膨化程度、丝光的均匀性、纤维的吸附性能和定形作用等丝光的综合效果都有所提高。

二、真空浸碱透芯丝光

真空浸碱透芯丝光也是为了解决表面丝光的一种丝光工艺。其原理是使冷的浓碱在纤维膨化前就快速渗透到织物内部,然后再产生膨化,这样能使织物表面和内部均产生均匀的膨化。真空浸碱透芯丝光可采用改进后的直辊丝光机进行,与普通直辊丝光机不同之处是在碱液浸渍部分加装了一个"真空罩"。织物进入丝光机后,先经过装有真空罩的下辊筒,使织物中残留的空气去除,从而有利于碱液快速、均匀渗透到纤维的内部。

三、液氨丝光

用无水的液(态)氨对棉织物进行处理称为液氨丝光。氨的沸点是-33.4℃,在常压和-33.4℃的条件下,棉织物用纯的液(态)氨进行处理,液氨分子能将纤维素分子间的氢键切断,使纤维发生膨化。液氨分子体积小,容易渗透到织物和纤维内部,液氨能加快纤维的膨化速度,且膨化均匀。但液氨不能像烧碱那样将大量的水分子带入纤维内部,纤维在液氨中的膨化程度较烧碱液中要小,且液氨对棉纤维结晶结构的改变程度也不如烧碱液,所以液氨丝光后织物的光泽、吸附与染色性能不及浓碱丝光。但液氨丝光后,织物的强度、耐磨性、防皱性、弹性、手感等力学性能均有明显的提高。液氨丝光后若再配合进行树脂整理,则使产品具有独特风格,手感滑爽而富有丝绸感,且效果持久。

液氨丝光使用后的液氨约有90%可以回收。但液氨回收要求高,设备投资较大。液氨丝光机及回收装置见图3-12。

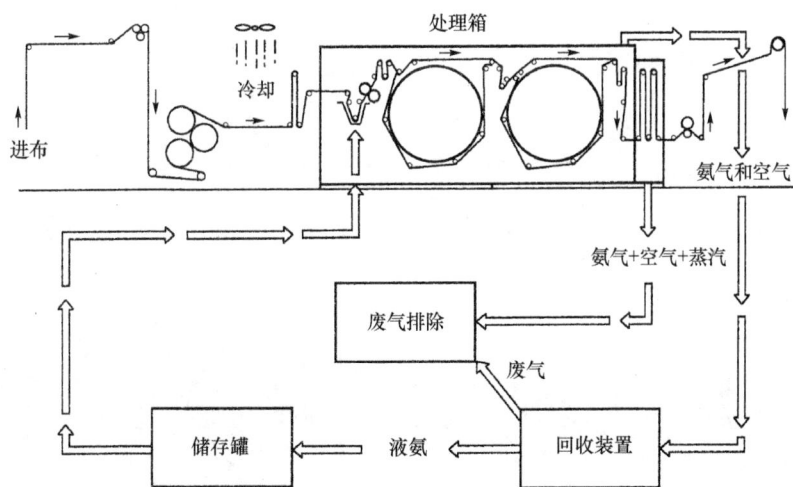

图3-12　液氨丝光机及回收装置示意图

思考题

1. 何谓丝光？丝光与碱缩有何不同？

2. 简述棉织物的丝光原理。棉纤维丝光后结构与性能上发生哪些变化？

3. 丝光设备通常有哪几种类型？布铗丝光机有哪些部分组成？

4. 影响丝光效果的主要工艺因素有哪些？碱液温度对丝光效果有何影响？

5. 丝光过程中的张力是如何调节的？张力的大小对织物的光泽、断裂强度、断裂延伸度和吸附性能有何影响？

6. 何谓热碱丝光、真空浸碱透芯丝光和液氨丝光？这些丝光方法与常规丝光相比有何优势和不足？

参考文献

[1] 阎克路. 染整工艺学教程：第一分册[M]. 北京：中国纺织出版社,2005.

[2] 陶乃杰. 染整工程：第一册[M]. 北京：中国纺织出版社,2005.

[3] 林细娇,陈晓玉. 染整技术：第一册[M]. 北京：中国纺织出版社,2009.

[4] 蔡苏英. 纤维素纤维制品的染整[M]. 2版. 北京：中国纺织出版社,2011.

[5] 李连祥. 染整设备[M]. 北京：中国纺织出版社,2002.

[6] 王菊生,孙铠. 染整工艺原理：第二册[M]. 北京：纺织工业出版社,1982.

[7] 陈立秋. 新型染整工艺设备[M]. 北京：中国纺织出版社,2009.

[8] 陈立秋. 热碱丝光可行否？[J]. 染整技术(百花苑),2011(8):49-51.

[9] 沈锡,王清安. 布铗丝光机热碱丝光工艺探索[J]. 染整技术,2003(2):10-12.

第四章 染料基础知识

❀ **本章知识要求**

1. 掌握染料的类型和命名。

2. 掌握颜色的概念。

3. 了解朗伯-比尔定律。

4. 了解影响染料颜色的因素。

5. 了解深色效应与浅色效应。

6. 了解浓色效应与淡色效应。

❀ **本章技能要求**

1. 学会织物上染料的鉴别。

2. 学会染料的吸收光谱曲线测定。

染料是指一类能使纺织品染成一定鲜艳度与坚牢度颜色的有色物质。在通常情况下,染色是在以水作为介质的条件下进行的,因此要求染料能溶于水或分散于水。染料还必须对纤维有一定的亲和性。亲和性是指染料对纤维具有一定的吸引力,这样才能使溶解或分散于水中的染料被纤维充分吸收。不同类型的染料对各种纤维的吸引力不同,因此在染色时要根据被染色的纤维来选择染料。与染料不同,在油漆、油墨、橡胶等工业中广泛使用的颜料,是一类对纤维没有亲和性的有色物质,在染整加工中,通常依靠黏合剂的黏着力将颜料固着在纤维上而使纺织品着色。

第一节 染料及其分类

一、染料的来源与发展历史

纺织品的染色具有十分悠久的历史。在公元前 3000 年,有几种古代文化已经具备了染色技术。但在 19 世纪中叶之前,人们在染色中使用的都是来源于自然界的天然染料。天然染料主要是通过植物、动物原料用水萃取而得,几乎未经化学加工,如靛蓝、茜素等。纺织品浸渍在这些水萃取物中进行染色,但多数天然染料对棉、羊毛等纤维没有亲和性,在溶液中的染料不能被纤维充分吸收,只局限于染一些色泽单调、暗淡的颜色,且染色牢度较差。为了改善天然染料对纤维的亲和性和染色牢度,通常可以用铁、铜、锡等金属盐溶液对织物进行处理,这些金属盐称为媒染剂。当经过媒染剂处理的织物浸入天然染料的染浴中,染料与纤维上的金属离子反应形成了染料—金属络合物,降低了染料的水溶性,从而提高了染色牢度。但通过使用媒染剂获得较好的染色质量的方法,工艺流程长、操作复杂,只能在少数天然染料的染色中应用。

直至 1856 年英国化学家珀金(Perkin)在苯胺和重铬酸钾的反应过程中,分离制得第一只合成染料——苯胺紫,开创了人类使用合成染料的时代。苯胺紫的分子含有正电荷离子,是一种阳离子染料。在制得苯胺紫两年以后,1864 年彼得·格利斯(Peter Greiss)通过芳香族伯胺的重氮化反应,生成重氮阳离子,其与苯酚或芳香胺的偶合反应生成偶氮化合物。在目前的染料应用领域,60%以上的商品染料是含有偶氮基的化合物。例如 1884 年制得的刚果红是一种阴离子偶氮染料,与早期合成的苯胺紫等阳离子染料不同,这种阴离子染料无需用单宁酸预媒处理就可对棉进行直接染色。合成靛蓝于 1880 年制得,并于 1897 年实现商品化。靛蓝是最古老的染料之一,广泛应用于牛仔布和棉纱的染色。1901 年靛蒽醌的发现,出现了具有良好耐洗牢度和耐光牢度的合成还原染料,被应用于羊毛和棉织物的染色。

在 20 世纪以前,纺织品都是由棉和羊毛这样的天然纤维制成。随着黏胶纤维、醋酯纤维等再生纤维素纤维的出现,人们开始利用化学纤维来制造纺织品。黏胶纤维具有某些与棉类似的亲水性质,可以用棉用的离子型染料进行染色。而醋酯纤维是疏水性的,难以与离子型染料获得满意的染色效果。于是出现了非离子型疏水性的分散染料,染色是在染料细微粒子的水分散液中进行。分散染料也被应用于 20 世纪 40 年代前后出现的大部分合成纤维的染色。

1956 年,英国的帝国化学工业公司又称卜内门公司推出了一类能与纤维素纤维及蛋白质纤维发生共价键结合的活性染料。活性染料与纤维间的共价键结合提高了对棉染色的耐洗牢度,目前已成为棉织物最重要的染料品种之一,有些活性染料也被应用于羊毛、聚酰胺纤维的染色。

目前,全世界纤维的消耗量约为五千万吨,其中 80%以上的纺织品要进行染色加工。从煤焦油和石油化工原料中提取的合成染料已经取代了天然染料,合成染料的品种约有 5000 种以上。合成染料在生产和使用的过程中会对环境和健康带来影响,近年来随着人们生态环保意识不断加强,对天然染料的应用研究越来越多,一些天然染料不但在棉、麻、羊毛等天然纤维的染色中取得了进展,而且在对聚酯纤维、聚酰胺纤维染色时也获得了满意的染色效果。但是天然染料不仅数量与品种有限,而且染色过程中还有许多问题需要解决,要使天然染料大规模地应用于纺织品的染色加工,还有一段很长的路要走。

二、染料的分类

染料的分类方法通常有两种,即按化学结构和应用性能进行分类。

(一)按化学结构分类

根据染料分子结构中共轭体系的特征进行分类,这种分类方法适用于对染料的分子结构研究和染料合成。主要有以下几种类别。

1. 偶氮染料

分子结构中含有偶氮基(—N =N—)的染料。根据偶氮基的数目可分为单、双和多偶氮染料。染料分子中含有一个偶氮基的称为单偶氮染料,二个偶氮基的称为双偶氮染料,具有三个及以上偶氮基的染料统称为多偶氮染料。偶氮结构的染料是所有各类结构的染料中品种最多的一类染料,约有 3200 多种,占全部染料的 60% 左右。包括碱性、酸性、酸性媒染、酸性含媒、直接、分散、活性染料等。例如:酸性嫩黄 2G 是单偶氮染料,而分散黄 E-5R 是双偶氮染料:

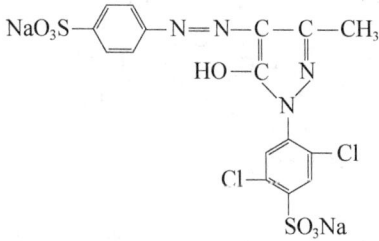

酸性嫩黄 2G

分散黄 E-5R

研究表明,部分偶氮染料在一定的条件下会还原出某些对人体或动物有致癌作用的芳香胺。纺织品使用含致癌芳香胺的偶氮染料之后,在某些特殊的条件下,特别是在染色牢度不佳时,与人体的长期接触,这类偶氮染料会从纺织品上转移到人的皮肤上,经人体的正常代谢过程,在分泌物的生物催化作用下发生分解还原,并释放出某些有致癌性的芳香胺。国际环保纺织协会的 Oeko-Tex Standard 100 对禁用偶氮染料有明确规定,在这类染料中涉嫌可还原出 24 种致癌芳香胺的染料都属于被禁用之列,德国和欧盟委员会还公布了 138 种禁用的致癌染料名单。

2. 蒽醌染料

蒽醌染料是其分子结构中含有蒽醌 基本结构的染料,品种数量仅次于偶氮染料,有还原、分散、活性、酸性、酸性媒染、酸性含媒、阳离子染料等。如还原黄 3GFN 的结构式为:

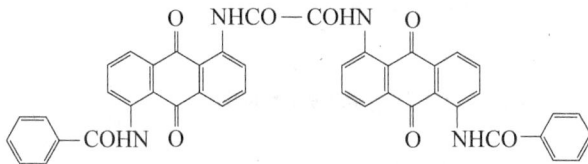

还原黄 3GFN

3. 靛类染料

靛类染料是其分子结构中含有靛蓝 或硫靛结构

 的染料。靛蓝结构的染料作为蓝色还原染料主要用于纤维素纤维织物的染色和印花。靛类还原染料有时也用于羊毛的染色。溴靛蓝和还原桃红 R 的结构式分别为：

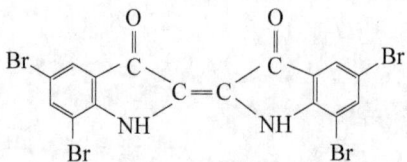 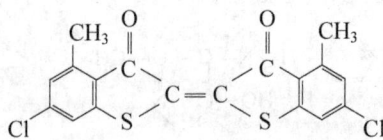

溴靛蓝   还原桃红R

4. 甲川染料和氮杂甲川染料

其分子结构的共轭体系中含有次甲基($—CH=$)$_n$，染料品种主要是阳离子染料，也有少数分散染料。如阳离子橙 2GL 的结构式为：

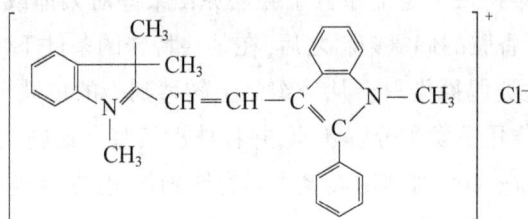

阳离子橙2GL

在甲川染料结构中，有一个或几个次甲基($—CH=$)为$—N=$所替代的染料叫做氮杂甲川染料，作为阳离子染料用于聚丙烯腈纤维的染色，比较耐洗、耐晒。

5. 三芳甲烷染料

染料分子结构中有三个芳基连接在一个碳原子上形成共轭体系。包括碱性、酸性等染料。色泽以浓艳著称，但总的来说，染色产品容易褪色。如酸性媒介漂蓝 B，结构式为：

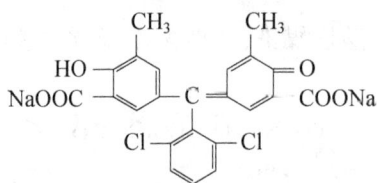

酸性媒介漂蓝B

6. 酞菁染料

染料分子中具有"酞菁结构"的染料：

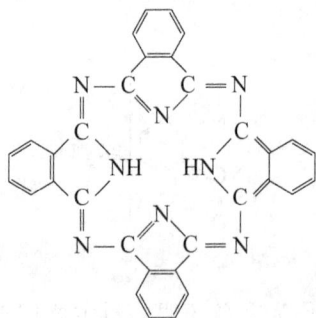 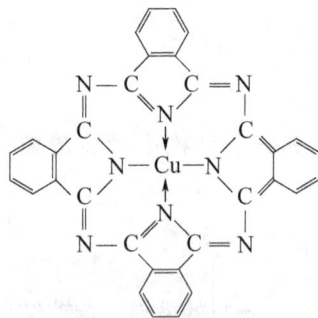

酞菁结构   酞菁的铜络合物

酞菁染料色泽鲜艳,但只有蓝色和绿色品种。酞菁的铜络合物是一个极为重要的蓝色颜料,它的多氯化物是很好的绿色颜料。引入适当的基团可以将酞菁染料分别制成直接、活性、硫化染料。酞菁的钴络合物还可作为还原染料使用。

7. 硝基和亚硝基染料

在染料的分子结构中,硝基和亚硝基作为共轭体系的关键组成部分。硝基染料主要是一些黄色和橙色的分散染料,还有一些是不耐水洗的黄、橙色酸性染料。例如分散橙 S-4RL,结构式为:

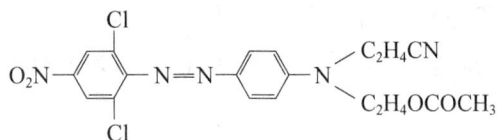

$$O_2N \overset{Cl}{\underset{Cl}{\bigcirc}} N=N \bigcirc N \overset{C_2H_4CN}{\underset{C_2H_4OCOCH_3}{}}$$

分散橙S-4RL

亚硝基染料的品种很少,比较重要的是 1-亚硝基-2-萘酚,是一只媒染染料,它和亚铁媒染剂作用生成草绿色颜料:

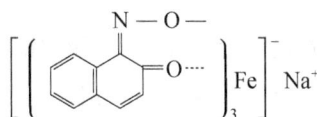

$$\left[\left(\bigcirc\bigcirc\overset{N-O-}{\underset{O\cdots}{}}\right)_3 Fe\right]^- Na^+$$

8. 杂环染料

在分子中带有杂环结构的染料,例如酸性桃红 B,结构式为:

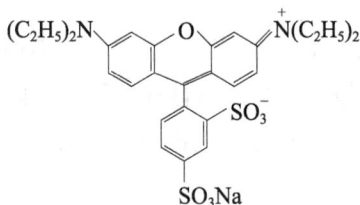

$$(C_2H_5)_2N \bigcirc \overset{O}{\bigcirc} \bigcirc \overset{+}{N}(C_2H_5)_2$$
$$\bigcirc \underset{SO_3Na}{\overset{SO_3^-}{}}$$

又如分散艳黄 3GL,结构式为:

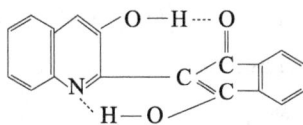

$$\bigcirc \bigcirc \overset{O-H\cdots O}{\underset{H-O\cdots O}{\underset{N}{}} \overset{C}{\underset{C}{}} \overset{C}{\underset{C}{}}} \bigcirc$$

(二)按应用性能分类

按照染料的应用特性和使用方法进行分类,可分为以下几种类别:

1. 直接染料

是一类可溶于水的阴离子染料,分子结构中含水溶性基团,色素离子绝大多数是含磺酸基($-SO_3H$),也有的具有羧基($-COOH$)。能在盐类电解质的染浴中直接上染纤维素纤维,也可用于蛋白质纤维的染色。

直接染料染色方便,色谱齐全,价格便宜,但染色牢度较差。

2. 活性染料

分子结构中带有反应性基团,即所谓活性基团。染色时活性基团与纤维素纤维中的羟基

（—OH）、蛋白质纤维中的氨基（—NH$_2$）等发生化学反应生成共价键，故又称反应性染料。主要用于棉、麻、黏胶等纤维素纤维的染色和印花。有些品种也能用于羊毛、蚕丝及聚酰胺纤维的染色。

活性染料能溶于水，染色方便，色谱齐全，颜色鲜艳，染色牢度好。

3. 还原染料

这类染料不溶于水，除了个别品种外，分子结构中都含有羰基（ $C{=}O$ ），在碱性介质中被保险粉还原成可溶性的隐色体钠盐而上染纤维，再经氧化重新生成原来的不溶性染料而固着在纤维上，故称还原染料。主要用于纤维素纤维织物的染色和印花，耐晒、耐洗牢度优良。

4. 可溶性还原染料

这类染料是还原染料隐色体硫酸酯的钠盐或钾盐，可溶于水。染色时，上染纤维后，经水解氧化为不溶性状态的染料而染着在纤维上。主要用于棉及涤/棉混纺织物的染色。

5. 硫化染料

这类染料是由某些芳胺、酚等有机化合物和硫黄、硫化钠加热制得，染料分子中有复杂的含硫杂环结构，染色时要用硫化钠进行还原溶解，所以称硫化染料。硫化染料主要用于棉、麻、黏胶等纤维素纤维的染色，色谱有黑、蓝、绿、棕色等，黑色、蓝色品种用得较多，色牢度好，但色泽较暗。且在储存过程中会发生脆损现象，尤以硫化黑更为突出。

6. 不溶性偶氮染料

这是一类染色过程中在纤维上生成的不溶于水的偶氮染料。它由两种组分组成，即色基的重氮盐组分和偶合组分在纤维上反应形成不溶性偶氮染料。因染色化料过程中需要用冰，故又称作冰染料。这类染料主要用于纤维素纤维织物的染色和印花。

7. 酸性染料

这也是一类可溶于水的阴离子染料，染料分子结构中含有（—SO$_3$H）、（—COOH）等酸性基团，在酸性或中性介质中上染蛋白质纤维，也可用于锦纶的染色。根据染料染色性能的不同可分为强酸、弱酸和中性浴染色的酸性染料。

8. 酸性媒染染料和酸性含媒染料

酸性媒染染料能溶于水，但染前或染后要经过媒染剂处理，使媒染剂中的金属离子与染料络合并沉积在纤维上而完成染色。将某些金属离子以配价键形式引入酸性染料母体中，使分子结构具有螯合金属离子的酸性染料称为酸性含媒染料。一般分为 1：1 和 1：2 型两种。前者要在强酸性条件下染色，在国产染料的分类中，这类染料称为酸性金属络合染料。后者适合于在中性或弱酸性染浴中染色，往往称为中性金属络合染料，简称中性染料。

这两类染料染色牢度优于酸性染料，但色泽不够鲜艳。适用于羊毛、蚕丝及聚酰胺纤维的染色。

9. 分散染料

分子结构中不含水溶性基团，是非离子型染料，染色时借助分散剂将染料分散成极细小的颗粒,形成分散浴而染着纤维,所以称为分散染料。主要用于聚酯、聚酰胺及醋酯纤维的染色。

10. 阳离子染料

阳离子染料是在碱性染料的基础上发展起来的,碱性染料分子结构中含有碱性基团,遇酸成盐而溶于水,染料的色素离子带有阳电荷,所以后来被称为阳离子染料。这类染料色泽鲜艳,染色牢度较好。阳离子染料主要用于聚丙烯腈纤维的染色。

11. 荧光增白剂与荧光染料

荧光增白剂是一种能吸收紫外线发射蓝色光而增加纤维等基质白度的化学剂。荧光增白剂能增加反射光强度,提高亮度,对浅色织物有增艳作用。

荧光染料能吸收紫外线放出可见光,颜色亮丽,主要用于印花。

第二节　染料的命名

染料的化学结构复杂,用一般的有机化合物的命名方法命名比较困难,而且也很难反映染料的性能和应用特点。一般商品染料通常采用"三段命名法",即用冠称、色称和尾注来进行命名。

一、冠称

可分为普通属称与专用属称两种。普通属称表示了染料的应用类别,如:还原、分散、活性等;专用属称是染料制造厂的专用名称,如:还原染料的专用属称有 Cibanone(瑞士汽巴公司)、Indanthren(德国 BASF 公司)、Caledon(英国 I. C. I.)等,分散染料的专用属称 Foron(瑞士山德士公司)、Sumikaron(日本住友公司)、Samaron(德国赫斯特公司)等,活性染料的专用属称有 Cibacron(瑞士汽巴公司)、Remazol(德国赫斯特公司)、Sunfix(韩国五荣公司)等。我国制造的染料采用普通属称。

二、色称

表示染料染色后,织物所得到的色泽的名称,例如,红、橙、黄、绿、青、蓝、紫等,有时可采用形容词"嫩、艳、深"等来区别色泽上的差异,如嫩黄、艳蓝、深绿等,有的也采用一些自然界的名称、动植物的名称进行修饰,如天蓝、金黄、鼠灰、橘黄、桃红、玫瑰红等。

三、尾注

用字母、数字、符号对染料进行说明,来表示染料的色光、浓度、牢度、性状等。例如,活性艳红 K-2BP,活性为冠称,艳红为色称,尾注中 K 表示热固型染料,B 表示带蓝光,2B 表示蓝光程度,P 代表适用于印花。常用染料尾注的含义如表4-1所示。

表 4-1　常用染料尾注的含义

尾注	含义	尾注	含义
B	带蓝光或青光	S	①适用于染丝；②水溶性好；③升华牢度好
C	①适用于染棉；②不溶性偶氮染料色基的盐酸盐	V	带紫光
D	①适用于染色；②表示稍暗	W	适用于染羊毛
E	①适用于浸染；②匀染性好	X	①浓度较高；②普通型活性染料
F	①染色坚牢度好；②染料颗粒细	Y	带黄光
G	带黄光或绿光	Conc	浓的
H	①适用于棉毛交织物的染色；②热固型活性染料	H. C.	高浓
I	相当于还原染料的染色牢度	ex. conc	特浓
J	表示带黄光	Double	双浓
K	①适用于冷染（指还原染料）；②热固型活性染料	pdr.	粉状
L	①耐光性好；②染料的匀染性好	paste	浆状
M	①含双活性基的活性染料；②混合物	liq	液状
N	正常或标准的意思，或系新染料	gr	颗粒状
O	①表示橙光；②表示高浓	s. f	超细粉状
P	①表示适用于印花或染纸；②表示粉状染料	p. f. f. d	染色用细粉状
R	带红光	p. f. f. p	印花用细粉状

表 4-1 中的符号也可以有几个连在一起，以表明该色光之强弱。例如 BB 或 2B，较 B 的色光稍蓝，3B 则较 2B 又稍蓝等。

此外，染料的尾注中还常出现染料的力份。力份是指染料厂选择某一浓度的染料为标准，而将每批产品与它相比较，用百分数来表示。即同种染料，在相同条件下用相同用量，染出颜色的浓淡程度的比较。例如，50%是指染料的力份为标准染料的一半。或者说要达到与标准染料相同的浓淡程度，其用量要比标准染料用量多一倍。又如，100%是指染料的力份与标准染料相符。200%是指染料的力份比标准染料浓一倍。这一百分数不是纯染料的实际含量，而是一个相对值。

第三节　染料与颜色

一、光与色

我们看到的物体为什么有不同的颜色？要回答这个问题，我们先来了解光与颜色的关系。

光是一种电磁波，可见光是电磁波频谱中只占了极少部分的一个波段，其波长在 380～780nm 之间，在整个电磁波频谱中，除可见光外还包括 γ 射线、X 射线、紫外线、红外线及无线电波(图4-1)。

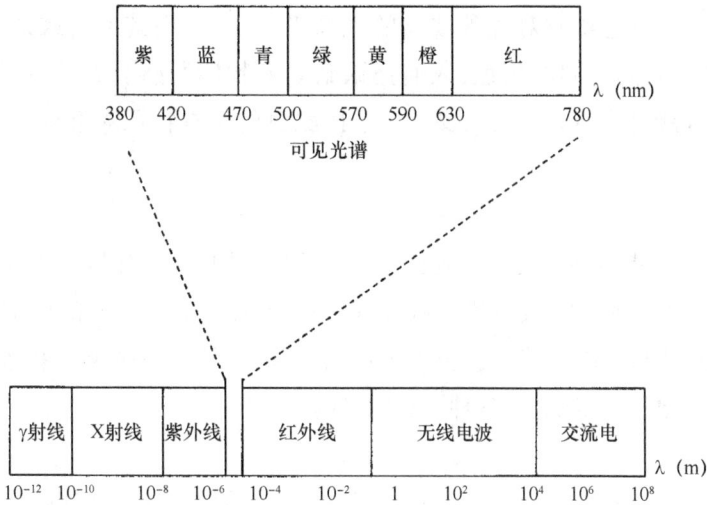

图 4-1　电磁波频谱

　　光是由光源发出的,太阳光是最主要的光源。当一束太阳光通过一个三棱镜时,白色光可以分解成为一条由红、橙、黄、绿、青、蓝、紫构成的连续的有色光谱。这种将白光分解成各种有色光的现象称为光的色散。根据太阳光色散这一事实,说明太阳光不是单色光,而是由许多不同波长单色光混合后得到的复色光。当某种波长的光与另一种特定波长的光以一定强度的比例混合时,即可获得白色光,我们称这两种光互为补色。太阳光之所以呈现出来的是白色光,是由于组成太阳光的许多不同波长的单色光互为补色的缘故。有人将可见光谱按波长围成一个圆环,并分成九个区域,称之为颜色环(图4-2)。颜色环上任何两个对角位置的颜色,互称为补色。

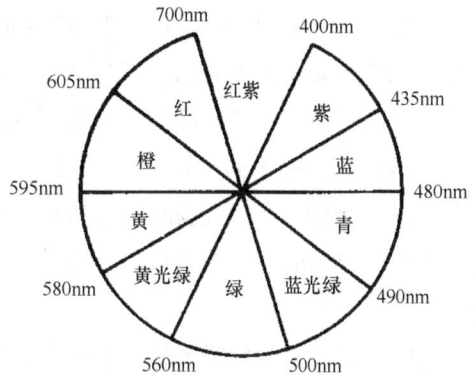

图 4-2　颜色环

　　人们对于颜色的感觉产生于在眼球背后的视网膜中的感光细胞对光的吸收,最后大脑视觉皮层将被传送的神经脉冲解释为颜色。在自然界中,我们所感觉的颜色,并不是光谱自身的颜色,而是光谱色的补色。这是因为当太阳光照射某物体时,物体中的色素选择性的吸收了部分的照射光,并将其余的光透射或反射到观察者的眼中。例如,黄色染料是因为吸收了光谱中的蓝光并反射出黄光而呈黄色,红色染料则是吸收了光谱中的蓝绿光反射了红光而呈红色。如果某物体平均吸收了可见光中各种不同波长的单色光,则该物体呈灰色;如果某物体全部吸收了可见光,则该物体呈黑色;如果可见光全部被反射,则该物体呈白色。通常将红、橙、黄、绿、蓝等称为彩色,而将黑、白、灰统称为非彩色,又称消色。彩色是物体对可见光选择性吸收的结果,而消色是物体对可见光非选择性吸收的结果。

二、颜色的基本特征

颜色是物体对不同波长的光波的吸收特性表现在人们视觉上的反映,只有在光线存在时颜色才能显示出来。有色物质对各种波长的光波吸收不同,则其反射或透射的光波成分也不同,人的眼睛就感觉到不同的颜色,人们把眼睛观察物体所感受到的色泽归纳为色调、纯度、亮度三项基本特征,或称为色的三要素。掌握颜色的基本特征对准确描述和分辨色泽是非常重要的。

(一)色调

色调又称色相,是指能够比较确切地表示某种颜色色别的名称,是颜色最基本的性质和最主要的特征,是色与色之间的主要区别。例如红、黄、绿、蓝等表示不同的色调。色调由射入人眼的光谱成分及比例所决定,用光的波长来表示,它可区分颜色的深浅。单色光的色调取决于该光的波长。混合光的色调取决于各种波长的光的相对量。

(二)纯度

纯度又称饱和度和彩度,是指颜色中所含有色成分及消色成分的比例,或者说是颜色中光谱色的含量,可用来区分颜色的鲜艳度。物体颜色中含有色成分的比例越大,色越纯,所以光谱色的纯度最高。饱和度的高低取决于物体表面对光反射的选择性,消色成分是反射光谱中互为补色而成为白色光的成分,物体颜色中所含有消色成分的比例越多,色越不纯。白色、灰色、黑色的纯度最低。

(三)亮度

亮度又称明度,它表示有色物体的表面所反射的光的强弱程度,可用来区分颜色的浓淡。亮度用光的反射率大小表示。若两个有色物体的反射光谱组成及相对量相同,反射率越高,表示反射光越强,亮度也高;反射率低的,表示反射光弱,亮度低。所有的消色,区别就在于对光的反射率(或透射率)不同,即区别于亮度。黑色物体表面对光全吸收,亮度最低。白色物体对光全反射,亮度最高。在黑色和白色之间一系列灰色中,越接近白色,亮度值越大;越接近黑色,亮度值越小。彩色的亮度差别与消色相同,在色调、纯度相同的情况下,亮度不同则会产生浓淡不同的色泽。

色的三要素是互相联系的。色调决定了色的质,亮度和纯度都是量的变化。任何一种颜色只要确定了色调、纯度和亮度,就可以完全精确地描述和分辨。

三、染料溶液对光的吸收作用

(一)朗伯—比尔定律

在温度恒定的情况下,将波长为 λ 的单色光平行投射透过染料稀溶液(严格来说应该是理想溶液)后,溶液对单色光的吸收强度与溶液浓度 c、光透过的液层厚度 d 之间的关系服从朗伯—比尔(Lambert-Beer)定律:

$$I = I_0 e^{-kcd}$$

若令 $\varepsilon = k/2.303$

$$则 \quad \lg \frac{I_0}{I} = \varepsilon c d$$

式中：I_0、I——分别为入射光和透射光的强度；

　　　c——溶液浓度，mol/L；

　　　d——液层厚度，cm；

　　　k——比例常数；

　　　ε——摩尔消光系数。

$\lg \dfrac{I_0}{I}$ 表示单色光通过染料稀溶液时被吸收的程度，称为吸光度（A）。$\lg \dfrac{I_0}{I}$ 值越大，则透射光强度 I 越小，吸收程度越大。对特定的染料稀溶液，摩尔消光系数 ε 是一个常数，它只随入射光波长的改变而改变，当稀溶液的浓度 c、液层厚度 d 一定时，ε 与 $\lg \dfrac{I_0}{I}$ 成正比。

（二）染料的吸收光谱曲线

由于染料对光的吸收有选择性，即染料对不同波长的光的吸收程度不一样，用不同波长的光照射染料稀溶液测得的摩尔消光系数 ε 对入射光的波长 λ 作图，可绘制成染料的吸收光谱曲线（图4-3）。染料的吸收光谱曲线一般有一个或几个波峰，其中与最高波峰的顶点相对应的波长称为最大吸收波长（λ_{max}），染料的颜色就是它吸收最大吸收波长（λ_{max}）光波后的补色。最大吸收波长（λ_{max}）所对应的摩尔消光系数称为最大摩尔消光系数（ε_{max}），说明该波长下的光被染料吸收得最多。

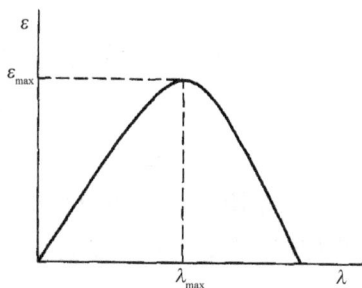

图4-3　染料的吸收光谱曲线

通常我们把染料最大吸收波长（λ_{max}）增加，染料的颜色变深，称为深色效应；把染料最大吸收波长（λ_{max}）降低，染料的颜色变浅，称为浅色效应。而把染料最大摩尔消光系数（ε_{max}）增加，颜色变浓，称为浓色效应；把染料最大摩尔消光系数（ε_{max}）降低，颜色变淡，称为淡色效应。通过改变染料结构和外界条件可以改变染料的最大吸收波长（λ_{max}）和最大摩尔消光系数（ε_{max}），从而改变染料色泽的深、浅、浓、淡。

四、影响染料颜色的因素
（一）染料结构
染料结构中，共轭双键的数目越多，则染料吸收光的波长越长，染料的颜色越深。偶氮染

随着偶氮基数目的增多,共轭体系增长,染料颜色将越深。例如:

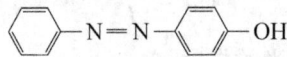

黄色

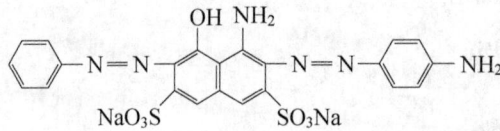

蓝色

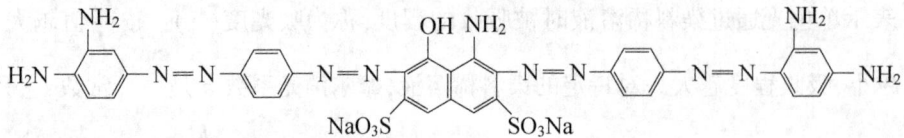

黑色

在染料分子结构中插入某些基团使共轭体系中断时,吸收光波的波长将明显变小,染料的颜色将明显变浅,这一插入的基团称为隔离基。例如:

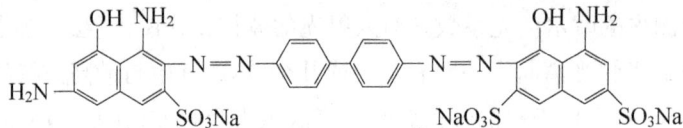

蓝色

当在两个苯环间插入隔离基—NHCONH—时,则颜色变浅。

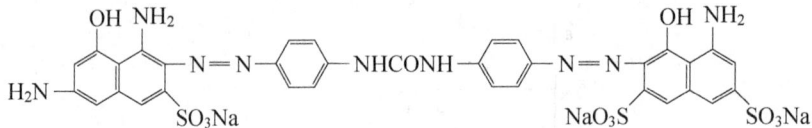

紫红色

在染料分子的共轭体系中连上极性基团,不仅吸收光波的波长变大,能使染料颜色变深,产生深色效应如表4-2所示。同时也能使染料最大摩尔消光系数(ε_{max})增大,产生浓色效应。

表4-2 共轭体系中的极性基团对最大吸收波长的影响

名称	结构	最大吸收波长(nm)
苯		255
硝基苯	—NO₂	268
苯酚	—OH	275
苯胺	—NH₂	282
对硝基苯酚	O₂N——OH	315
对硝基苯胺	O₂N——NH₂	318

因此,在染料制造过程中,往往通过在染料分子结构的共轭体系中引入极性基团,对染料颜色进行增深、增浓。

此外,染料的离子化、染料生成内络合物等,均会影响染料的颜色。

(二)外界条件

溶剂的极性、介质的 pH、染料浓度、温度和光等外界条件,均会改变染料的聚集状态而影响染料的颜色。

一般来说,溶剂的极性越大,染料的颜色越深。

介质的 pH 也会对有些染料的颜色产生影响。例如,碱性品绿在碱性溶液中会从原来的绿色变成白色沉淀,加入酸后又回到原来的绿色。酚酞、甲基橙在不同的 pH 的溶液中有不同的互变异构体,根据互变异构体的颜色变化可作为酸、碱指示剂使用。

染料浓度越大,染料聚集度越大,染料吸收光波的波长越短,染料颜色越浅。例如,结晶紫单分子态的最大吸收波长 λ_{max} 为 583nm,它的二聚体的最大吸收波长 λ_{max} 为 540nm。

染料的聚集度也与染液的温度有关。染液温度越高,染料聚集度越小,染料颜色越深。有些染料的颜色会随着温度的改变而发生可逆变化,这一现象称为热致变色性。具有这一特性的染料被称为热致变色性染料。

有些具有顺反异构体的染料,在光照下,染料的反式结构会转变成顺式结构,反式和顺式结构的染料吸收光的波长不同,因而显示的颜色也不同,这种现象称为光致变色性。具有这一特性的染料被称为光致变色性染料。

👉 思考题

1. 什么是染料?染料应具备哪些基本性质?为什么说天然染料大规模地应用于纺织品的染色加工,还有一段很长的路要走?

2. 写出染料按应用的分类。能应用于纤维素纤维织物染色的有哪些染料?

3. 为什么说在自然界中,我们所感觉的颜色,并不是光谱自身的颜色,而是光谱色的补色?

4. 解释色调、纯度和亮度的含义。

5. 如何从染料的吸收光谱曲线找到染料的最大吸收波长(λ_{max})和最大摩尔消光系数(ε_{max})?

6. 何谓深色效应和浅色效应?两者分别与浓色效应和淡色效应有何区别?影响染料颜色的因素有哪些?

参考文献

[1]赵涛. 染整工艺学教程:第二分册[M]. 北京:中国纺织出版社,2005.

[2]沈志平. 染整技术:第二册[M]. 北京:中国纺织出版社,2009.

[3]王菊生,孙铠. 染整工艺原理:第三册[M]. 北京:纺织工业出版社,1984.

[4][美]华伦·S. 珀金斯. 纺织品染整基础[M]. 陈英,王建明,王晓春,译. 北京:中国纺织出版社,2004.

[5] 张冀鄂,丁文才. 染整实用仿色技术 [M]. 上海:东华大学出版社,2011.

[6] 程杰铭,陈夏洁,顾凯. 色彩学[M]. 2 版. 北京:科学出版社,2006.

[7] 崔庆华,赵桂安,王学利. 禁用偶氮染料及其检测标准[J]. 中国纤检,2011(6):42-45.

[8] 赵婷,赵梅. 2009 年新版 Oeko-Tex 标准 100 解读[J]. 纺织科技进展,2009(2):61-62.

[9] 最新染料使用大全编写组. 最新染料使用大全[M]. 北京:中国纺织出版社,1996.

[10] [英]阿瑟·D. 布罗德贝特. 纺织品染色 [M]. 马渝莲,陈英,译. 北京:中国纺织出版社,2004.

第五章　染色原理

❀ **本章知识要求**

1. 掌握染色过程的各个阶段(吸附、扩散、固着)。

2. 了解染料的电离度与溶解性的概念。

3. 了解染料的聚集与分散状态。

4. 了解纤维的吸湿和溶胀。

5. 掌握染色平衡和染色速率的概念。

6. 掌握造成染色不匀的原因及改善措施。

7. 了解移染、匀染和透染的概念。

8. 掌握染色牢度的概念。

❀ **本章技能要求**

1. 学会上染百分率的测定。

2. 学会上染速率曲线的测定。

3. 能进行耐洗牢度的测定。

4. 能进行耐摩擦牢度的测定。

纺织品染色是指染料舍染液而转移到纤维上并与纤维之间发生物理化学、化学结合,或用适当的化学处理方法,让染料在织物上形成色淀,使整个纺织品获得指定的色泽,且色泽均匀而坚牢的加工过程。衡量染色产品质量指标主要是指染色后的纺织品应符合指定颜色的色泽鲜艳度、均匀性和规定的染色牢度要求,同时也要符合一定标准的生态环保要求等几个方面。

第一节　染色过程

尽管各类纤维有其各自的染色特点,各类染料又有不同的染色方法,但在染色过程中都存在一个染料对纤维上染的过程。所谓上染就是染料舍染液(或介质)向纤维转移,并将纤维染透的过程。上染过程一般分四个基本步骤:

(1)染料在染浴中靠近纤维表面;

(2)染料通过纤维表面的扩散边界层向纤维表面扩散;

(3)染料被纤维表面吸附;

(4)染料由纤维表面向纤维内部扩散并固着于纤维上。

有些染料的染色过程就是一个简单的上染过程,上染完毕,只需经过水洗等后处理,染色过程就告结束,如多数直接染料、酸性染料、阳离子染料及分散染料。而另有一些染料上染过程结束后还需要经过一定的化学处理,染色过程才算完成,如还原染料、硫化染料等染色过程中,须将上染在纤维上的隐色体氧化成为原来的染料母体才能获得染色。还有的染料在上染过程中需要同时加入化学助剂与纤维发生化学反应,如活性染料对纤维的染色,上染过程和化学反应同时存在,互相影响。

目前绝大多数染色是将染料制成水溶液或分散液,通过吸附、扩散和固着三个阶段来完成。

一、吸附

当纤维投入染液后,染液中染料会向纤维表面靠近,并由溶液转移到纤维表面,这种染料舍染液而向纤维表面转移的过程称为吸附。染料发生吸附的主要原因是染料对纤维具有直接性。染料对纤维直接性是一个描述染料染色性能的术语,一般可以理解为染料舍染浴而上染纤维的性能,或纤维选择性地从染液中吸附染料的性能。例如,分散染料能上染涤纶,则分散染料对涤纶有直接性,对棉纤维不上染则说明没有直接性。直接性的来源就是染料分子与纤维分子之间的作用力,包括范德华力、氢键、离子键等。直接性只表示染料在一定条件下的上染性能,受到温度、压力、电解质、浴比、染液的 pH、表面活性剂、染料浓度以及染色时间等多种因素的影响。

吸附是一个物理化学的概念,是一个可逆平衡过程。在吸附的同时,已上染到纤维上的染料会重新扩散到染浴中去,这个过程称为解吸。在上染初期,染料吸附速率远大于解吸速率,随着染色时间的延长,吸附速率逐渐降低,解吸速率上升,当染料吸附速率等于解吸速率时,达到了染色平衡状态。

二、扩散

在上染过程中,染液中的染料浓度逐渐降低,这种降低首先发生在贴近纤维周围的染液中,要使上染过程顺利进行,就要使纤维四周的染液不断循环、更新。从流体力学知道,尽管染液不断搅动,在紧靠纤维表面的液体中总有一个边界层。在这个边界层里,物质的传递主要是通过扩散,而不是通过液体的流动来完成的,这个边界层称为扩散边界层。上染时,染料随着染液的流动到达扩散边界层,再通过染料自身的分子运动扩散到纤维表面而被吸附。当染料吸附在纤维表面后,由于浓度差的存在,使染料由纤维表面向纤维内部扩散。染料在纤维内部的扩散比在染浴中扩散困难得多,染料在纤维中的扩散速率比染料在纤维上的吸附速率要缓慢得多,所以纤维染透需要的时间主要根据染料在纤维中的扩散速率而定。

影响染料扩散速率的因素有很多,一般来说,染料分子结构简单,扩散速率比较快;在其他染色条件相同的情况下,直接性低的染料扩散速率较高,直接性高的染料扩散速率较低;纤维结构中的无定形区多,结构疏松,料的扩散就容易,扩散就比较快;提高染色温度增加了染料分子的动能,可有效提高染料的扩散速率;染料的浓度对其扩散的影响与染料和纤维所带的电荷有关,当染料与纤维带有相反的电荷时,染料浓度增加,扩散速率增加,当非离子型染料上染非离子型的纤维时,浓度对扩散速率的影响较小;染液与织物的相对运动、各种助剂的加入等都会对染料的扩散产生一定影响。

染料的扩散性能好,不但可以缩短染色时间,而且有利于减少纤维或染色条件等原因造成的吸附不均匀现象,从而使染色产品获得匀染效果。

三、固着

固着是指扩散到纤维内部的染料与纤维结合的过程。结合的形式和强弱与染料分子结构、纤维化学结构和物理结构以及染色条件有关。固着形式即染料与纤维结合力不同,染色牢度就不同。一般染料与纤维的结合力有以下几种。

(一)范德华力与氢键

范德华力是一种分子间的作用力,可分为定向力、诱导力和色散力3种。若染料相对分子质量大,极性大,共轭体系长,分子的线型和同平面性好,且与纤维分子结构有良好的适应性,则范德华力作用强。范德华力随分子间距离的增大和温度的升高而降低。

氢键是一种定向性较强的分子间引力,是指氢原子与电负性较大而半径较小的原子(如 F、O、N)相结合而形成的一种次价键。纤维和染料双方,由一方提供供氢基团,另一方提供受氢基团。在染料分子和纤维大分子中都不同程度地存在着供氢基团和受氢基团,作用力大小与氢原子两边所连接原子的电负性大小有关。

范德华力和氢键引起的结合力属于物理化学作用,在各类染料的染色中都存在。

(二)化学键

染料与纤维之间以离子键、共价键、配位键等化学键进行结合。

离子键也称盐式键,主要存在于具有相反电荷的染料和纤维之间,如酸性染料染蛋白质纤维、阳离子染料染腈纶等。离子键的强弱与染料和纤维两者的电荷强弱成正比,染色牢度也随两者的电荷强弱而异。

共价键主要发生在含有活性基团的染料和具有可反应基团的纤维之间,如活性染料染纤维素纤维是染料与纤维之间形成共价键结合。共价键具有较高的键能,生成的染料—纤维键也比较稳定,所以耐洗、耐摩擦牢度比物理化学结合要高。

配位键一般发生在金属络合染料染色中,例如1:1型金属络合染料染羊毛。配位键的键能较高,作用距离较短,所以,染色织物的牢度也较高。

(三)机械固着

即染料以不溶性的色淀沉积在织物、纱线的空隙之间或借助于黏合剂将涂料涂覆在织物上。由于染料与纤维之间的结合较弱,以这类形式固着的染色织物摩擦牢度较差。

应该指出的是,在实际染色过程中,不同性质的结合形式往往是同时存在的,例如活性染料对棉织物染色时,染料先以范德华力和氢键与棉纤维结合,然后再通过化学反应以共价键的形式固着在纤维上;还原染料、硫化染料对棉织物染色时,染料先以隐色体的形式通过范德华力和氢键上染,将隐色体氧化成为染料母体后,再以不溶性的色淀沉积的形式固着在纤维上。

第二节 染料在水中的状态

一、染料的电离和溶解

目前的染色加工大多还是以水为介质,染料在水中的溶解度与染色过程和染色效果密切相关。染料的溶解度常用每升染液中所能溶解的染料克数来表示。

染料的溶解性与染料分子中极性基团的性能和含量等分子结构因素有关。当染料投入水中后,受到水分子的极性作用使染料的分子间作用力减弱或拆散。染料分子中一般含有羟基、氨基、硝基等极性基团,有的还含有磺酸基、羧基、硫酸酯基等可电离的极性基团。在染色条件下,含有可电离的极性基团的染料分子在水分子的极性作用下,可以电离形成水合离子而溶解。

直接染料、活性染料分子中含有磺酸基(或其钠盐),可溶性还原染料和乙烯砜型活性染料的分子中含有硫酸酯基(钠盐或钾盐),有些染料分子中含有羧基(或其钠盐),习惯上这些基团被称为水溶性基团,这些基团在水中发生电离后,染料形成水合离子的色素离子带阴电荷,电离方程式表示如下:

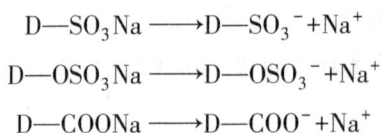

$$D—SO_3Na \longrightarrow D—SO_3^- + Na^+$$
$$D—OSO_3Na \longrightarrow D—OSO_3^- + Na^+$$
$$D—COONa \longrightarrow D—COO^- + Na^+$$

阳离子染料及碱性染料为季铵盐或铵盐,在水中发生电离后,染料形成水合离子的色素离子带阳电荷,电离方程式表示如下:

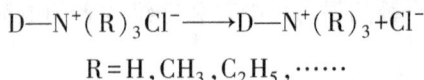

$$D—N^+(R)_3Cl^- \longrightarrow D—N^+(R)_3 + Cl^-$$
$$R = H, CH_3, C_2H_5, \cdots\cdots$$

一般来说,含有羟基、氨基、酰氨基等非离子极性基团的染料分子在水中的溶解度很小,这些染料分子溶解后形成水合分子。

染料在水中的电离度与染料溶解性密切相关,而染液的 pH 又会影响染料的电离度。如含羟基的色酚,在水中的溶解度很低,电离度较小,但在碱性的条件下,特别是在 pH 大于 10 时,电离程度增加,染料的溶解度提高。含有氨基或取代氨基的染料,氨基在酸性条件下能生成铵盐而电离成染料阳离子,提高了染料的溶解度。

$$D—NH_2 + H^+ \longrightarrow D—NH_3^+$$

染料的溶解度一般随染浴的温度升高而增加。含有羟基、氨基、酰氨基等的非离子染料(如分散染料)在水中的溶解度很低,但提高温度,溶解度会有不同程度的提高。在染液中加入尿素及表面活性剂等助溶剂,可使染料溶解度增加。在染液中加入中性电解质(如食盐、元明粉),常使染料的溶解度降低,用量过高时还会使染料沉淀,这种现象称为盐析。

二、染料的聚集

染料受到水的作用发生电离和溶解,使染料成单分子状态分布在染液中,但同时在染液中的离子或分子之间,由于受到氢键和范德华力作用,会发生不同程度的聚集,染料的聚集将影响染料的吸附与扩散,即影响染色速率、上染百分率及匀染性。染料聚集的程度可用聚集数表示,聚集数是染料胶束或胶团中染料分子(离子)的数目。

由于溶解和聚集的程度不同,在染液中成为水合离子的染料可以存在有三种不同的形态,现以含磺酸基的阴离子染料为例,表示如下:

(1)染料完全离解成离子:

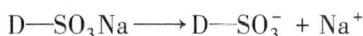

$$D—SO_3Na \longrightarrow D—SO_3^- + Na^+$$

(2)染料离子聚集成离子胶束:

$$nD—SO_3^- \longrightarrow (D—SO_3)_n^{n-}$$

(3)在染液中染料聚集成胶核,然后再吸附一部分染料离子形成胶粒,在胶粒外再吸附电荷相反的离子形成胶团:

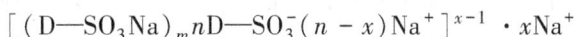

$$\left[(D—SO_3Na)_m nD—SO_3^-(n-x)Na^+ \right]^{x-1} \cdot xNa^+$$

胶团式中 m 为胶核中染料的分子(D—SO_3Na)数,n 为胶核吸附的染料的离子(D—SO_3^-)数,n 的数值比 m 小很多,$(n-x)$ 是包含在吸附层中的反离子数,x 为扩散居中的反离子数。

当染液中的染料以第(1)种形态存在时,染液属于溶液性质,而当染料以第(3)种形态存在时,染液具有胶体性质,当染料以第(2)种形态存在时,染液兼有溶液和胶体性质。实际上染料的溶解和聚集是可逆的,在一定条件下,上述三种形态在染液中同时存在,并保持一定的动平衡关系,随染色过程的条件的变化而相互转化。

染料的聚集与染料的分子结构、染料的浓度、温度及电解质、助剂的加入都有关系。

相对分子质量大,分子结构具有线型结构、芳环共平面性强、含有水溶性基团少的染料在溶液中的聚集倾向较大,聚集度较高;染液的浓度越高,染料越容易发生聚集;提高染色温度,染料聚集数降低,聚集程度较大的染料染色时,需要较高的染色温度;染液中加入过量食盐、元明粉等中性电解质,会使染液中染料聚集数增大,甚至还会使染料发生沉淀;染浴中加入助剂,对染料的聚集也有影响,影响程度随助剂性质而不同。若在染液中加入尿素,在浓度不是很高时会减少染料分子的聚集,使染料溶解度提高;加入平平加 O、渗透剂 JFC 等聚氧乙烯类的非离子表面活性剂时,会和染料发生氢键结合,发生表面活性剂分子和染料分子之间的聚集而减缓上染。

三、染料的分散

在水中溶解度很小的染料,如分散染料等,习惯上称这些染料为不溶于水的染料。实际使用中,要借助于表面活性剂的作用将染料颗粒分散在水中,形成悬浮液。

影响悬浮液稳定性的主要因素有染料颗粒的大小、表面活性剂和温度。染料颗粒越小,则悬浮液越稳定。在染色中一般要求染料颗粒的直径在 $2\mu m$ 以下,过大的颗粒容易发生沉淀。使悬浮液稳定的表面活性剂一般是阴离子型或非离子型的,以前者为多。表面活性剂的疏水部分被染料颗粒所吸附,亲水部分朝向水,染料颗粒被包裹于表面活性剂的胶束中,由于胶束之间存在着斥力,颗粒之间不易相互聚集,处于较稳定的状态。温度升高使颗粒的热运动加剧,相互之间碰撞的机会增加,且容易克服染料颗粒之间的斥力而聚集生成较大的颗粒,甚至沉淀。所以在还原染料悬浮体轧染及分散染料轧染中,轧染液时的温度不能过高,否则会引起染色不匀。

第三节 纤维在溶液中的状态

一、纤维的吸湿和溶胀

纤维都是由线型大分子组成的部分结晶的高聚物,即纤维的超分子结构中存在着结晶区和无定形区。结晶区大分子排列紧密,孔隙小而少;无定形区分子排列较疏松,微隙分布较多。当纤维与水或水蒸气接触时,水分子沿着纤维的微隙进入无定形区后,削弱了纤维大分子间的作用力,使分子间的距离加大,孔隙增大,纤维发生溶胀。

各种纤维由于结构不同,因此吸湿性不同,在水中的溶胀程度也不同。常见纤维的吸湿性与在水中的溶胀程度见表5-1和表5-2。

表5-1 常见纤维的标准回潮率

纤维	标准回潮率(%)	纤维	标准回潮率(%)
棉	7~8	涤纶	0.4~0.5
苎麻	12~13	腈纶	1.2~2.0
黏胶纤维	13~15	锦纶6	3.5~5
天丝	11	锦纶66	4.2~4.5
桑蚕丝	8~9	丙纶	0
羊毛	15~17	维纶	4.5~5

表5-2 常见纤维在水中的溶胀程度

纤维	横向溶胀(%)		纵向溶胀(%)
	直径增加	截面积增加	
棉	20~23	40~42	1.1~1.2
麻	20~21	40~41	0.35~0.38
黏胶纤维	35~40	65~67	2.6~2.7
天丝	25~30	50~53	0.5~0.6
羊毛	14~15	25~26	1.2~2.0
蚕丝	16~19	19~22	1.3~1.6
锦纶	1.8~3.0	2~3.5	2.7~6.9

纤维素纤维分子中含有亲水基团(—OH),吸湿性好,在水中溶胀程度大,溶胀后纤维中的孔隙增大,在染色时,染料分子能较容易地进入这些孔隙,并向纤维内部扩散。染料的上染量与纤维孔隙的数量与体积有关,在相同条件下染色,孔隙的数量多且体积大的纤维,染料的上染量较多。如未丝光棉纤维的孔隙体积为0.22~0.33L/kg纤维,丝光棉纤维为0.5L/kg纤维。若

在同样条件下染色,丝光棉的上染百分率较高,得色较深。

二、纤维在水溶液中的带电现象与双电层

当棉纤维与水溶液接触时,纤维表面会带有一定的负电荷。究其原因有三个方面:一是棉纤维大分子中因氧化而产生的羧基在染液中发生了电离;二是棉纤维吸附了溶液中的氢氧根离子或定向吸附了极性水分子;三是棉纤维的介电常数小于染液的介电常数,在接触的两相之间,介电常数小的带负电。

对于羊毛、蚕丝、锦纶等两性纤维,既含酸性基团(羧基),又含碱性基团(氨基)。因此,溶液的pH对纤维表面所带的电荷有着直接的影响。当溶液pH高于等电点时,纤维上的羧基电离,纤维带负电;当溶液pH低于等电点时,羧基的电离被抑制,氨基离子化,纤维带正电;当溶液pH恰好等于等电点时,纤维呈现电中性。

由于棉纤维表面会带有负电荷,为了使整个体系保持电中性,水溶液中带有与纤维表面电荷相反的离子(称为反离子),受电荷引力作用,有靠近纤维表面的趋势。此时,一部分反离子贴近纤维表面,并随纤维而移动,形成了吸附层(紧密层)。还有一部分正离子,也被吸引在纤维表面附近,但在热运动和搅拌作用下,这部分正离子会与纤维产生相对位移,这就是所谓的扩散层。这种纤维与外部带相反电荷离子的吸附形成两个离子层的现象称为双电层现象。与纤维表面电荷相反的离子的浓度随着与纤维表面距离的增加而逐渐降低,如图5-1所示。

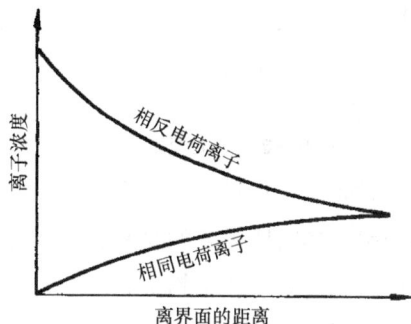

图5-1 带电纤维表面附近溶液中各离子浓度变化

第四节 染色平衡与染色速率

一、染色平衡现象

染料对纤维的上染是一个可逆过程。一方面,染料可以从染液中被纤维表面所吸附,并由纤维表面向纤维内部扩散;另一方面,纤维内部的染料也可以向纤维表面扩散,纤维表面的染料可以解吸到染液中。染色开始时,染液中染料浓度高,纤维上没有或有很少的染料,因此吸附速率大于解吸速率,染料从染液向纤维转移占优势。随着染色时间的推移,纤维上的染料量逐渐增加,染液中的染料量相对减少,吸附速率降低,解吸速率提高。当吸附速率等于解吸速率时,

染色达到平衡,染液中和纤维上的染料量不再变化,但染料的吸附和解吸并未停止,这种平衡是动态平衡。通常将达到染色平衡时,上染到纤维上的染料量占投入到染液中染料量的百分数,称为平衡上染百分率。而表示染色过程中的某一时刻上染到纤维上的染料量占投入到染液中染料量的百分数称为上染百分率。

染色平衡除了受纤维与染料本身的影响外,还与染色温度、染液 pH、电解质及助剂的种类和用量等外界条件有关。

二、染色速率

在恒定温度条件下染色,通过测定不同染色时间下染料的上染百分率,以上染百分率为纵坐标,染色时间为横坐标作图,所得到的曲线称为上染速率曲线,如图 5-2 所示。

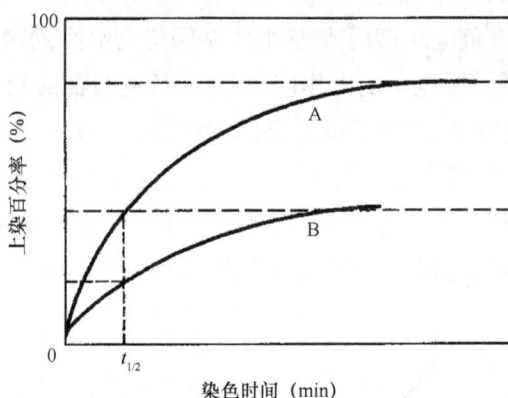

图 5-2　上染速率曲线

达到平衡上染百分率所需的时间往往很长,因此,染色速率通常用半染时间($t_{1/2}$)来表示。半染时间就是达到平衡上染百分率一半时所需要的时间。它标志着染色走向平衡的速率。$t_{1/2}$值越小,表示染色走向平衡的时间越短,染色速率越快。

半染时间相同的染料,尽管它们的平衡上染百分率不同,但由于上染速率相同,拼色时可获得前后一致的色泽。因此,拼色时,为使染色前后得色均匀一致,应选用$t_{1/2}$值相近的染料。如图 5-2 所示的 A、B 是两只不同染料的上染曲线,虽然平衡上染百分率 A>B,但半染时间相同,故这两只染料可以拼色。

温度能影响染料扩散速率,温度升高,染料扩散速率增加,上染速率提高,$t_{1/2}$值减小,但平衡上染百分率降低,如图 5-3 所示。

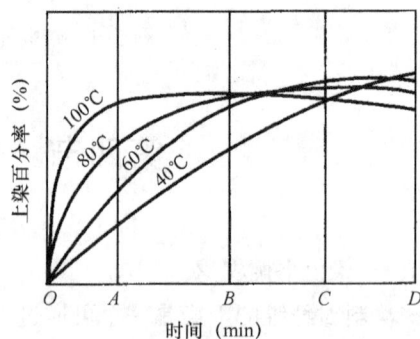

图 5-3　温度对上染速率的影响

在实际的染色过程中,因开始染色时染液浓度较高,为了避免造成染色不匀,染色的初染温度不宜过高,可以随着染色过程的进行,逐渐地提高染色温度。

第五节 染色的均匀性

染色加工产品颜色的均匀性是衡量染整产品质量的重要指标。广义的匀染性是指染料在染色产品的表面以及内部各个部位分布的均匀程度。而狭义的匀染性是指染料在被染物表面各部位分布的均匀程度,习惯上所称的匀染就是指这一种。染料在纤维内的均匀分布习惯上称为透染,虽然通常不易观察到,但它对产品的质量也有很大影响。如透染性不好,会造成"环染"或"白芯",使产品的摩擦牢度和耐洗牢度下降。

一、造成染色不匀的原因

造成染色不匀的原因有许多,被染纤维的品质,织物前处理加工后半制品的质量,染色的工艺及染色操作等都与染色加工产品颜色的均匀性直接相关。

天然纤维在生长过程中的差异性,如棉纤维的成熟度不同,在染色性能上有很大的不同;化学纤维在制备过程中由于成形、拉伸、热定形等生产工艺条件的不同,会造成纤维的超分子结构的差异,导致在染色过程中产生染色不匀。

织物的染整前处理加工与染色的均匀性也有很大关系。如棉织物在染色之前大都要经过丝光,丝光会影响棉纤维的微结构,丝光不均匀或丝光时碱液浓度等条件的差异,会造成各部分染色性能的差异,从而产生染色不匀。

染色的工艺及染色操作不当都会严重影响染色的均匀性。染料在染液内溶解不好,染液各部分的温度不一致以及染液不稳定都可能引起染色不匀。在浸染中,由于升温速度过快等原因而使上染速率太快或初染率太高是造成染色不匀的重要原因。热塑性纤维染色时,在纤维的玻璃态转变温度附近,上染速率会迅速增加。若此时升温速度太快,极易造成染色不匀。

二、染料的移染性

浸染时,上染纤维的染料可以解吸下来,解吸下来的染料可以重新上染纤维,这种转移的过程称为移染。染料的移染有利于克服染色初期所造成的染色不匀,获得匀染的产品。染料移染性用半匀染时间来衡量。半匀染时间的测定方法是将一绞色纱和一绞白纱放在同一个空白染浴中进行移染试验,染色纱上的染料会解吸下来而在白纱上重新吸附,到后者的色泽浓度为前者一半时所需要的时间,称为半匀染时间。

移染性好的染料,经染色后,对被染物染色的不均匀不易暴露,通常称之为遮盖性好的染料。但它们的某些染色牢度常较差,故必须根据染物慎重选择。温度高,染料的扩散速率增加,解吸和重新上染的速率都增加,染料移染性能好。延长染色时间可使染色更为均匀。染液中加入非离子型表面活性剂,一般使染料的移染性提高。亲和力低,扩散性能好的染料,通常具有好的移染性。

三、匀染措施

要使染料均匀地上染,要求染色时有良好的搅拌或循环,染色速率不能太快,控制染色速率包括始染温度不宜太高,升温速度不能太快,尤其在纤维的玻璃态转化温度时要缓慢升温,使用缓染剂降低上染速率,注意促染剂的加入时间,注意染浴 pH 的控制,采用大浴比,选用上染速率相同或相近的染料拼色等。在轧染中要采用均匀轧车,轧辊两端与中间压力要尽量一致,避免出现左、中、右色差。为了防止浸轧染液后烘燥不当引起染料的泳移,宜采用无接触式的烘燥设备。降低轧染时的轧液率,在染液中加入抗泳移剂,可以减轻由于染料的泳移而引起的染色不匀。

对染色初期的上染不匀,在染色后期通过提高染色温度、延长染色时间使染料移染而获得匀染,这种方法时间较长,经济性较差,染色时应尽可能设法使染料均匀地上染,而移染一般只作为获得匀染的辅助手段。需要指出的是,不是所有的染料都能通过移染方法获得匀染,在染料分子结构复杂、染料在纤维表面发生了一定程度的聚集、染料与纤维之间形成了较强的结合力等情况下,染料的移染性能大为降低,若此时再通过提高染色温度、延长染色时间来改善上染不匀,都不会有明显的效果。

第六节　染色牢度

一、染色牢度的概念

染色牢度是衡量染色产品质量的重要指标之一,它是指染色产品在使用或后续加工过程中,在各种外界因素的作用下,能保持原来色泽的能力。保持原来色泽能力低,即容易褪色,则染色牢度低,反之,则染色牢度高。

染色牢度的种类很多,依染色产品的用途、所处的环境和后续加工工艺而定,主要有耐晒、耐气候、耐洗、耐汗渍、耐摩擦、耐升华、耐熨烫、耐漂、耐酸,耐碱等牢度,此外根据产品的特殊用途,还有耐海水、耐烟熏等牢度。染色产品的用途不同,对染色牢度的要求也不相同,例如衬里布与日光接触机会少,而经受摩擦的机会较多,因此对耐摩擦牢度要求较高而对耐日晒牢度要求较低;夏季服装布则应具有较高的耐晒、耐洗和耐汗渍牢度。为了对染色产品进行质量检验,国际标准化组织(ISO)参照纺织物的使用情况,制订了一套色牢度标准。大多数欧洲国家都采用国际标准化组织(ISO)的色牢度标准作为国家标准。许多国家也采用了一些其他的标准作为色牢度标准,如美国纺织化学家和染色家协会(AATCC)标准、日本工业标准(JIS)、中华人民共和国国家标准(GB)等。

二、常见的染色牢度

(一)耐晒牢度

耐晒牢度是指染色产品在日光照射下保持不褪色的能力。染色产品在光的照射下,染料吸收光能,导致染料分解而褪色。日晒褪色是一个比较复杂的化学变化过程,它与染料结构、纤维种类、染色浓度、外界条件等都有关系。

耐晒牢度分为 8 级,1 级最低,8 级最高。每级有一个用规定染料染成一定浓度的蓝色羊毛织物标样,将试样和八块蓝色标样在模拟太阳光的人工光源照射下,对照试样褪色情况和哪一个标样相当而评定其耐晒牢度。

(二)耐洗牢度

耐洗牢度是指染色产品在肥皂等溶液中洗涤时不褪色的能力。耐洗牢度包括原样褪色及白布沾色两项。原样褪色即织物在皂洗前后的褪色情况,白布沾色是指与染色织物同时皂洗的白布,因染色织物褪色而沾色的情况。

水溶性染料如直接、酸性染料等,若染色后未经固色处理,染色物的耐洗牢度一般较差,经固色处理后的染色物,耐洗牢度可以提高。这是因为固色处理时封闭了染料的水溶性基团或提高了染料分子与纤维之间的结合力。活性染料虽然水溶性较强,但由于染料与纤维之间的共价键结合,因此耐洗牢度较好。水溶性较差或不溶于水的染料,耐洗牢度一般较高。

耐洗牢度分 5 级,以 1 级最差,5 级最好。耐洗牢度的褪色和沾色等级,分别按"染色牢度褪色样卡"及"染色牢度沾色样卡"进行评定。

(三)耐摩擦牢度

耐摩擦牢度一般分为耐干摩擦牢度和耐湿摩擦牢度两种,前者指用干的白布在一定压力下摩擦染色织物时白布的沾色情况,后者指用含水率 100% 的白布在相同条件下摩擦染色织物的沾色情况,耐湿摩擦牢度一般均比耐干摩擦牢度差。

染色织物的耐摩擦牢度与染色工艺有密切关系,染料渗透均匀,染料与纤维的结合好,表面浮色去除干净,则耐摩擦牢度好,反之,耐摩擦牢度就差。当染色浓度高时,在单位时间及单位面积内摩擦掉下的染料数量常较浓度低时为多,故耐摩擦牢度相对较差。

耐摩擦牢度共分 5 级,以 1 级最差,五级最好。其评级方法与耐洗牢度沾色等级评定相同,用"染色牢度沾色样卡"进行评定。

☞思考题

1. 纺织品染色的涵义是什么?

2. 何谓上染?上染过程一般分哪些步骤?不同的染料上染过程是否相同?

3. 染料与纤维的结合力有哪几种?不同的染料在上染过程中与纤维的结合力是否相同?

4. 何谓染料的溶解和聚集?染料的溶解性与哪些因素有关?

5. 染料的分散与染料的溶解两者有何不同?影响染料悬浮液稳定性的主要因素有哪些?

6. 纤维的吸湿和溶胀与染色性能有何联系?在染整加工中如何提高棉纤维的吸湿性?

7. 造成棉织物染色不匀的原因有哪些?如何采取措施来改进染色不匀?

8. 何谓染色牢度?常见的染色牢度有哪些?耐摩擦牢度是如何测量和评定的?

9. 解释下列名词:

(1)染色平衡　(2)上染百分率　(3)染色速率　(4)半染时间

参考文献

[1]赵涛. 染整工艺学教程:第二分册[M]. 北京:中国纺织出版社,2005.

[2]陶乃杰. 染整工程:第二册[M]. 北京:纺织工业出版社,1990.

[3]沈志平. 染整技术:第二册[M]. 北京:中国纺织出版社,2009.

[4]王菊生,孙铠. 染整工艺原理:第三册[M]. 北京:纺织工业出版社,1984.

[5][英]阿瑟·D. 布罗德贝特. 纺织品染色[M]. 马渝茳,陈英,译. 北京:中国纺织出版社,2004.

[6]蔡苏英. 纤维素纤维制品的染整[M].2 版. 北京:中国纺织出版社,2011.

第六章 染色方法与设备

纺织品染色实质上是以染料从介质向纤维进行转移为基础的。转移过程包括染料从介质向纤维表面扩散、在纤维外表面吸附、在纤维中的扩散及在纤维内部固着所组成。染色的目的在于用最有效的方法把纺织品染得匀透,以获得均匀、坚牢的色泽而不引起纤维损伤。实现纺织品染色的途径主要有:

(1)水溶性染料在水溶液中与纤维直接接触,因其固有的亲和性,通过吸附与扩散,被逐渐地吸收到纤维内部并固着。如直接、酸性等染料的染色;

(2)染料的可溶性隐色体先在水溶液中上染,随后的染色过程中在纤维上形成不溶性染料。如还原、硫化染料的染色;

(3)染料的偶合组分先在水溶液中上染,脱液后或脱液、烘干后用色基的重氮盐溶液进行偶合,在纤维上形成不溶性染料。如不溶性偶氮染料的染色;

(4)染料在水溶液中上染,在一定的条件下,染料中的反应性基团与纤维上的官能团发生化学反应而固着。如活性染料的染色;

(5)通过高温高压、热溶法或者利用载体使染料分子进入热塑性纤维中而获得染色。如分散染料的染色;

(6)利用适当的黏合剂使染料或颜料黏着在纤维表面。如涂料染色。

纺织品可以是散纤维、纱线、织物、成衣等不同的形态,其中以织物染色应用最广。根据把染料施加于纺织品以及染料在纤维上的固着方式不同,染色方法可以分为浸染(或称竭染)和轧染两种。

染色设备是实施染色的条件和手段,对染色工艺和操作、染色产品质量、劳动生产率及能耗都直接相关。染色设备的种类、型号很多。按染色方法可分为浸染机和轧染机;按染色的加工形态可分为散纤维染色机、纱线染色机、织物染色机、成衣染色机等;按设备运转方式可分为间歇式染色机和连续式染色机;按染色的温度与压力可分为常温常压染色机和高温高压染色机等。本章仅介绍几种常用的纤维素纤维织物染色设备。

第一节 染色方法

一、浸染(竭染)

浸染是将被染织物浸渍于染液中,在染液与被染织物的相对运动中,借助于染料对纤维的直接性而将染料上染并固着纤维的一种染色方法。浸染时,染液各处的温度和染料、助剂的浓度要保持均匀一致,被染织物各处的温度也要一致,否则就会造成染色不匀。因此,染液和被染织物的相对运动很重要,染液和被染织物可以同时作循环运动,也可以只有两者中的一种做循环运动。图6-1为织物浸染过程示意图。

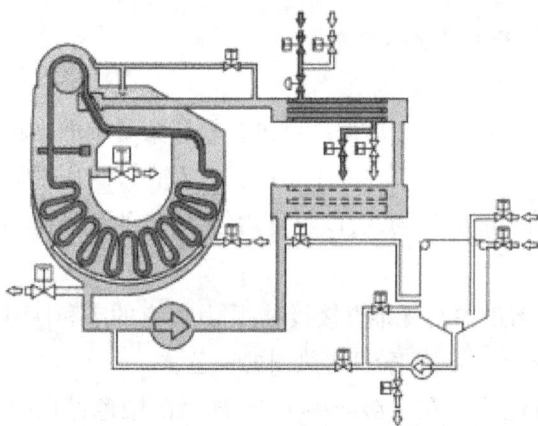

图6-1 织物浸染过程示意图

浸染时,被染织物质量与染液质量之比称为浴比,由于介质一般为水,故习惯上将被染织物质量(kg)与染液体积(L)之比称为浴比。染液浓度一般用染料质量对纤维质量的百分数表示,即%(对纤维质量)或%(omf),习惯上常用染料对纤维重量的比表示,简写为owf。例如,被染织物20kg,浴比1:50,染料浓度为2%(omf),则染液体积为1000L,染料用量为20×2%=0.4kg。

浴比是影响染液和被染织物相对运动的一个因素,浴比的大小对染色的均匀性、能量消耗、废水处理等都有很大关系。一般来说,浴比大对匀染有利,但会降低染料的利用率及增加废水量。

浸染广泛用于散纤维、纱线、机织物、针织物等不同加工形态纺织品的染色,适用于小批量、多品种的生产,但由于浸染是间歇式生产方式,劳动生产率较低。在卷染机上进行的染色俗称卷染,也是浸染的一种形式,卷染时浴比小,且具有平幅加工的特点。

具有高效、节能、环保特性的气流染色技术近年来已逐步在印染企业得到应用。从染色机理上讲,气流染色仍属于浸染范畴,通过染料在被染物上的吸附、扩散和固着而完成上染过程。气流染色改变了传统溢流或喷射染色以循环染液牵引织物运行的方式,通过利用高速气流来牵引织物运行,从而大大降低了染色浴比。织物在气流染色机中快速循环,避免了在低浴比条件下,织物易产生折皱的现象。气流染色的浴比很低,对染液的温度和浓度变化较敏感,升温速率、加料方式都与传统染色工艺有很大不同,必须严格地加以控制。

二、轧染

轧染是将织物在染液中经过短暂的(一般为几秒或几十秒钟)浸渍后,立即用轧辊轧压,将染液挤压进织物组织的空隙中,同时轧去多余的染液,使染料均匀地分布在织物上。染料的上染固着主要通过以后的汽蒸或焙烘等处理过程完成。图6-2为还原染料悬浮体连续轧染过程示意图。

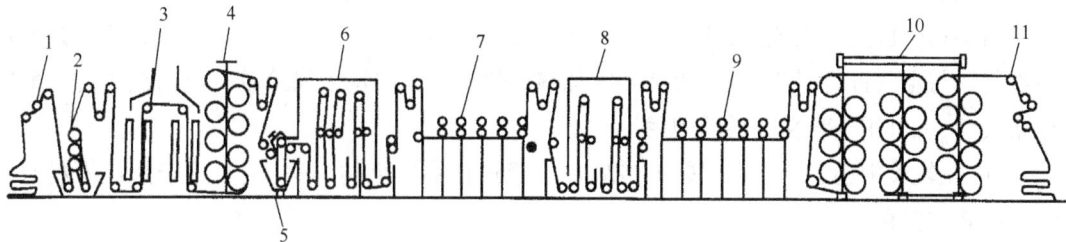

图6-2 还原染料悬浮体连续轧染过程示意图

1—进布架 2—三辊轧车 3—红外线预烘 4、10—烘筒烘燥 5—还原浸轧槽
6—还原汽蒸箱 7、9—平洗槽 8—皂蒸箱 11—落布架

在轧染过程中,织物浸在染液里的时间很短,浸轧后织物上带的染液量(通常称轧液率)对于不同织物要求不同,如一般棉织物的轧液率在70%左右,黏胶纤维织物的轧液率在90%左右,合成纤维织物的轧液率在30%左右。轧液率大,织物上带液量高,织物烘干时水分蒸发的负荷重。对于亲和力小的染料,尤其是采用悬浮体轧染时,染料易发生泳移。所谓泳移,是指织物在浸轧染液以后的烘干过程中,随着水分的蒸发,染料从纤维内部向纤维受热表面迁移的现象。染料一旦发生泳移,将导致染色不匀,摩擦牢度下降。为了减小泳移现象,除降低轧液率防止泳移外,在轧染液中加适量的抗泳移剂也是一个有效途径。染液加抗泳移剂后,染液的黏度提高,降低了烘干时染料分子随水分子移动的速度。对于不溶于水的染料,抗泳移剂会使染料颗粒增大,烘干时增大了的染料颗粒在毛细管中随水移动的速度降低,从而改善泳移现象。

浸轧一般有一浸一轧、二浸二轧和多浸一轧(或二轧)等,要视织物、染料、设备而定。织物厚重的,渗透性差,染料用量高,一般不用一浸一轧。一般染料对纤维都有一定的直接性,在浸轧时会对纤维产生吸附,而使轧槽中染料的浓度下降,造成染色前浓后淡的前后色差。这可以在初开车时,通过把轧槽中染液适量冲淡的方法来解决。而对纤维无直接性而不能随水一起扩散进入纤维的染料恰巧相反,轧染时会产生前淡后浓现象,这可以通过把初开车时轧槽中染液加浓的方法来解决。为使织物浸轧时能迅速且均匀地吸收染液,可在轧染液中加入适量的润湿剂或渗透剂,并且轧辊的压力要均匀一致,应该使用均匀轧车,避免普通轧车造成的中间颜色深两边颜色浅(左中右色差)的现象。

浸轧后的织物烘干一般有红外线烘燥、热风烘燥与烘筒烘燥三种。前两种属于无接触式烘燥,烘干效率高,烘筒烘燥属于接触式烘燥,烘干效率也很高。但由于烘筒壁热传导的不一致,会造成烘干不匀和染料泳移。在实际生产中,为了提高烘燥效率,往往是几种方式联合使用,一般先用无接触式烘干方式来防止染料泳移,当水分蒸发到一定程度后,再用接触式烘干方式,这时染料不会再发生泳移。这样既防止了染料泳移,又能提高烘燥效率。

轧染时使染料固着的方法一般有汽蒸和焙烘两种。浸轧后的织物进入汽蒸箱,借助于汽蒸箱中的蒸汽,纤维吸湿溶胀,织物上的染料扩散到纤维内部而固着。用常压饱和蒸汽汽蒸时的温度为100~102℃,时间1min左右。常压高温汽蒸用的是高于100℃的过热蒸汽,常用的温度范围在170~190℃之间,一般用于涤纶及其混纺织物的分散染料热溶染色,也可用于活性染料常压高温汽蒸固色。焙烘是以干热气流作为传热介质,使织物升温,染料扩散进入纤维内部而固着。焙烘箱一般为导辊式,与热风烘燥机相似,但温度较高,可达180~220℃。其热源是利用可燃性气体与空气混合燃烧,也有用红外线加热焙烘的。主要用于涤纶及其混纺织物的分散染料热熔染色,也可用于活性染料的固色。

此外,在轧染中还有一种在浸轧染液后在堆置过程中固色的方法,主要用于活性染料对棉织物的冷轧堆染色。

轧染是连续化生产,生产效率高,适用于大批量加工,但染色织物所受张力一般较大,通常用于机织物的染色,有时也用于丝束和纱线的染色。

第二节　常用的织物染色设备

一、间歇式染色机

(一)常压绳状染色机

常压绳状染色机如图6-3所示。染色时,织物头尾缝接成环状,大部分浸渍在染液中,经椭圆形导布盘带动在槽内循环。染化料由加液槽通过多孔板分散于染槽中。分布栅使布匹之间分开,循环运行,避免缠结。染后织物经出布辊导出。

绳状染色机的形状根据容布量的不同略有不同,该设备结构简单,操作方便,机械故障少,且易于维修。但织物进出染色机需手工操作,劳动强度较大。该设备产品适用性较广,可用于棉、毛、丝等织物常压染色。

(二)溢流染色机

溢流染色机如图6-4所示。染色时,染液从染槽底部由主泵抽出,经热交换器加热后进入

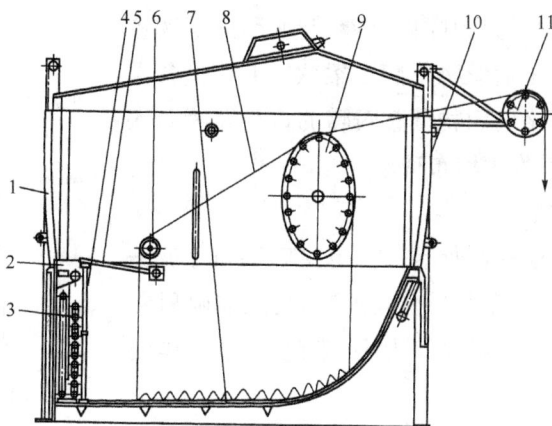

图 6-3 绳状染色机结构示意图

1,10—升降罩　2—加液槽　3—蒸汽加热管　4—多孔板　5—分布栅

6—被动导布辊　7—染槽　8—织物　9—椭圆形导布盘　11—出布辊

溢流槽。溢流槽内平行装有 2~3 根溢流输布管进口,织物由主动导布辊及染液溢流带动在输布管内与染液同向循环运动,染液运动速度较织物快,染色过程中,织物处于松弛状态,所受张力较小,染色均匀,加工后织物手感柔软。该设备自动化程度高,操作简便,可在常温常压下染色,也可用于高温高压染色。

溢流染色机主要适用于合成纤维针织物、弹力织物及稀薄、疏松、弹性较好的纤维素纤维织物的染色。

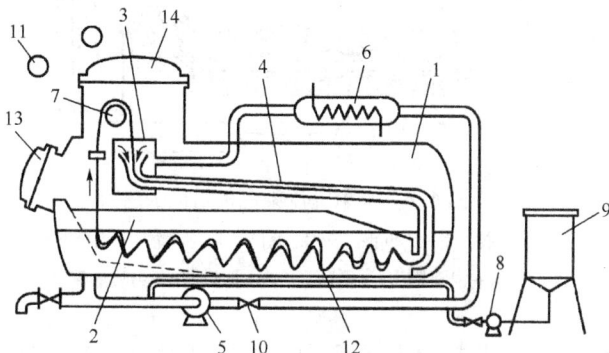

图 6-4 溢流染色机结构示意图

1—槽体　2—贮布容器　3—溢流输布器　4—溢流导布管　5—循环泵　6—热交换器　7—提布辊

8—加料泵　9—加料槽　10—调节阀　11—进、出布辊　12—织物　13—进布孔　14—出布孔

(三)喷射染色机

喷射染色机的种类很多,按其外形不同可分为 U 形立式喷射染色机、C 形轮胎式喷射染色机等。图 6-5 所示是 U 形立式喷射染色机的一种。染色时,染液自中部抽出,经热交换器加热后,由喷嘴喷出,带动织物循环运行。

喷射染色机与溢流染色机的主要区别在于溢流染色机中织物的上升是靠主动导布辊带动,

而喷射染色机中织物的上升是由喷射染液带动,因此织物各部分所受张力更均匀,加工后织物手感更柔软。但该设备操作要求高,需根据不同规格的织物调整喷嘴的口径及喷射压力,如掌握不当,染色时易发生堵布现象。

(四)喷射溢流染色机

喷射溢流染色机如图6-6所示。它是在喷射和溢流染色机的基础上发展起来的,机内既有液流装置,又有喷射装置。与溢流染色机相比,织物所受张力小,染色浴比小,染液与织物的循环速度快,匀染性好。

(五)气流染色机

气流染色是利用空气动力学的原理,通过离心式高压风机产生的高速气流,经喷嘴雾化染液,雾化后的染液喷向织物,使织物得色并带动织物运行。气流染色机除了与喷射染色同样使织物和染液均作不断的循环运动外,还有空气流的循环流动。在染色过程中,高速气流的主要作用:一是通过喷嘴进行染液雾化,使雾化后的染液喷向织物,通过气压渗透作

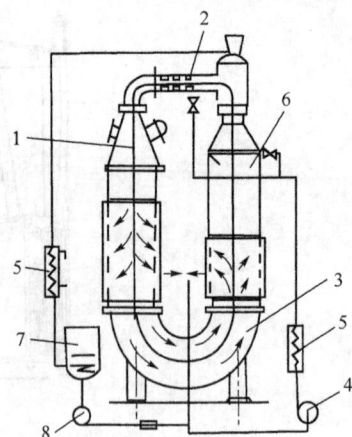

图6-5　U形立式喷射染色机结构
示意图

1—织物　2—喷嘴　3—浸渍区
4—循环泵　5—热交换器　6—反冲喷嘴
7—配料筒　8—加料泵

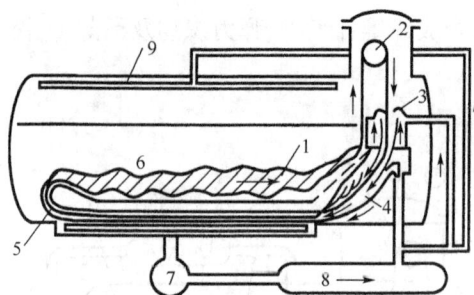

图6-6　喷射溢流染色机结构示意图

1—织物　2—导布辊　3—溢流口　4—喷嘴　5—输布管道
6—浸渍槽　7—循环泵　8—加热器　9—喷淋管

用,使织物与染液充分接触,同时,由于气流场的作用,织物会不断受到气流对它的揉曲和抖动而改变运行过程中的位置和截面形状,气流对织物的这种作用,有利于染液接近和突破织物纤维界面层,使织物易得色和匀染,并且有利于释放织物加工中产生的应力,因此织物无折痕,加工后的织物手感柔软而丰满;二是作为牵引织物的动力,带动织物运行,由于气体密度低,产生的阻力小,所以织物运行的速度快,张力小,无损伤。图6-7为 Thies Luft-roto 气流染色机结构示意图。染色时绳状织物在喷嘴中被气流驱动,高速气流与另一管道中的染液相遇形成雾状微细液滴,施加到织物上进行染色。出喷嘴后织物落入可自由转动的染色罐中,利用两边的织物的重量差,使染色罐转动来输送织物。在染色罐的底部的染液是染浴的一部分,与织物接触,使织物获得均匀的布面温度,从而促进得色和匀染。

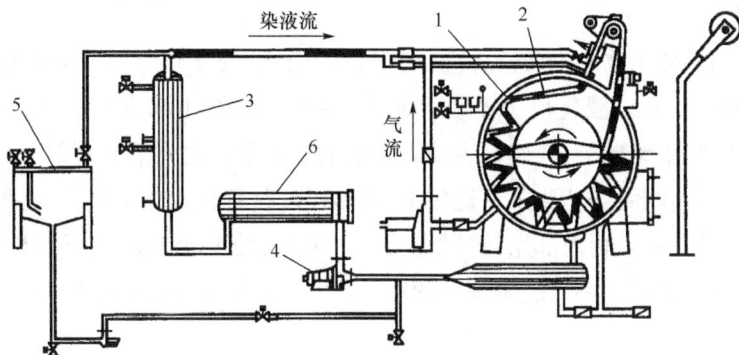

图 6-7 Thies Luft-roto 气流染色机结构示意图

1—染色罐体 2—织物 3—热交换器 4—循环泵 5—加料槽 6—加热过滤器

(六)卷染机

卷染机可分为普通型、等速型及自动式。普通卷染机运转时仅 1 只卷布辊主动,织物所受张力较大,并且随着布卷大小的不同,织物的线速度不等,张力大小也不一样。经改进的等速卷染机,通过调速齿轮的作用,使 2 只卷布辊均为主动,且织物卷绕时的线速度也基本保持一致,减少了织物所受的张力。自动式卷染机具有自动调头、计数、自动停车等装置,有的还配有程序控制的电子计算机。图 6-8 为等速卷染机。

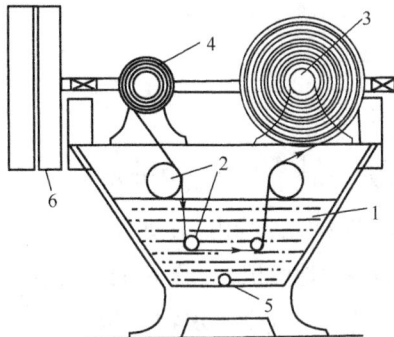

图 6-8 等速卷染机结构示意图

1—染槽 2—导布辊 3—卷布辊 4—织物 5—蒸汽管 6—调速齿轮箱

二、连续式染色设备

平幅连续染色机,生产效率高,多用于大批量织物,如棉和涤/棉织物的染色加工。连续轧染机由多台单元机联合组成。不同染料染色适用的轧染机,由不同单元机排列组成。棉织物染色常用的轧染机,如还原染料悬浮体轧染机、不溶性偶氮染料轧染机和活性染料轧染机等,它们的单元机组成,按各自的染色工艺要求而定。连续化染色设备的缺点是染化料、能源消耗大,设备投资大,占地面积大。

连续轧染机一般由浸轧机、烘燥机、汽蒸装置、热溶装置及连续水洗单元等部分组成。根据单元机的组成不同,可适用于各种不同染料的染色。

(一)浸轧机

浸轧机的作用是使织物均匀带液,并轧去多余的染液,便于烘干。浸轧机包括浸轧槽和轧辊两部分,如图6-9所示。浸轧槽为不锈钢制成,容量一般在100L以内。轧辊有软、硬两种。硬轧辊是不锈钢或胶木制成的,软轧辊为橡胶制成的。通常通过调节轧辊的压力来控制轧液率的大小,以满足各种不同的工艺要求。近年来,很多浸轧装置使用均匀轧车,这种轧车在轧辊的两端用压缩空气加压,在轧辊内部用油泵加压,通过调节,使整个幅度上压力相同,用以纠正左中右压力不匀。均匀轧车的一对轧辊都是软辊。图6-10为均匀轧车辊内液压示意图。

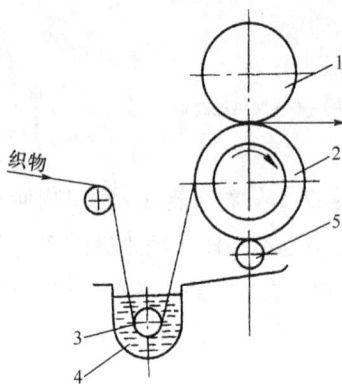

图 6-9 浸轧机示意图

1—硬轧辊 2—软轧辊 3—导布辊

4—浸轧槽 5—附加挤压辊

图 6-10 均匀轧车辊内液压示意图

(二)烘燥机

常用的烘燥机有红外线、热风、烘筒等几种烘燥方式。

红外线烘燥是利用红外线热辐射穿透织物内部,使水分蒸发。这种方法使织物受热均匀,不易产生染料的泳移,烘燥效率较高,设备占地面积小。图6-11是电热式红外线烘燥机结构示意图。

热风烘燥是通过由喷口喷出的热空气烘干织物,织物上蒸发的水分散逸在空气中,使机内空气含湿量增大,所以,这种烘燥机烘燥效率低,占地面积大。图6-12为导辊式热风烘燥机结构示意图。红外线和热风烘燥方式均属无接触式烘干,织物所受张力较小。

烘筒烘燥是将织物通过用蒸汽加热的金属圆筒表面,使水分蒸发。它烘燥效率较高,但若温度掌握不好,容易造成染料泳移,所以操作中温度以先低后高为宜。图6-13为立式烘筒烘燥机结构示意图。

在实际生产中,为了提高烘燥效率,往往是几种方式联合使用,一般都先用无接触烘干方式来防止染料泳移,当水分蒸发到一定程度后,再用接触烘干方式,这时染料不会再发生泳移。这样既防止了染料泳移,又能提高烘燥效率。常用的组合方式有红外线烘燥+烘筒烘燥、热风烘燥+烘筒烘燥、红外线烘燥+热风烘燥+烘筒烘燥等。

(三)汽蒸装置

汽蒸装置的作用是借助于蒸汽,使纤维膨胀,使织物上的染化料助剂扩散、渗透或反应,从

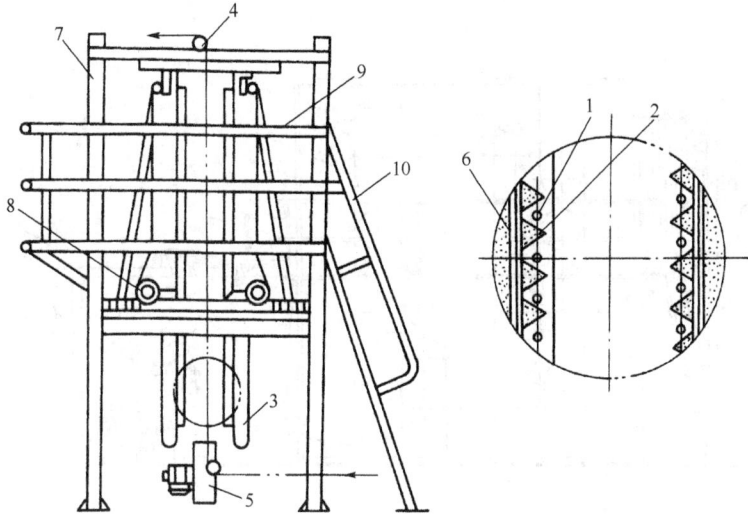

图 6-11 电热式红外线烘燥机结构示意图

1—石英管 2—反射罩 3—反射罩架 4—主动导辊 5—鼓风机

6—隔热层 7—机架 8—反射罩移动装置 9—安全栏杆 10—梯子

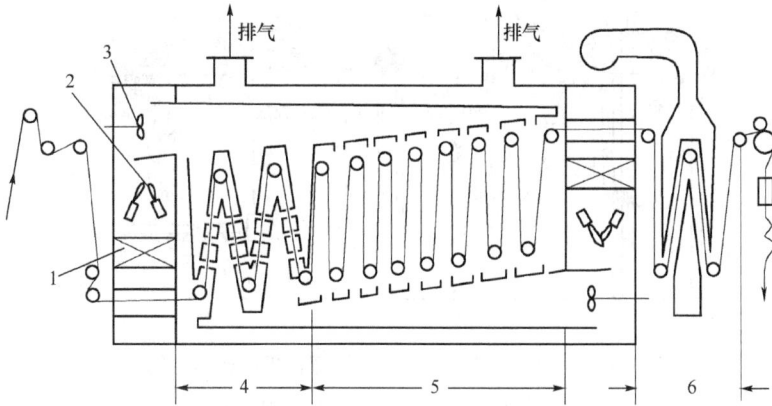

图 6-12 导辊式热风烘燥机结构示意图

1—蒸汽加热器 2—煤气加热器 3—循环风机 4—垂直对流加热区

5—平行对流加热区 6—冷却区

而完成染料的上染和固着。汽蒸箱由铁板制成,顶部有蒸汽夹板,防止冷凝水滴在布上造成水渍;箱内有导布辊,分上、中、下3层,上层导布辊为主动辊,其他两排为被动辊。蒸箱内通入饱和蒸汽,蒸箱底部有直接及间接蒸汽管,便于控制箱内的温、湿度。箱体外包有石棉,用以绝热保温。还原蒸箱内不得进入空气,所以,在蒸箱的进出口处设置水封口或汽封口。汽蒸条件一般为 100~105℃,1min 左右。常压高温汽蒸用的是高于 100℃的过热蒸汽,常用的温度范围在170~190℃之间,一般用于涤纶及其混纺织物的分散染料热熔染色,也可用于活性染料常压高温汽蒸固色。图 6-14 为悬挂式有底长环高温蒸化机结构示意图。

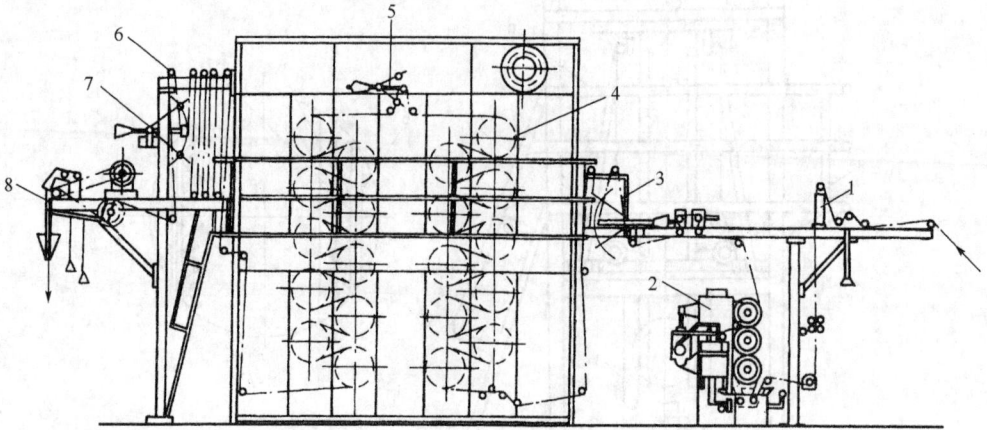

图 6-13 立式烘筒烘燥机结构示意图

1—进布装置　2—浸渍槽　3、5、7—线速度调节器　4—烘筒

6—透风装置　8—出布装置

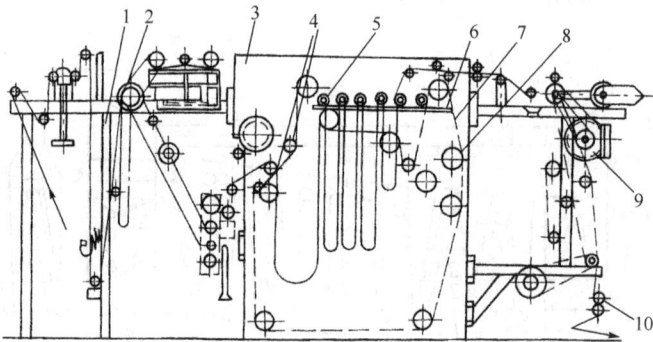

图 6-14 悬挂式有底长环高温蒸化机结构示意图

1—进布装置　2—进布主动辊　3—整箱　4—成环装置　5—自转导辊

6—自转导辊轨道　7—主动传动链　8—链轮　9—冷却装置　10—落布装置

(四)热溶装置

热溶装置的作用是以干热气流作为传热介质,使织物升温,染料扩散进入纤维内部而固着。焙烘箱一般为导辊式,与热风烘燥机相似,但温度较高,可达 180~220℃。其热源是利用可燃性气与空气混合燃烧,也有用红外线加热焙烘的。主要用于涤纶及其混纺织物的分散染料热熔染色,也可用于活性染料的固色。图 6-15 为圆环式焙烘机结构示意图。

(五)连续洗涤单元

连续洗涤单元的作用是去除染色织物上的浮色及其他助剂,使染物色光纯正、手感正常、牢度优良。最常用的是平洗槽,它用铸铁或不锈钢制成,可作冷水洗、热水洗、皂洗(或皂煮)等处理用。近年来还出现了多种型号的高效平洗机(图 6-16)。

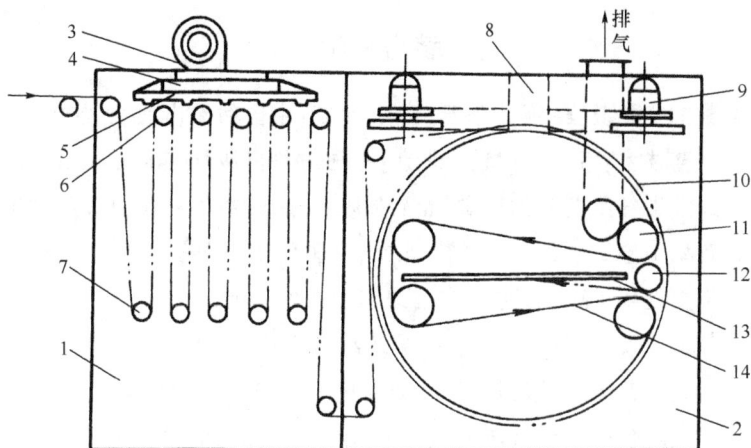

图 6-15　圆环式焙烘机结构示意图

1—预热室　2—烘房　3—预热室离心式循环风机　4—预热室风道

5—预热室风嘴　6—预热室主动导辊　7—预热室被动导辊　8—烘房进风道

9—烘房轴流式循环风机　10—织物(外层)及传动链条(最外层)

11—主动链轮　12—主动滚筒　13—角尺出布勒管　14—传动链条

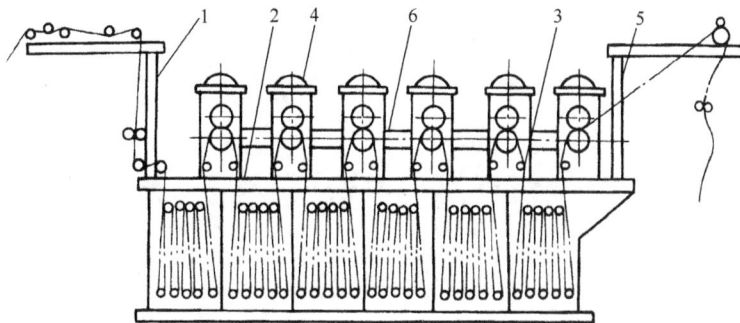

图 6-16　平幅水洗机结构示意图

1—进布装置　2—平洗槽　3—扩幅辊　4—小轧车　5—出布装置　6—传动设备

👉 思考题

1. 纺织品的染色方法通常有哪几种？试分析各种染色方法的特点。

2. 何谓浴比？请举一实例说明浴比是如何计算的。浴比的大小对染色过程有何影响？

3. 浸轧染液时应如何避免造成前后色差和左中右色差的现象？

4. 何谓泳移？染料泳移会产生什么后果？解决染料泳移可采取哪些措施？

5. 棉织物常用的染色设备有哪些？连续轧染机主要由哪些部分组成？简述连续轧染机生产特点和适用的加工品种。

6. 普通型和等速型卷染机有何不同？如何使等速卷染机在织物卷绕时的线速度基本保持一致？

参考文献

[1]赵涛.染整工艺学教程:第二分册[M].北京:中国纺织出版社,2005.

[2]沈志平.染整技术:第二册[M].北京:中国纺织出版社,2009.

[3]蔡苏英.纤维素纤维制品的染整[M].2版.北京:中国纺织出版社,2011.

[4]陈立秋.新型染整工艺设备[M].北京:中国纺织出版社,2009.

[5]李连祥.染整设备[M].北京:中国纺织出版社,2002.

[6]吴立.染整工艺设备[M].北京:中国纺织出版社,1995.

[7]蒋家云.气流染色机及其应用[J].染整技术,2009(3):44-48.

[8]刘江坚.气流染色技术现状与发展[J].印染,2008(18):6-10.

第七章　直接染料染色

❈ **本章知识要求**

1. 掌握直接染料的结构及分类。

2. 了解直接染料的染色原理和染色方法。

3. 掌握直接染料的染色性能。

4. 了解直接染料的温度效应和盐效应。

5. 掌握直接染料对纤维素纤维的染色工艺。

6. 掌握直接染料的固色方法及原理。

❈ **本章技能要求**

1. 学会染料直接性的测定。

2. 能进行直接染料染色工艺的制订与操作。

3. 学会直接染料染色工艺条件的控制。

4. 能进行直接染料的固色处理。

5. 学会直接染料皂洗牢度的测定。

直接染料分子中含有水溶性基团(如—SO_3Na 或—$COONa$),多数为磺酸基,能直接溶于水。其相对分子质量较大,分子大多呈狭长扁平的线型结构,具有较好的同平面性和线性状态,并且能与纤维分子中的羟基、氨基等形成氢键。因此对纤维素纤维的直接性较高,不需要借助任何媒介介质就能够直接上染纤维素纤维。直接性是指染料离开染液对纤维直接上染的性能,表示染料对纤维的上染能力。

直接染料色谱齐全,价格便宜,染色简便。大部分品种的各项牢度不够理想,尤其是湿处理牢度更差,染色后需要固色处理。

黏胶纤维比棉纤维对直接染料的吸附能力强,在黏胶纤维上的耐洗牢度基本上能符合规定的要求,因此,直接染料在黏胶纤维及其混纺或交织织物中应用较广。直接染料除了可在中性介质中对纤维素纤维染色外,还可以在弱酸性或中性介质中上染蚕丝、羊毛、锦纶等纤维。

第一节　直接染料的分类

一、根据染色性能分类

由于直接染料的化学结构相差很大,其染色性能的差异也很大。根据其染色性能的差异,一般将其分为 5 类。

（一）匀染性直接染料（甲类或 A 类染料）

该类染料分子结构比较简单，在染液中的聚集倾向小，对纤维的亲和力较低，扩散速率高，匀染性好。因此，又称为匀染性染料。其上染百分率低，适宜染淡色，并且湿处理牢度较差。染色温度不宜太高，一般以 70~80℃为宜。这是因为染料扩散快，上染比较快，在常规的染色时间内可以达到最高上染百分率，提高温度反而会使平衡上染百分率降低。染色时可加中性电解质促染，但作用效果不显著。属于此类染料的有直接冻黄 G、直接蓝 G 等。例如：

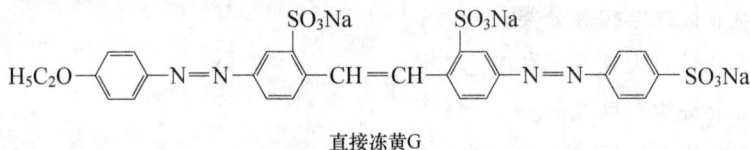

直接冻黄G

（二）盐效应直接染料（乙类或 B 类染料）

这类染料结构比较复杂，分子中含较多的水溶性基团，对纤维的亲和力较高，染料在纤维内的扩散速率较低，匀染性较差，但其湿处理牢度较高。中性电解质的促染作用比较显著，也称盐效应染料。若使用不当，易造成染花。属于此类染料的有直接紫 R、直接耐晒红 4BL、直接耐晒绿 BB。例如：

直接耐晒绿BB

（三）温度效应型染料（丙类或 C 类染料）

此类染料分子结构复杂，对纤维亲和力高，扩散速率低，匀染性差。由于染料分子中所含磺酸基团较少，所以，这类染料湿处理牢度较高。中性电解质对上染百分率的影响较小。染色时，需要借助于较高的温度，以提高染料的扩散速率和匀染性。在实际的染色条件下，上染百分率一般随染色温度的升高而增加，但始染温度不能太高，升温速度不能太快，否则容易造成染色不匀。所以这类染料又称为温度效应染料。属于此类染料的有直接黑 BN、直接黄棕 D3G 等。例如：

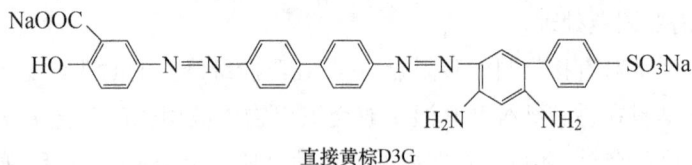

直接黄棕D3G

（四）直接混纺染料

直接混纺染料也称为直接 D 型染料，这类染料对纤维素纤维有较高的直接性和上染率，湿处理牢度、色泽鲜艳度和与其他染料的配伍性也较常规直接染料好。与分散染料有较好的相容性，对涤纶的沾色少，在 130℃的高温高压条件下不会分解，适合与分散染料一起对涤纶/纤维素纤维织物染色，特别适用于涤纶/黏胶纤维织物分散/直接染料一浴一步法染色。大多数直接混纺染料还具有一定的抗氧化性和耐碱性，在生产中可采用漂染一浴一步法加工纤维素纤维及其混纺织物,达到缩短工艺流程,降低生产成本的目的。直接混纺染料在弱酸性介质中也有较高的上染率,可适用于真丝针织物的染色。如上海染化九厂开发生产的直接混纺黄 D-RL、大红 D-2G、蓝 D-RGL、黑 D-HR 等。例如:

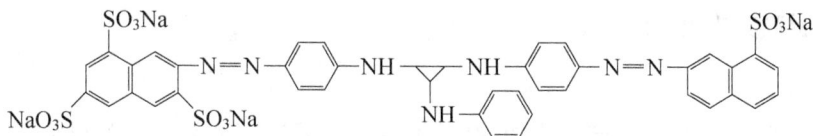

直接混纺黄D-RL

(五)直接交联染料

直接交联染料是染料的分子结构中含有氨基、羟基等反应性基团,这类直接染料先按一般的直接染料对纤维素纤维染色,然后用能同时与染料和纤维反应的交联固色剂进行固色,使染料、纤维、固色剂之间形成以共价键、配位键、盐式键、范德华力和氢键等结合的交联结构,从而提高染色牢度。直接交联染料的化学结构有些含有铜络结构,如直接交联紫 SF-B。目前国产直接交联染料尚没有颜色鲜艳的品种,多数颜色偏暗,适宜于中、浓色织物的染色。

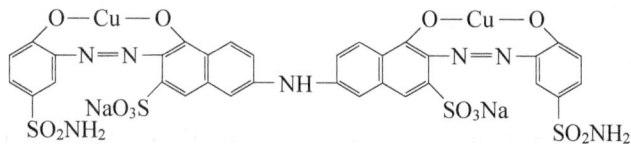

直接交联紫SF-B

这类染料得色均匀,染色重现性好,湿处理牢度高。

二、根据染色温度分类

(一)高温染着型染料——H 型

此种染料在较高温度下有较好的染着性,一般有以下特性:

(1)染着速度慢、覆盖性差,但有较好的润湿坚牢度。

(2)轧染时头尾色差小。

(3)用于合纤混纺产品的染色,降温时再染着染料量少,很适合对色管理。

(二)全温染着型染料——M 型

此种染料对染色温度没有显著的影响。该类染料有如下特性:

(1)不需要严格控制染色温度,具有良好的重现性。

(2)轧染时不容易发生中间色浅现象。

(三)低温染着型染料——L 型

此类染料在 65~75℃时有极大的上染百分率,在 90℃时上染百分率反而下降,因此在染色后段要注意控制染色温度。此类染料具有下列特性:

(1)初染率高,但有良好的移染性,所以匀染性较好,湿处理牢度较差。

(2)轧染时头尾色差大。

(3)降温时由于染料的再染着量多,很容易造成缸差。

三、根据染色牢度及固色后处理分类

根据直接染料的染色牢度及固色后处理的不同,可分为直接染料、直接耐晒染料和直接铜盐染料。直接耐晒染料耐日晒牢度较高,一般在 5 级以上。直接铜盐染料在染色后,要用铜盐固色处理,以提高其染色牢度。

第二节　直接染料的染色原理和染色性能

一、直接染料染色原理

直接染料的相对分子质量较大,整个分子结构呈扁平的线性结构,具有较好的芳环同平面性,对称性较好,共轭系统较长,具有氨基、羟基、偶氮基等极性基团,与纤维上的羟基可形成氢键,染料和纤维分子间的范德华力较大,对纤维素纤维具有较高的亲和力,染料吸附扩散到纤维内部后,借助氢键和范德华力而固着在纤维内部。

二、直接染料染色性能

(一)溶解性

直接染料分子中含有磺酸基,能溶解于水,在水中能电离成染料阴离子。其溶解性大小与染料分子中所含的水溶性基团的数目、水的硬度、温度及加入的助剂有关系。

(二)对金属的敏感性

染色用水中、化学品中或设备管壁上常有金属进入染浴中而造成染色物的色相变化,当有金属存在时,直接染料会与钙、镁、铁等离子作用生成沉淀,降低染料的利用率,并可能造成色斑等疵病。所以,染色时可加入螯合分散剂或软水剂来防止染料的变色。

(三)直接染料的盐效应和温度效应

1. 盐效应

在直接染料染纤维素纤维时,加入中性电解质能够促进染料的上染,这种作用称为促染,也称为盐效应。

纤维素纤维在中性或弱碱性染浴中带负电荷,染料阴离子接近纤维界面时,首先受到纤维斥力的影响,不利于染料的吸附。只有那些由于分子碰撞,在瞬时间里具有更高动能、足以克服库仑斥力的染料阴离子才能突破障碍进入到距纤维表面一定距离以内,此时范德华力超过库仑斥力,染料吸附在纤维上。当加入中性电解质后,盐(元明粉或食盐)中的钠离子吸附在纤维表面,可降低电荷斥力,提高上染速率和上染百分率。

促染剂虽然能提高染料的上染速率和上染百分率,但必须控制其用量,否则将影响染色效果。应该注意的是加入盐后会降低染料的溶解度,使染料的聚集度增加。用量过多,会破坏染料的胶体性质,甚至会使染料发生沉淀。

2. 温度效应

各种直接染料的上染速率差异比较大,因而它们在一定的时间内达到最高上染百分率,所

需的温度就随品种而有所不同,如果固定上染时间,将直接染料在加有适量食盐的染浴中以不同温度上染,上染百分率随温度的变化关系如图7-1所示。

从图7-1中可以看到,直接黄GC上染速率比较高,在40℃即可以达到上染百分率高峰,温度继续升高,上染百分率反而降低;直接绿BB则需要较高的温度100℃时才能达到上染高峰,显然它的上染速率比较低;直接红4B则在80℃时就可以达到最高上染百分率。

扩散速率高、亲和力低的染料,宜采用较低温度染色,获得较高上染百分率;反之,要采用较高温度染色,有利于在较短的时间内获得较高的上染百分率。

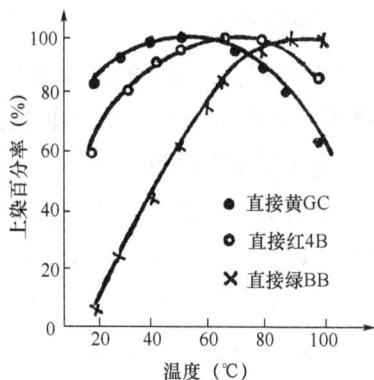

图7-1 染色温度对上染百分率的影响
染色浓度2%,食盐2%,浴比1:20,时间1h

第三节 直接染料对纤维素纤维的染色工艺

直接染料染色方法简单,可以采用浸染、卷染或轧染,但由于染料直接性较大,更适用于浸染和卷染。

一、浸染

浸染是将染物浸渍于染液中,通过一定的染色工艺,使染料逐渐被纤维所吸收而达到染色目的的一种方法。这种染色方法设备要求不高,可以采用手工操作或机械操作,并不受染物组织和数量的限制。

1. 工艺处方及工艺条件

直接染料染色处方及工艺条件如表7-1所示。

表7-1 直接染料染色处方及工艺条件

工艺处方及条件	颜色深浅	浅色	中色	深色
染液组成	染料(%,owf)	0.5以下	0.5~2	2~5
	纯碱(%)	0.5~1.0	1.0~1.5	1.5~2.0
	食盐(%)	—	0~3	3~12
染色温度(℃)	甲类	70~80		
	乙类	90~95		
	丙类	95~100		
浴比		1:(20~30)	1:(15~20)	1:(10~15)

2. 工艺流程

化料 →浸染 →水洗→(固色处理)→脱水→烘干

3. 助剂作用

(1)纯碱。在染液中加入纯碱,一方面可以帮助染料溶解,并兼有软水作用,另一方面加入纯碱后溶液的 pH 升高,pH 的提高使得电位提高,染料与纤维的库仑斥力增大,上染速率比较缓慢,起到了缓染作用。

(2)中性电解质。食盐或元明粉可用来促染,主要用于 B 类染料。从处方可以看到对于不同的深浅色,碱和食盐的加入量是不同的。这是因为染浅色时主要是色花问题,所以可以不加盐,而多加碱起缓染作用;对于染深色,主要是染料的利用率问题,可以多加电解质进行促染。而对于促染作用不显著的染料,可少加或不加食盐。

(3)表面活性剂。必要时可在染液中加入润湿剂及匀染剂,如平平加 O、雷米邦 A 等。

4. 工艺因素分析

在直接染料浸染中,控制染料上染的工艺因素主要是中性电解质和温度。

(1)电解质。对于中性电解质来说,除了注意控制其用量外,还要注意电解质的加入时间。中性电解质应该在染色一定时间,即染液中的染料大部分上染纤维后,再分次加入,否则容易造成染色不匀。

(2)染色温度。染色温度影响染料的上染百分率和匀染性,染色温度高,平衡上染百分率低,匀染性好。在常规染色时间(例如 1h)内,扩散性能好的染料基本上已达到染色平衡,上染百分率随温度升高而降低,所以染色温度不宜太高;扩散性能差的染料,在常规的染色时间内如果未达到染色平衡,则上染百分率一般随染色温度的升高而升高。在常规染色时间内,得到的最高上染百分率的温度称为最高上染温度。根据最高上染温度的不同,生产上常把直接染料分成三种,最高上染温度在 70℃ 以下的低温染料、最高上染温度为 70~80℃ 的中温染料、最高上染温度为 90~100℃ 的高温染料。

染色结束后,一般经充分水洗即可。对于牢度要求较高的染色制品,可根据产品要求及色泽情况,选用合适的固色剂进行固色处理。

二、卷染

直接染料应用于织物的卷染,与浸染比较,各具优缺点。卷染的浸透度及纤维的遮盖力虽不及绳状浸染,但对紧密织物的平挺度来说,则为浸染所不及。采用松式卷染机染色,效果更好。

1. 工艺流程

化料→卷染→水洗(→固色处理)→上卷→烘干

卷染情况基本上和浸染相同,染色温度根据染料性能而定,染色时间 60min 左右,浴比为 1∶(2~3)。但为获得染色匀透性及良好的色光牢度,防止布卷之间的色差,染色温度一般采用 95℃ 以上,染料溶解后在染色开始和第 1 道末分两次加入,食盐在染色的第 3 道、第 4 道末分次加入。对于结构简单的甲类直接染料,为获得较高的上染百分率,染后可适当降低温度,再保温染色一段时间。

2. 工艺实例

19tex×19tex 翠蓝色棉平布,48.5kg/卷

（1）工艺流程及主要工艺条件。

染色（95~100℃，8道，食盐在3、4道末时分两批加入）→冷水洗（2道）→固色（50℃，4道）→冷水洗（2道）→上轴

（2）染液处方。

直接耐晒翠蓝 GL	350g
直接耐晒蓝 2RL	7g
扩散剂 N	100g
磷酸三钠	100g
食盐	2×750g
液量	150L

（3）固色液处方。

固色剂 NFC	600g
液量	50L

三、轧染

直接染料除采用浸染和卷染外，又可采用浸轧染色，简称轧染。由于轧染后的织物必须经汽蒸固着，所以又称轧蒸法。

轧染时，轧液内一般含有染料、纯碱（或磷酸三钠）0.5~1.0g/L、润湿剂2~5g/L，开车时轧槽始染液应适当稀释，以保持织物前后色泽一致。凡亲和力高的直接染料，稀释程度宜大；亲和力低者宜小。稀释程度大者应适当补充除染料之外的其他助剂。轧液温度为40~60℃，溶解度小的染料温度可适当提高，较高的轧染温度有利于匀染。

工艺流程一般为：

二浸二轧→汽蒸（102~105℃，45~60s）→水洗→固色处理→烘干

汽蒸时间长有利于提高上染百分率，获得均匀的染色。染料浓度高时，汽蒸时间应较长。

第四节　直接染料染色的固色后处理

直接染料仅依靠范德华力和氢键固着在纤维上，当染物与水接触时，染物上部分染料便有可能重新溶解、扩散在水中，因而直接染料染物湿处理牢度较低。根据直接染料的分子结构，采用不同的后处理方法，可以使直接染料染物的牢度得到一定程度的提高。

一、金属盐后处理

1. 固色机理

当直接染料分子中具有能与金属离子络合的结构时，染物用金属盐后处理，纤维上的染料与金属离子生成水溶性较低的稳定络合物，从而提高染物的湿处理牢度。

2. 常用的金属盐

常用的金属盐是铜盐,例如硫酸铜、醋酸铜、酒石酸铜。经铜盐处理后,颜色一般较未处理时略深而暗,所以一般适用于深色品种。铜盐的用量随织物上染料的多少和处理浴比大小而定,铜盐用量不足,不能使染料完全络合,用量过多,染物上过量的铜盐洗除较困难。

3. 金属盐后处理举例

(1)硫酸铜 0.5%~2.5%(owf),30%醋酸 2%~3%(owf)或 85%蚁酸 0.4%~0.6%(owf),温度 50~60℃,时间 15~25min,浴比 1:2,固色后要充分水洗。

(2)铜盐(Copratex B)50%(对染料重),温度 80~85℃,时间 25~35min,浴比 1:2。

铜盐 B 是含铜的阳荷性三聚氰胺甲醛树脂,专用于直接铜盐染料染物的固色后处理,除可提高湿处理牢度外,还可显著提高耐晒牢度。

二、阳离子固色剂后处理

(一)固色原理

直接染料是阴离子染料,当用阳离子固色剂处理时,阳离子固色剂和阴离子染料结合,封闭了水溶性基团而生成沉淀,从而提高染物的湿处理牢度。固色剂阳离子和染料阴离子的作用可用下式表示:

$$D—SO_3^-Na^+ + Fix^+X^- \longrightarrow D—SO_3^-FiX^+ \downarrow + NaX$$

这种处理方法简便,对各种结构的直接染料都适用,处理后没有显著的颜色变化。

(二)常用的固色剂

1. 普通阳离子型固色剂

普通阳离子型固色剂包括阳离子表面活性剂型和非表面活性剂季铵盐型两类。阳离子表面活性剂型固色剂能与染料分子中的磺酸基或羧基结合,生成相对分子质量较大的难溶性化合物沉积在纤维内,从而提高被染物的湿处理牢度。

非表面活性剂季铵盐型固色剂的分子结构中含有两个或两个以上的季铵基团,固色机理与阳离子表面活性剂型固色剂相同,由于含有多个阳离子基,固色效果好于阳离子表面活性剂型固色剂,且对耐晒牢度影响较小。

总的来说,普通阳离子固色剂对各种结构的直接染料都适用,处理方法简便,处理后染物没有显著的颜色变化,但固色效果却不及树脂型固色剂和反应型固色剂,因此应用较少。

2. 树脂型固色剂

树脂型固色剂是相对分子质量较高的聚合物或树脂初缩体,分子结构中含有多个阳离子基,与直接染料的水溶性基团作用降低了染料的溶解度,在烘燥时在织物表面生成树脂薄膜,从而提高了染色产品的湿处理牢度。使用较早的固色剂 Y 和固色剂 M 即属此类。

固色剂 Y 是双氰胺甲醛缩合物的醋酸盐溶液或氯化铵溶液,是无色透明的黏稠液体,有较高的游离甲醛释放量(超过 200mg/kg),不符合生态纺织品标准。将固色剂 Y 与铜盐,例如与醋酸铜作用即可制得固色剂 M。固色剂 M 也存在游离甲醛释放的问题,因此固色剂 Y 和固色剂 M 已逐渐被新近发展的无醛固色剂所取代。

3. 反应型固色剂

反应型固色剂也称为阳离子交联固色剂,多为无甲醛固色剂,是目前应用较多的新型固色剂,分子结构中既含有能与纤维分子结合的活性基团,又含有能与染料阴离子结合的阳离子基团,固色时固色剂中的反应性基团既能与染料中的—OH、—NH_2、—SO_2NH_2发生交联反应,又能与纤维素纤维、蛋白质纤维或聚酰胺纤维的—OH、—NH_2反应,将染料通过固色剂与纤维形成共价键结合,固色剂自身之间也能进行交联反应,因而使染色织物获得较高的染色牢度。这类固色剂的固色条件随固色剂结构,特别是反应性基团的不同而不同。

交联固色剂 DE 的固色处理工艺条件如下:

交联固色剂 DE	1%~2%(owf)
浴比	1：(10~15)
温度	50~55℃
时间	20~30min

☞ 思考题

1. 直接染料分为哪几类?比较其染色性能。
2. 直接染料除可用于棉纤维的染色外,还可用于哪些纤维的染色?
3. 直接染料分子结构有什么特点?染色时与纤维之间通过什么方式结合?
4. 何谓温度效应?实际染色时如何合理制订染色温度?
5. 何谓盐效应?说明直接染料染色时加入中性电解质的促染机理。
6. 直接染料染色后可采取哪些固色措施?
7. 写出直接染料浸染棉织物的染色工艺流程和工艺条件。
8. 为什么直接染料对纤维素纤维具有较高的直接性,而只有较低的湿牢度?
9. 试分析直接染料轧染初开车时,为何需要对染液进行冲淡?

参考文献

[1]朱世林. 纤维素纤维制品的染整[M]. 北京:中国纺织出版社,2002.

[2]陶乃杰. 染整工程:第二册[M]. 北京:纺织工业出版社,1990.

[3]沈志平. 染整技术:第二册[M]. 北京:中国纺织出版社,2009.

[4]徐克仁. 染色[M]. 北京:中国纺织出版社,2007.

[5]吴冠英. 染整工艺学:第三册[M]. 北京:中国纺织出版社,2001.

[6]陈一飞. 纺织品染整相关原理与技术[M]. 北京:化学工业出版社,2009.

第八章　活性染料染色

❀ **本章知识要求**

1. 掌握活性染料的结构、分类与性能。

2. 掌握活性染料的染色过程。

3. 掌握活性染料对纤维素纤维的染色机理。

4. 掌握活性染料染色过程中电解质和碱剂的作用。

5. 掌握固色率的概念、影响活性染料固色率的因素。

6. 了解活性染料染色特征值。

7. 掌握活性染料染色方法与工艺。

8. 了解活性染料冷轧堆染色及其特点。

9. 了解活性染料的染色牢度。

10. 了解活性染料低盐或无盐染色技术。

11. 了解活性染料中性或低碱染色技术。

❀ **本章技能要求**

1. 能进行活性染料染色工艺的制订与操作。

2. 学会活性染料染色工艺条件的控制。

3. 学会活性染料的皂洗后处理。

4. 学会活性染料低盐或无盐染色技术的控制。

5. 学会活性染料中性或低碱染色技术的控制。

活性染料是一类在分子结构上带有活性基团的水溶性染料,能与纤维素纤维上的羟基、蛋白质纤维上及聚酰胺纤维(锦纶)上的氨基发生共价键结合,故又称为反应性染料。

活性染料具有良好的应用性能,其色谱齐全、色泽鲜艳、水溶性好、扩散性和匀染性能优异,使用简便。染料与纤维之间以共价键结合,有较好的耐洗和耐摩擦牢度。但是活性染料还存在一些缺点,如染色过程中要使用大量的盐进行促染;大多数活性染料的耐日晒牢度和耐氯牢度不够理想;部分染料的储存稳定性较差;染料和纤维之间的共价键在酸或碱的条件下会发生不同程度的水解断裂,对印染产品的质量、生产成本及三废处理都有一定的影响。为改善活性染料的应用性能,近年来出现了许多新型活性染料,比如双活性基染料,低温染色染料,中性条件下固色染料及低碱、低盐染色用染料,并随之开发了新的染色工艺。

第一节 活性染料的结构与性能

活性染料与其他类染料的最大区别在于其分子结构中含有能与纤维中的某些基团(羟基、氨基)通过化学反应形成共价键结合的活性基。可用下列通式表示其结构:S—D—B—Re

S——水溶性基团,决定了染料的水溶性能。

D——染料母体,是染料的发色部分,对染料的亲和力、扩散性、色泽、耐日晒牢度等有较大的影响。

B——连接基,决定了染料的反应性及染料—纤维结合键的稳定性。

Re——活性基,影响染料的反应性和染料—纤维共价键结合的稳定性,与固色率高低也有很大关系。

一、活性染料的结构与分类

(一)活性染料的母体

染料的母体类型包括:偶氮结构、金属络合结构、蒽醌结构、铜酞菁结构等。一般染料母体应该对纤维有一定的直接性,不宜过低,否则影响活性染料染色时的吸附和固色率;但直接性也不宜过高,因为有部分染料在染色时会发生水解而失去与纤维反应的能力,而水解染料必须易于洗除,如果水解染料直接性过高,必然会影响水解染料从纤维上洗除,形成沾色或降低色牢度。活性染料一般都比较鲜艳,并具有很好的色牢度,这与染料的母体结构是分不开的。例如铜酞菁结构的染料就是以其鲜艳度和耐日晒牢度优异而著称的。采用含吡啶酮的衍生物为母体可改进染料的耐氯牢度等。

(二)活性染料的活性基

根据活性基的不同,活性染料主要可分为以下几种:

1. 均三嗪型活性染料

这类染料的活性基为卤代均三嗪的衍生物,该类活性基具有较大的适应性,因而在活性染料中占主要地位。

(1)二氯均三嗪型。

其通式为:

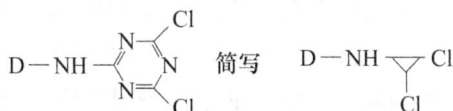

其中氯为离去基。国产的 X 型、国外的普施安(Procoin MX)等属于此类。该类染料反应性较高,稳定性较差,易水解,固色率较低。因此可在低温(室温)和碱性较弱的条件下与纤维素纤维发生反应,又称为普通型或冷固型活性染料。

(2)一氯均三嗪型。

其通式为:

$$D-NH-\underset{R}{\overset{N\overset{Cl}{\underset{N}{\diagdown}}}{\diagdown}}\qquad 简写\qquad D-NH-\underset{R}{\diamond}-Cl$$

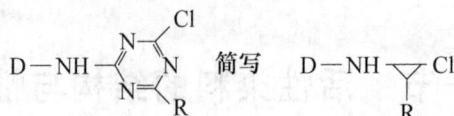

国产 K 型、部分 KD 型、国外的普施安（Procoin H）、汽巴克隆等属于这类染料。该类染料反应性低，储存稳定性好，不易水解，可在高温（90℃以上）和碱性较强（碳酸钠或磷酸三钠）的条件下与纤维素纤维发生反应，适合高温染色和印花。

（3）一氟均三嗪型。

其通式为：

$$D-NH-\underset{R}{\overset{N\overset{F}{\underset{N}{\diagdown}}}{\diagdown}}\qquad 简写\qquad D-NH-\underset{R}{\diamond}-F$$

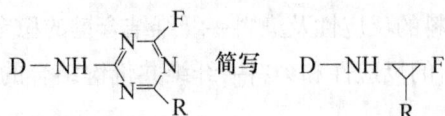

汽巴 Cibacron F 型染料属于该类型，比一氯均三嗪型反应速率高出 50 倍左右，染料与纤维结合键稳定性与一氯均三嗪型相似。

2. 乙烯砜型活性染料

其通式为：

$$D-\overset{O}{\underset{O}{\overset{\|}{\underset{\|}{S}}}}-CH_2CH_2OSO_3Na$$

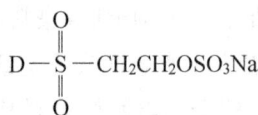

国产 KN 型、进口雷玛唑（Remazol）染料属于此类。该染料在微碱介质（pH=8）中转化成乙烯砜基（—SO_2—CH=CH_2），该基团具有高的反应性，可与纤维发生加成反应，形成共价键结合。其溶解度较好，反应性介于 X 型和 K 型之间，在酸性和中性溶液中比较稳定，染料与纤维之间的共价键耐碱性较差，易产生"风印"。该类染料常在 60℃左右固色，又称中温型活性染料。

3. 双活性基团活性染料

双活性基的活性染料含两个活性基团，增加了染料与纤维反应的概率，因此固色率提高（一般可达 90% 左右）。根据活性基团的组合不同，可得到以下几种类型的染料。

（1）一氯均三嗪基与 β-乙烯砜硫酸酯基混合型染料。除了具有各个组分活性基的特性如低的酸性水解率、高的酸性水解断键稳定性、优良的可洗涤性、好的各项染色牢度和较小的吸着率与固着率之外，还具有两个不同活性基之间的加和增交作用而产生的新特性，如更好的耐酸性水解和过氧化物洗涤的能力，更高的固着率，更宽的染色温度范围，更好的染色重现性以及适于中温染色、低温染色、短时染色、高 RFT 染色等，因此这类活性染料的产量已占全部染色用活性染料的三分之二，已成为棉织物轧染与浸染的主体染料。国产品种为 M 型、B 型、ME 型等，国外品种有日本住友的 Sumifix Supra 和部分 Procion Supra 等。

（2）双一氯均三嗪型染料。国产品种为 KE 型、KD 型、KP 型等。这类染料的反应性与 K 型活性染料相似，但固色率高，染料与纤维结合键的稳定性与 K 型染料相似。

4. 卤代嘧啶型活性染料

该类染料是二嗪结构的染料，其特点是比均三嗪结构反应性要低。例如二氯嘧啶或三氯嘧啶比一氯均三嗪型染料反应性低,而稳定性高,染料不易水解,染料纤维结合键的稳定性也高,但价格较高,特别适合于高温染色。品种主要是二氟一氯嘧啶型,国产 F 型,国外的 Drimarene R、Levafix E-A、Levafix P-A。其结构式为:

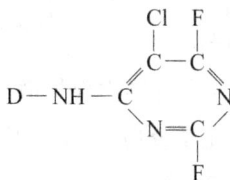

$$
\begin{array}{c}
\text{Cl} \quad \text{F} \\
\text{C——C} \\
\text{D—NH—C} \qquad \text{N} \\
\text{N==C} \\
\text{F}
\end{array}
$$

5. 其他活性基类活性染料

(1)膦酸基型。

国产 P 型,国外的 Procion T 等均为此类。通式为:

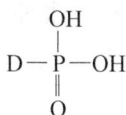

$$
\begin{array}{c}
\text{OH} \\
| \\
\text{D—P—OH} \\
\| \\
\text{O}
\end{array}
$$

膦酸基在高温下能在双氰胺的存在下,在弱酸性介质($pH=6$)中与纤维素纤维的羟基发生共价键结合,故适用于分散/活性一浴法对涤/棉混纺织物染色。

(2)α-卤代丙烯酰胺型。

国产 PW 型属于此类染料,其结构通式为:

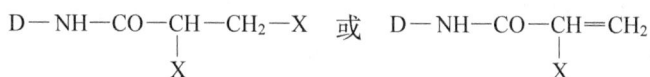

$$
\text{D—NH—CO—CH—CH}_2\text{—X} \quad 或 \quad \text{D—NH—CO—CH==CH}_2
$$
$$
\begin{array}{cc}
| & \qquad\qquad | \\
\text{X} & \qquad\qquad \text{X}
\end{array}
$$

该类染料水解速率低,染色牢度好,反应性强。主要用于羊毛、蚕丝等蛋白质纤维。

二、活性染料的性能

1. 溶解性

活性染料具有良好的水溶性,热水能加速染料的溶解,尿素有一定的增溶作用,食盐、元明粉等中性电解质会降低染料的溶解度,应用中要给予充分注意。

2. 扩散性

扩散性能的好坏取决于染料的立体结构和相对分子质量的大小,分子越大,扩散性能越差,酞菁染料就是一个例子。温度高有利于染料分子的扩散,扩散系数大的染料,反应速率和固色效率高,匀染和透染程度也好,但它的影响不如染料的直接性影响大。

3. 固色率

固色率是评定活性染料染色质量的主要指标,活性染料的改进和发展主要在于提高染料在纤维上的固色率。活性染料染色时,染料活性基与纤维反应的同时,也存在着染料的水解反应,两者之间的矛盾与竞争对活性染料的固色起着决定性的作用。一般来讲,把染料的水解反应降低到越小越好。

第二节　活性染料对纤维素纤维的染色机理

活性染料的染色包括下列基本过程：

（1）上染：纤维从染液中吸附染料并向纤维内部扩散；

（2）固着（固色）：染料与纤维发生化学反应，形成共价键结合；

（3）皂洗后处理：将未固着的染料和水解染料从纤维上洗除，以提高色牢度和色泽鲜艳度。

一、活性染料的上染

活性染料的母体结构一般比较简单，且含有一定数量的水溶性基团，在水中能电离成染料阴离子，溶解度较高，染料与纤维之间的氢键、范德华力较小，多数染料对纤维的亲和力较低，浸染时匀染性好，但是上染百分率不高。为了提高浸染时染料的上染率，可进行低温上染，加入中性电解质促染和采用小浴比进行染色。

二、活性染料的固色

活性染料上染纤维后，在适当的条件下染料活性基与纤维上的羟基发生反应，此反应称为固色反应。不同类型的活性染料的固色反应机理不同，主要有以下两种形式。

（一）活性染料的键合反应

1. 亲核取代反应

这类反应主要发生在卤代均三嗪型或其他含氮杂环类活性基团的活性染料与纤维素纤维之间。由于活性基团芳香杂环上氮原子的电负性比碳原子要强，因而使杂环上各个碳原子呈现正电性。它的正电性不仅与杂环本身的性质有关，而且还受杂环上取代基的影响。由于与碳原子相连的氯原子负电性也很强，电子诱导的结果是碳原子呈现出更强的正电性。这样芳香环上的碳原子更容易受到亲核试剂的进攻，发生亲核取代反应。纤维素纤维在碱性介质中的离子化，生成纤维素负离子（亲核试剂），它能与活性染料活性基上的氯原子发生亲核取代反应，反应历程表示如下：

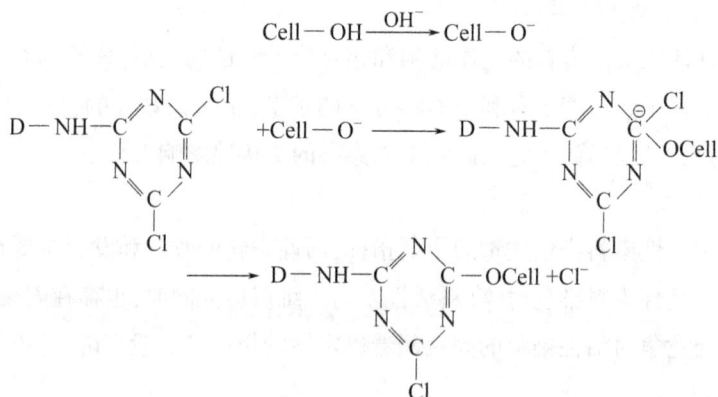

　　整个反应是分两步进行的,第一步发生纤维素负离子的亲核加成反应,生成不稳定的中间产物;第二步是碳—氯键的离解反应,氯以氯离子的形式进入溶液,即进行消除反应。由反应机理得知:氮杂环上反应中心碳原子上的电子云密度越低,固色反应越容易进行。这种反应是不可逆的,反应后染料—纤维间生成的键为酯键。

　　2. 亲核加成反应

　　这类反应发生在含乙烯砜基的活性染料与纤维素纤维之间。因为染料中含有β-乙烯砜硫酸酯基,在碱性条件下,砜基具有较强的吸电子性,使β-碳原子上的氢比较活泼,容易离解。又因为硫酸酯的吸电子性,使碳氢键具有极性,容易电离,所以发生消除反应,而生成乙烯砜基。

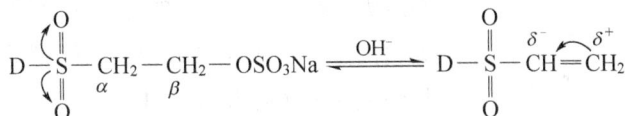

$$D-\overset{\overset{O}{\|}}{\underset{\underset{O}{\|}}{S}}-CH_2-\underset{\beta}{CH_2}-OSO_3Na \xrightarrow{\overset{OH^-}{\rightleftharpoons}} D-\overset{\overset{O}{\|}}{\underset{\underset{O}{\|}}{S}}-\overset{\delta^-}{CH}=\overset{\delta^+}{CH_2}$$

　　由于乙烯砜基强的吸电子性,使乙烯砜基的碳碳双键活化,β-碳原子上的电子云密度降低,容易受到纤维素负离子的进攻,发生亲核加成反应。反应历程如下:

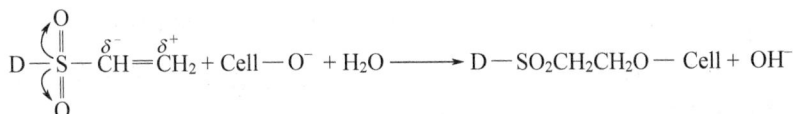

$$D-\overset{\overset{O}{\|}}{\underset{\underset{O}{\|}}{S}}-\overset{\delta^-}{CH}=\overset{\delta^+}{CH_2}+Cell-O^-+H_2O \longrightarrow D-SO_2CH_2CH_2O-Cell+OH^-$$

　　由反应机理得知:乙烯砜基β-碳原子上电子云密度越低,固色反应越容易进行。这种反应是不可逆的,反应后染料—纤维间生成的键为醚键。

　　(二)染料与水的反应——水解反应

　　由染料与纤维的反应机理可知,染料与纤维之间发生的是亲核反应,而溶液中的OH^-也是亲核试剂,也能与染料发生亲核反应,因此染料在与纤维发生固色反应的同时,必然会伴随着发生染料的水解反应,并且两者的机理及影响因素相同,只是速率不同而已。经水解后的染料称为水解染料。水解染料已丧失了活性,不能再与纤维发生固色反应。但在正常染色条件下,固色反应总是优先于水解反应。一般认为有下列几方面的原因:

　　(1)染料对纤维有直接性,且纤维的有效容积小,使染料在纤维上的浓度远远大于染料在溶液中的浓度,而反应速率与反应物浓度成正比。

　　(2)在染色条件下,纤维素负离子的浓度总是高于氢氧根离子的浓度。

　　(3)纤维素负离子的亲核性比氢氧根离子的亲核性强,在同等条件下,纤维素负离子可以优先进行反应。

　　(三)影响固色率的因素

　　固色率是指与纤维结合的染料占投入染液中染料总量的百分数。固色率是评定活性染料染色质量的主要指标。染色过程中如果工艺条件控制不当,将使染料水解加剧,固色率降低,加重后处理的负担。所以,提高活性染料的固色率,是活性染料染色中的一个重要问题。由于活性染料的固色率与染料的结构、反应性、结合键的稳定性、直接性以及染色条件等因素有关。所以,提高活性染料的固色率要从两个方面着手,一是从染料的结构、母体染料的直接性、活性基团的改进及采用多活性基团等途径去考虑;二是采用合适的印染加工工艺及条件,以促进染料在纤维上的固色。

1. 染料本身情况

(1)染料的反应性。染料的反应性越高,染料的固色速率越大,水解速率也随之增大,但固色率不一定能提高。因此,要保证染料具有一定的反应性,又要有高的固色率。染料的结构和染色条件都会影响染料的反应性。

(2)染料的直接性。固色的前提是染料被纤维吸附,而染料的直接性是影响吸附量的主要因素。染料的直接性越大,染料的上染率越高,越有利于染料与纤维的反应,染料的固色率也越高。以乙烯砜型活性染料为例,直接性与固色率的关系见图8-1。

从图8-1可以看出,当染料直接性较低时,固色率随直接性的增加而迅速提高,当直接性高到一定程度后,固色率增加不明显了。这是因为染料的直接性过高时,染料的扩散性能差,使染料在纤维表面固着而易被洗去的缘故。直接性太高,会造成水解染料不易洗净,影响染色牢度,同时也会使匀染性降低。

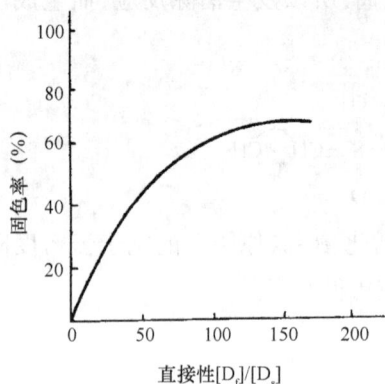

图 8-1 活性染料的直接性与固色率的关系

(3)染料的扩散性。染料的扩散性越好,染料在纤维上的分布越均匀,染料与纤维发生键合的概率越高,固色率越高。

2. 染色工艺条件

(1)温度。温度对染料反应速率影响很大,温度升高,染料的反应性增强,如图8-2所示。染料反应性增强后,固色反应速率和水解速率同时提高,并且温度过高时,水解速率比固色速率增加得更快,固色率反而下降。温度越高,染料的亲和力或直接性越低,染料平衡吸附量降低,固色率越低。因此,为保证染料能正常固色,又不至于使染料水解严重,应根据染料本身的反应性,确定合理的染色温度。近年国外较多采用冷轧堆工艺,从实际的测定来看,冷轧堆工艺的固

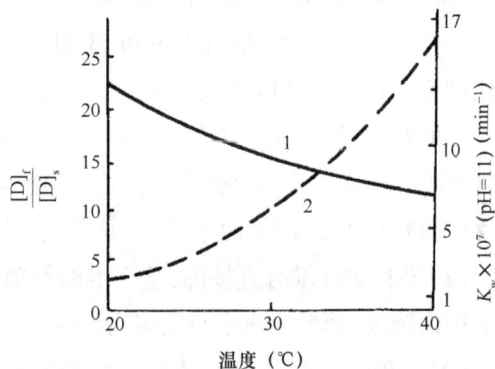

图 8-2 温度与直接性和反应性的关系
1—直接性　2—反应性

色率确实比其他工艺要高,这就证明了低温措施的重要性。

(2)pH。染料和纤维的固色反应只有在碱性条件下才能快速进行,因为在碱性条件下,纤维素阴离子浓度增大,亲核反应才能加快。另外,在反应过程中,活性染料反应后,总是有酸性物质放出,例如硫酸、氢氯酸、氢氟酸等,为了维持染液 pH 在碱性范围,也需要有碱剂的存在,以中和这些酸性物质,所以常用染色工艺,碱剂是不可缺少的,而且染料浓度越高,添加的碱剂

也就越多。pH 升高，纤维素电离程度增加，纤维带负电荷也多，对染料阴离子的斥力增大，使其亲和力(或直接性)降低，如图 8-3 所示。染液 pH 越高，越利于纤维素的离子化，纤维的溶胀增大，染料的反应性增强，因此键合反应速率提高，固色率一般也将提高。当 pH 高于 11 时，随着染液中 pH 的增高，染液中[OH⁻]比纤维素负离子[cell—O⁻]增加更快，[cell—O⁻]/[OH⁻]的值减小，水解反应的比例将增加，固色率反而下降。因此在活性染料固色时，应在碱性溶液中进行，但过高的 pH 也是不利的，一般不高于 11。

(3)电解质。加入元明粉等中性电解质起促染作用，可提高染料的吸附速率、平衡吸附量及纤维上的吸附密度，提高固色率。电解质浓度过高，将增加染料在溶液中发生聚集而生成沉淀的程度，影响固色速率和染色匀染性。

(4)染色时间。活性染料染色分为上染和固色两个阶段，延长上染时间，使染料能充分扩散、渗透，有利于匀染。活性染料固色后不能再发生移染，因此延长固色时间对匀染的作用不大。但对于反应性较弱的染料来说，延长固色时间可以使染料固色更充分，有利于提高固色

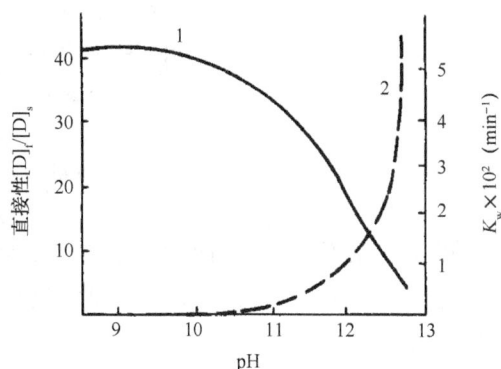

图 8-3　pH 与直接性和反应性的关系
1—直接性　2—反应性

率。对染料—纤维键的耐碱性较差的染料，延长固色时间则会使已固色的染料水解下来，对固色率不利。

(5)浴比。活性染料的直接性小，小浴比有利于染料的上染，并可以增加染料与纤维反应的概率，减少染料的水解，提高固色率。因此近几年染色工艺的发展是采用小浴比染色，浸染的浴比可采用 1∶(5~10)，而轧染、卷染的浴比则可以达到 1∶(2~3)。

(6)助剂或添加剂的影响。在轧染或印花时，溶解度较低的染料或要求染料浓度高时，需加尿素助溶，尿素可加速纤维溶胀，其水溶液比纯水对纤维的溶胀能力强。

3. 纤维的结构和性质

纤维充分溶胀，空隙尺寸增加，染料扩散速率快，提高染料的固色效率；纤维越细，纤维比表面积越大，固色速率及固色效率越高。

(四)活性染料染色特征值

活性染料生产和应用部门常用染色过程中的 4 个染色特征参数 S、E、R、F 值来评价染料的直接性、反应性、匀染性、配伍性、重现性和易洗涤性等染色性能，为活性染料染色制订最佳工艺，提供了较为可靠的依据。为获得良好的固色率和匀染性，活性染料浸染工艺大多采用中性吸附上染，吸附平衡后再加入碱剂进行固色，其上染和固色两个阶段的上染曲线如图 8-4 所示。

1. S 值

S 值代表染料对纤维亲和力的大小。以在中性电解质的存在下达到第一次平衡的吸色率来表征。S 值大，表明染料对纤维的亲和力大，在中性盐浴中吸色快，一次吸色率高，这对提高

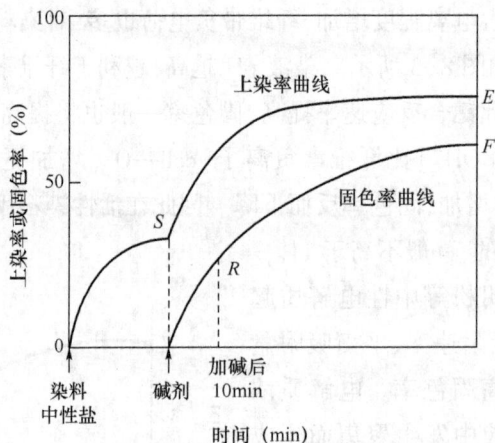

图 8-4　活性染料的上染、固色曲线及染色特征值

染料的固色率有利。但也暗示着染料在吸色阶段的移染性较差,染后未结合的染料易洗性差,这不仅会影响匀染效果(尤其是绳状染浅色),还会影响染色牢度。

2. R 值

R 值表示染料反应性的高低。通常以加碱 10 min 后的固色率来表征。R 值大,说明在碱性条件下染料与纤维发生共价键反应的能力强,反应速率快。从正面讲,染料的反应性高,固色速率快,有利于减少染料的水解量,提高固色率;从反面讲,染料的固色速率快,会造成染料的二次吸色速率过高,卷染染色时,尤其是染中浅色时,很容易造成头尾色差;喷射液流染色时,容易造成严重色花。二次吸色太快,还会影响染料的扩散速率,造成染料在纤维表面重叠性堆积,既影响固色率,又影响色牢度。

3. E 值

E 值代表染料的竭染率。E 值大,表示染料的吸尽率高(在通常情况下,其固色率相应也高)。所以,染料的 E 值大,一般说明染料的利用率高,染深性好,染色污水的污染程度小。

4. F 值

F 值代表染料的固色率。F 值大,说明与纤维发生共价键反应而固着的染料多,而发生水解的染料以及未反应的染料少。所以,从染料 F 值的大小可以直接看出染料利用率的高低和染深性的好坏。

三、染色后处理

染色后处理的目的是去除助剂、水解染料和尚未反应的染料。因为未固着的染料只是物理性的吸附在纤维上,如不洗净,就会影响染色成品的染色牢度和色泽鲜艳度,湿熨烫时还会对白布严重沾色。染色后处理时要注意如下事项:

第一,皂洗前必须用清水先洗。

第二,选用洗涤能力、分散能力、乳化能力和去污能力好的皂洗剂。

第三,皂洗液中最好加 1~2g/L 的螯合分散剂,避免硬水中的钙、镁离子降低皂洗剂的皂洗效率。

第四,活性染料一般不采用碱性皂洗,要在中性条件下(pH=6~7)进行皂洗,避免强碱性条件导致已经固着的活性染料水解。因为染料—纤维键对碱比较敏感,易发生水解而引起色光改变和染色牢度的下降。后处理时,织物上的碱要充分洗净,防止染色织物在储存过程中发生色变,即"风印"。尤其是 KN 型染料染色织物更易产生此现象。若在染色结束烘干前浸轧醋酸,可防止风印的产生。

第五,一般需要在较高的温度条件下皂洗,可以洗除扩散到纤维内部但未与纤维结合的染料。但温度太高时,已键合固着的染料会因高温碱性而发生断键水解,从纤维上脱落下来。

第三节　活性染料对纤维素纤维染色的方法与工艺

活性染料染色有浸染、卷染、轧染及冷轧堆等方法。设计活性染料染色工艺时应尽可能考虑在染色结束时,固色率高,染色时间短,染物的匀染性要好。不同类型的染料的反应性和染色条件各不相同,下面以国产 X、K、KN、M 型活性染料为例说明一般的染色工艺。

一、浸染
浸染法宜选用亲和力较高的活性染料,活性不宜太高,宜用 K、KN、M 型染料,X 型不合适。
(一)染色方法
根据染色过程中加料方式和次序,又可分一浴一步法、一浴两步法、两浴法三种染色方法。

1. 一浴一步法
将染料、碱剂、促染剂等在染色一开始一起加入到染浴中,即在染色的同时进行固色。这种方法工艺简单,操作方便,染色时间短,色光比较容易控制。由于吸附和固色同时进行,固色后染料不能再进行扩散,因此匀染性和透染性差。同时在碱性条件下染色,水解的染料比较多,染料的利用率低,染浴中的染料稳定性差,不宜续缸染色,故应用较少。

2. 一浴二步法
将染料先在中性浴中上染,并加电解质促染,当染料上染接近平衡时,再在染浴中加入碱剂,调整染液 pH 至固色规定的 pH,这时染料与纤维共价结合,达到固色目的。染色时染料可充分进行移染,具有良好的匀染效果。固色时染料可持续上染,所以染料吸尽率高。此外,染浴稳定性好,色光容易控制,染色牢度较好,是目前常用的染色方法。

3. 两浴法
将染料先在中性浴中进行上染,再在另一不含染料的碱性浴中固色。由于染料的上染和固色是在两个浴中进行的,因而染料的水解率低,可以续缸染色,染料利用率高。但其缺点为染色工艺流程长,固色时织物上的染料会溶落下来,色光较难控制。

目前大多数棉织物的染色采用一浴两步法的染色工艺,下面以它为例进行阐述。

(二)染色工艺

1. 工艺流程

染色→固色→水洗→皂煮→水洗→烘干

2. 工艺处方及工艺条件

常用活性染料一浴两步法染色处方及工艺条件见表8-1。

表8-1 常用活性染料一浴两步法染色处方及工艺条件

染化料及工艺条件		用量
染色	活性染料(%,owf)	0.5~8
	元明粉(g/L)	20~100
固色	纯碱(g/L)	2~30
皂煮	工业皂粉(g/L)	1.5~2.0
工艺条件	浴比	1:(5~25)
	染色温度(℃)	视染料类别而定
	染色时间(min)	20~50
	固色温度(℃)	视染料类别而定
	固色时间(min)	30~130
	皂煮温度(℃)	90~95
	皂煮时间(min)	10~30

染料用量取决于染料的直接性、反应性,纤维性质和染色条件等,直接性高的染料可染较深的颜色。目前应用中温型的 B 型、ME 型等的较多。元明粉的用量取决于染料的性质和浴比。碱剂的用量取决于染料的性质、染液浓度、浴比以及纤维的性质,染料反应性强的碱剂用量要低,甚至采用碱性较弱的小苏打代替纯碱。

为了获得良好的匀染效果,元明粉应该在染色 10min 后加入。对于直接性比较高的染料,元明粉可分2~3次加入。碱剂也可分两次加入,低温上染时加入少量,升至规定染色温度,大部分染料上染纤维后再加入剩余的碱剂,然后再固色一定的时间。染色时间和固色时间主要取决于染料的直接性、反应性,染色浓度和浴比,也与纤维的性质和染色设备有关。

3. 影响活性染料浸染的工艺因素

影响浸染的主要工艺因素包括染料的结构和性质、纤维和纺织品的结构和性能以及温度、pH 或碱剂、电解质、助剂和浴比等工艺因素。

(1)纤维和纺织品的结构与类别。不同纤维素纤维,由于超分子结构和形态结构各不相同,它们的染色性能差异很大,染色工艺也就有所不同。比如:不同产地的原棉,金属元素含量是不同的,对染色性能影响较大的是 Ca、Mg 和 Fe 元素。麻纤维由于结晶度和取向度比棉高,表面也比较光滑,因而麻和棉的染色性能也有差异。

(2)纺织品的前处理和水质。经不同的前处理,纺织品的染色性能变化是不同的。此外,前处理或染色时用的水质对活性染料染色的影响也很大。因此,染色加工时要特别注意检查纺织品前处理的质量,并使用软水进行染色加工。

(3)染色工艺因素。

①染色温度。不同类型的活性染料有不同的染色温度和固色温度(表8-2)。确定染色温

度和固色温度时,一要考虑上染率和固色率,二要注意匀染和透染效果。用较高的温度染色,有利于提高上染速率和匀染性,但染料的直接性低,水解速率加剧,影响固色率。反应性强的染料固色温度低,反之较高。即使是同一类型的染料,上染和固色温度也应不同。分子结构大的染料,如酞菁染料,上染温度和固色温度比同类染料应稍高;溶解度较低的染料,上染温度也要高些。升温速率和保温条件对染色匀染性有直接的影响,一些直接性高、对温度比较敏感的染料升温要缓慢,要严格控制升温速率。

表 8-2　活性染料浸染温度条件

染料类型	化料温度(℃)	染色温度(℃)	固色温度(℃)
X 型	30~40	20~30	20~30
K 型	70~80	40~70	85~95
KN 型	60~70	40~60	60~70
M 型	60~70	60~90	60~95
B 型	<80	30~40	60~70

②固色碱剂。碱剂在活性染料染色中常称为固色剂。随活性基反应性的不同,选用碱剂的碱性强弱也应不同。常用碱剂的碱性强弱及在 10g/L 溶液(25℃)时的 pH 如下:

碱性:　　　　烧碱　　　 >　磷酸三钠　>　水玻璃　 >　纯碱　 >　小苏打
　　　　　　　(NaOH)　　　(Na$_3$PO$_4$)　　(Na$_2$SiO$_3$)　(Na$_2$CO$_3$)　(NaHCO$_3$)
pH(10g/L):　　　>12　　　　　11.4　　　　　10.4　　　10.3　　　　8.4

除了碱性强弱之外,各碱剂对溶液 pH 的缓冲能力也是不同的,磷酸三钠、水玻璃和纯碱缓冲能力较强,因此用这些碱剂溶液的 pH 较稳定。浸染使用较多的碱剂是纯碱,一般用量为10~30g/L,用它维持染液的 pH 在 10.5~11.5 之间,这是最理想的固色 pH。如果用少量纯碱和烧碱的混合碱(烧碱应该在后期加入),也可获得较好的效果。当染色色泽较深,固色染浴中还存在着大量染料时,一次加碱会造成大量染料水解。此外,碱剂的促染效果会使染料迅速上染,加上固色后的染料不能移染,因而会造成匀染性差的结果。这种情况下可采用分批加碱的方式来提高固色率和匀染性。碱剂在固色中可以起到如下作用:

a)可提高染液的 pH,促使纤维素纤维羟基离子化,[Cell-O$^-$]增高,加速了染料与纤维的反应,加快染料的固色。

b)它能中和染料与纤维反应时生成的酸,有利于固色反应的进行。

c)碱剂的加入打破了原来的吸附平衡,促使染料继续上染。因此,还起到了促染剂的作用。

d)具有适当的螯合金属离子的能力,可起到软化硬水的作用。

e)具有较强的缓冲能力,可维持染液的 pH 在 10.5~11.5 范围内,这是多数活性染料最佳的固色 pH。

纯碱虽然具有上述多方面的作用,但是也存在着许多不足之处,主要有以下几点:

a)用量高。因为它是通过盐的水解反应形成氢氧化钠,而且保持多个平衡反应,所以用量高。

b）应用时溶解不方便，易出现溶解不充分现象，易产生色点和重现性差等问题。

c）由于溶解不方便，应用时常以粉末状直接加入染浴，增加劳动强度。

d）由于用量高，化料不方便，故不适合一些自动计量加料的染色设备染色。除此之外，由于用量多，排放污水多，增加了污水治理的负担。

e）碱剂的加入能促进染料的水解，使一部分染料不能固色。

为了适应近代染色技术的发展，国内外不断开发出一些新型的液体固色碱剂，它们是多种有机或无机物的混合物，含有强碱性或强结合质子，具有螯合、分散、缓冲和助溶的功能。用量很少时就可以达到 pH=11 左右，用量仅为纯碱用量的 1/10~1/4。从理论上讲，这种多组分的液体碱剂，不但应用方便、用量少、也便于计量自动添加，而且各组分产生协调作用，可以提高染色效果。

③中性电解质。普通活性染料直接性较低，因此需要加入食盐或元明粉来促染。工业食盐价格低廉，但纯度不高，含有较多的钙、镁离子，会降低某些染料的上染率和固色率，并且对颜色鲜艳度和重现性也有影响。元明粉的纯度较高，但其用量比食盐高，因含有较多的结晶水，用量约为食盐的 2 倍。

中性电解质的加入量应根据染料的亲和力、色泽的深浅而定。对于亲和力较高的染料，在染色的吸附阶段就能获得较高的上染百分率，加碱固色时，上染百分率提高得不多，所以染色时可不加或少加中性电解质，以便获得良好的匀染效果。而对于亲和力低的染料，情况正好相反，应该加入较多的中性电解质来促进染料的上染。不同亲和力染料的上染曲线如图 8-5 所示。染浅色时，匀染性是主要问题，为了保证上染均匀，中性电解质应该少加或不加；染深色时，为了使染料尽量上染，应多加中性电解质。中性电解质是一次性加入还是分批加入，也取决于染料的匀染性。匀染性差的染料应分批加入，这样可起到逐步促染的作用，对匀染有利。对匀染性好的染料可以一次加入，这样在操作上比较方便。

活性染料染色时中性电解质的用量高，已经成为一个环境问题，此外盐用量过高还会增加染料的聚集，降低上染率和匀染性，所以要合理选用，尽量降低盐的用量。中性电解质的作用不仅是它的钠离子等阳离子起作用，其阴离子也起作用，特别是有机阴离子的作用更为显著。为此，近几年来，为了配合低盐或无盐染色，人们研究了各种盐类对染色的影响，证明有一些有机盐类有很好的促染作用，可以降低盐的用量，进行低盐染色，不过由于成本等原因目前还不能完全取代食盐和元明粉。

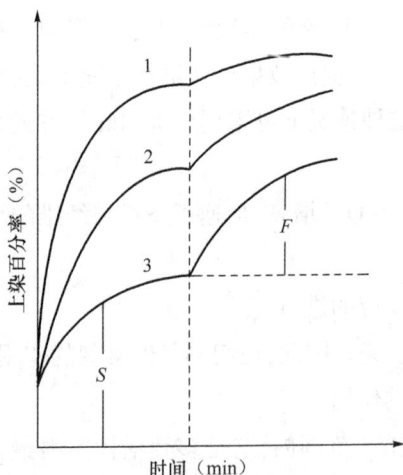

图 8-5　3 种不同亲和力染料的上染曲线
1—亲和力特别高的染料　2—亲和力中等的染料
3—亲和力较低的染料　S—未加碱时的上染
百分率　F—加碱后增加的上染百分率

④浴比。活性染料浸染根据织物的种类，可分别采用各种染色设备，不同的设备要求有不同的浴比范围。一般来说，尽量选用小浴比，这样染浴中染料浓度高，上染染料量多，但浴比太小又会影响匀染。应根据织物的

种类、选用的设备和染料选用适当的浴比染色。

⑤其他因素。影响浸染的因素还有许多,如尿素、催化剂以及染液流速的工艺控制程序等。在某些染料溶解度较低而用量又较高的场所,有时要加尿素。它不仅可提高染料的溶解度,对纤维也有溶胀作用,可提高固色率和匀染性。选用乙烯砜类染料染色时不要加尿素,因为高温时尿素会放出氨或直接与乙烯砜活性基反应,使染料不能与纤维形成共价键结合。

选用一些叔胺化合物作催化剂,可提高染料的反应性,降低固色温度。这对直接性高的染料效果较好,但对直接性较低的染料,因在溶液中保持着较高的染料浓度,故水解速率增加比固色速率要快。

4. 几种工艺曲线

一浴两步法浸染工艺按照加碱剂和盐的方式,大致有如图 8-6 所示的几种工艺曲线:

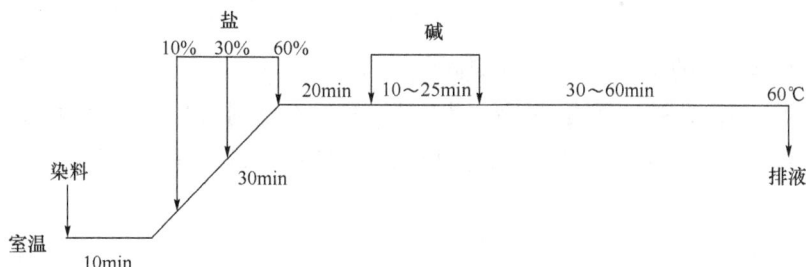

图 8-6(a)　分批加盐两阶段染色工艺

工艺(a)盐和碱剂分批加入,即先在中性条件下使染料均匀吸附上纤维,然后加碱剂,提高溶液的 pH,加速染料和纤维的反应,为使染料均匀上染,盐是分批加入的,这是一种最普通的染色流程。

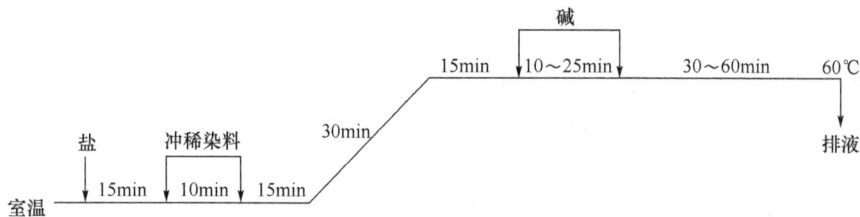

图 8-6(b)　开始加盐两阶段染色工艺

工艺(b)是盐在一开始就全部加入染浴,该工艺操作简单,适用于匀染性和溶解性好的染料。

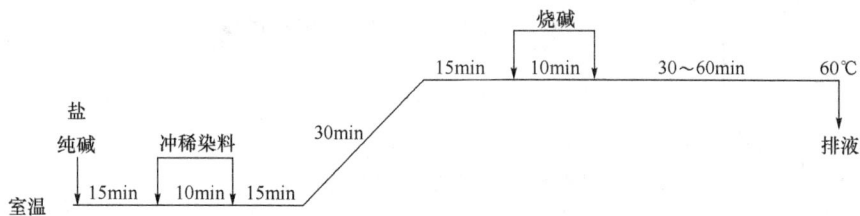

图 8-6(c)　半全料两阶段染色工艺

工艺(c)盐是一开始全部加入,而碱是在一开始加入一部分,在染料上染纤维后,就有部分染料与纤维发生反应,当染料基本完成上染过程后,再加入另外一部分碱剂,以增加固色率,故称为半全料工艺。

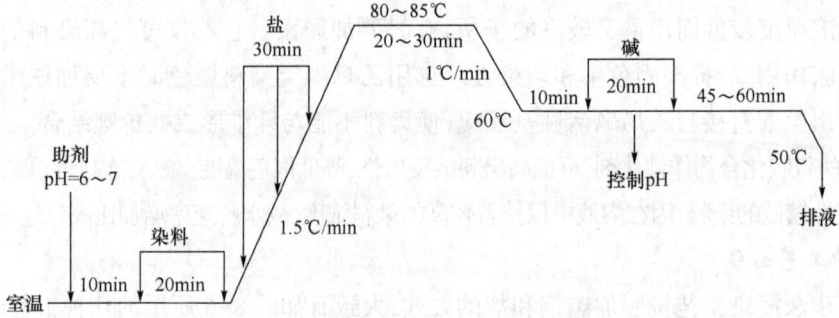

图 8-6(d)　高温移染两阶段染色工艺

工艺(d)就是所谓的移染工艺,在加碱固色前,加入适当的助剂和升温到一定温度,并保温一定时间,目的是加快染料的移染,提高匀染效果,然后降温到适当的温度,并加入碱剂固色。但此时要严格控制溶液的 pH,以防止染料过快水解。这种高温移染工艺适合于直接性高、稳定性又较好的染料。

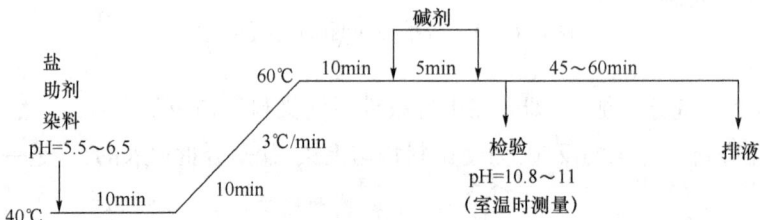

图 8-6(e)　快速两阶段染色工艺

工艺(e)是所谓的快速染色工艺,这种工艺要求严格选用染料、加入适当的助剂、设备控制要良好。该工艺加工时间短,加工效率高。

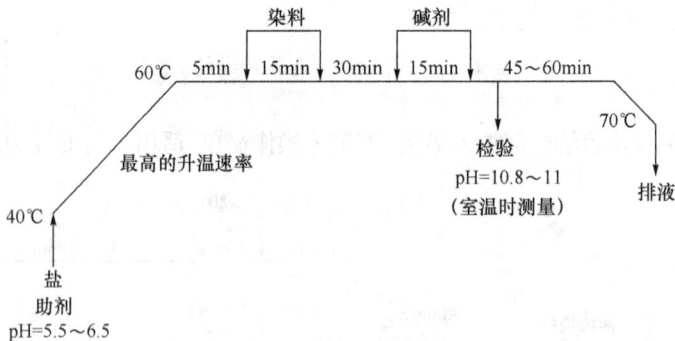

图 8-6(f)　等温两阶段染色工艺

工艺(f)是等温染色工艺,升温到一定温度后,加入染料进行染色,然后加碱固色,其优点是染色和固色温度恒定,可以避免升温不匀或染液温度不均匀而引起的色差。但是对染料要求较高,因为高温浴中加入染料后,染料的上染和水解不易控制。

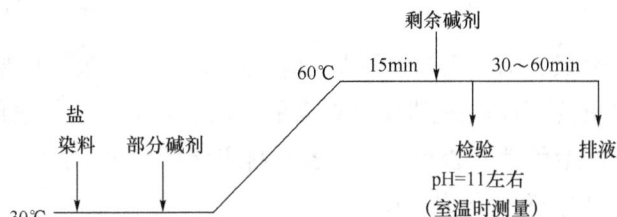

图 8-6(g) 分批加碱一浴两步法染色工艺

除了上述一些工艺流程外,还有的是将碱剂分步加到染浴中,即在低温时先加入盐和染料,染一定时间后,加入部分碱剂(如纯碱),再染一定时间后,升温到固色温度,再加剩余的碱剂,固色一定时间,最后进行水洗、皂洗和水洗,如图 8-6(g)工艺所示。这种染色流程特别适合反应性较活泼的活性染料的固色。

二、卷染

卷染是浸染的一种。染色时织物在两个卷轴上不断地交替卷染,织物不断地从染浴中带上染液,织物所带染液中的染料不断地对纤维进行上染,加入碱剂后,上染在纤维上的染料与纤维形成共价键结合,故上染过程和浸染基本相似,只是采用的浴比更小而已。由于其染色设备及操作方法的不同,在工艺条件的控制上也略有差别。

卷染在卷染机上进行,适合小批量、多品种的生产,灵活性很强。一般选用反应性较强的染料,在较低的温度下染色,这样不仅可以节约能源,还可减少因温度不匀而引起的色差。如果温度过高,则应选用封闭式卷染机。

1. 工艺流程

卷染(4~6 道)→固色(4~6 道)→冷水洗(室温,2 道)→热水洗(60~90℃,2~4 道)→皂洗(85~95℃,4~6 道)→热水洗(60~80℃,2 道)→冷水洗(1~2 道)→上卷

2. 工艺处方及工艺条件

常用几种染料的染色工艺及处方见表 8-3。

表 8-3 常用活性染料卷染工艺(大轴卷染机)

染化料及工艺条件		X 型	K 型	KN 型	M 型
染色液	染料(%,owf)	视色泽要求而定,一般浅色<0.3、中色 0.3~2、深色>2			
	食盐(g/L)	20~30	25~40	25~40	25~40
碱剂	纯碱(g/L)	10~20	15~30	15~25	15~25
	磷酸三钠(g/L)	4~6	10~20	10~15	10~15
浴 比		1:(2~3)			
染色	温度(℃)	室温	90	60~65	60~65
	时间(道)	4~6	6~8	6~8	6~8
固色	温度(℃)	室温	90	60~65	60~65
	时间(道)	4~6	6~8	6~8	6~8
皂洗	肥皂(g/L)	2~3(或合成洗涤剂)			
	温度(℃)	85~95			
	时间(道)	4~6			

3. 工艺说明

（1）卷染时由一卷轴转到另一卷轴上的卷染时间不能太长，一般不应超过15min，时间长交卷次数少，头尾色差严重，特别是一些直接性较高的染料。卷染浴比一般低于1∶5，染料浓度相对较高，要注意染料的溶解性是否良好。溶解染料应该用软水，对于难溶染料，可加尿素助溶，但染色时不能沸煮，以防染料发生反应。

（2）染色半制品不应含浆料、残氯、氧化剂，并保持布面的pH为中性。浆料等杂质能和染料发生反应，不但降低固色率，而且会降低色泽鲜艳度和染色牢度。染前织物应先经水洗，充分润湿，并使织物温度接近卷染液温度。

（3）染料可在染色开始时加入40%，第一道末结束时再加入60%。电解质应该事先溶解好，分多次加入（如在第3、4道分两次加入）。最后一次加入电解质后，至少再染30min，以便染料充分上染。染色和固色时间（道数）取决于染浴中染料的浓度，浓度高的时间长一些，反之短些。同时也与染料结构有关，分子结构小的染料染色时间短一些，反之长些。

（4）固色碱剂主要为纯碱，使固色液的pH保持在10~11，性能比较稳定的染料还可用烧碱或混合碱剂固色。碱剂也应事先溶解，然后分多次沿卷轴两边染槽壁加入。如果用混合碱剂（纯碱和烧碱），则应先加纯碱，在最后一次加纯碱并固色30min左右后，再分两次沿卷轴两边的染槽壁加烧碱，并续染30~60min。

三、轧染

轧染宜选用亲和力较低的染料染色，这样有利于减少前后色差。活性染料轧染分一浴法和二浴法，前者更适用于反应性较强的活性染料，后者较适用于反应性较弱的活性染料。

1. 一浴法轧染

一浴法轧染是将染料和碱剂放在同一染浴中，织物浸轧染液后，通过汽蒸或焙烘使染料固色的加工过程。该工艺主要适用于一些耐碱稳定性较高的染料。其工艺流程为：

浸轧染液→烘干→汽蒸或焙烘→冷水洗（2格）→热水洗（75~80℃，2格）→皂洗（85~95℃，4格）→热水洗（80~90℃，4格）→冷水洗（1格）→烘干

染色工艺处方及条件见表8-4。

表8-4 活性染料一浴法轧染工艺处方及工艺条件

工艺条件	染料类型	X型	K型	KN型	M型
染料（g/L）		视色泽要求而定，浅色<4，中色4~24，深色>24			
碱剂（g/L）	小苏打	5~20	—	5~20	10~30
	纯碱或磷酸三钠	—	10~30	—	—
尿素（g/L）		0~30	30~60	0~30	30~60
防染盐S（g/L）		0~5			
润湿剂（g/L）		1~5			

工艺条件 \ 染料类型		X 型	K 型	KN 型	M 型
5%海藻酸钠(g/L)		适量			
汽蒸	温度(℃)	100~103			
	时间(min)	0~5	3~6	1~2	1~2
焙烘	温度(℃)	120~160			
	时间(min)	2~4			

碱剂的种类和用量应根据染料的反应性和用量而定,反应性越低的染料,选用的碱剂就越强,用量也就越多。由于将染料与碱剂放在了同一染浴中,所以选用的碱剂不宜过强,最常用的是碳酸氢钠(小苏打)。对于反应较弱的 K 型等活性染料,可采用碱性较强的碳酸钠,也可以采用小苏打加纯碱的混合碱剂。碱剂应在临用前加入,碱剂制备好后,放置时间不宜过长。

尿素能帮助染料溶解和纤维吸湿溶胀,促使染料向纤维内扩散,提高固色率,对于焙烘固色法尤其明显。但尿素用量不宜过多,因为它能与碱作用降低染浴 pH,对固色不利。其反应如下:

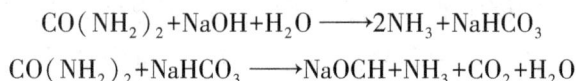

$$CO(NH_2)_2 + NaOH + H_2O \longrightarrow 2NH_3 + NaHCO_3$$

$$CO(NH_2)_2 + NaHCO_3 \longrightarrow NaOCH + NH_3 + CO_2 + H_2O$$

在碱性高温条件下,尿素还能与 KN 型活性染料的活性基团反应,使染料乙烯砜基失去活性。反应如下:

$$D—SO_2CH \Longrightarrow CH_2 + H_2N—CO—NH_2 \longrightarrow D—SO_2CH_2CH_2NHCONH_2$$

所以,KN 型染料采用焙烘固色法染色时,除酞菁结构的染料外,一般不用尿素。

防染盐 S 即间硝基苯磺酸钠,为一弱氧化剂。其主要作用是防止活性染料在汽蒸过程中受还原性气体或还原性物质的影响而使色泽变萎暗。但对于氧化剂敏感的活性染料应少加或不加。

轧染时,织物一般浸渍染液的时间较短。为了保证染料溶液在较短的时间内能均匀地渗透到纤维内部,需加入适量的渗透剂,如渗透剂 JFC 等。

海藻酸钠是一种常用的抗泳移剂,其用量为 30~40g/L。活性染料直接性较小,在烘干时易发生"泳移"而造成染色不均匀或阴阳面疵病。轧染的烘干是产生泳移的关键所在。因此,烘干时一般应先红外线烘干,再经热风烘干,最后用烘筒烘干,在热风室内力求温度均匀一致。

2. 两浴法轧染

两浴法是指染料和碱剂分浴,织物先浸轧染料溶液,再浸轧含碱剂的溶液(即固色液),然后经汽蒸使染料固色。其工艺流程为:

浸轧染液→烘干→浸轧固色液→汽蒸(100~103℃,1min)→后处理(同一浴法)

染液组成及工艺条件如表8-5所示。

表8-5 活性染料两浴法轧染的染液组成及工艺条件

工艺条件		染料类型	X 型	K 型	KN 型	M 型
轧染液	染料(g/L)		视色泽要求而定,浅色<4,中色4~24,深色>24			
	碱剂(g/L)	小苏打	0~15		0~15	—
		纯碱或磷酸三钠	—	10~30	—	10~30
	尿素(g/L)		0~30	30~60	0~30	30~60
	润湿剂(g/L)		1~5			
	5%海藻酸钠(g/L)		30~40			
固色液	碱剂	纯碱(g/L)	10~20		10~20	
		烧碱(g/L)	—	15~25	—	15~25
	食盐(g/L)		20~30	50~60	20~30	50~60

为了减少织物上的染料在浸轧固色液时剥落,保持前后色泽一致,固色液中可加入食盐。为防止初开车时得色较浅,一般在固色液中还要加入5%~10%的染料溶液。

四、冷轧堆染色工艺

所谓冷轧堆染色,即指织物在低温时浸轧含有染料和碱剂的染液,利用轧辊轧压,使染液吸附在织物的表面,然后进行打卷,并用塑料薄膜包好,在不停的缓慢转动下堆置一定时间(键合时间),使之完成染料的吸附、扩散和固着过程,最后进行皂洗后处理。

冷轧堆染色具有设备简单、投资少、能耗低、匀染性好等特点,由于染色在室温条件下进行,染料水解少,清洗容易,相比需中间烘燥汽蒸的轧染,大大节约了水、汽能源,缓解了污水处理压力。染色堆置时间长,染料的固色率高,固色率比常规轧蒸法提高15%~25%,不存在染料泳移弊病等特点,特别适合对张力敏感及染不透等多品种、小批量的生产。

1. 工艺流程

前处理半制品→浸轧染液→打卷→堆置(不断缓慢转动)→水洗→皂洗→水洗→烘干

2. 工艺处方及工艺条件

冷轧堆工艺处方及工艺条件如表8-6所示。

表8-6 活性染料冷轧堆法工艺处方及工艺条件

工艺条件		染料类型	X 型	K 型	KN 型、M 型	KE 型
轧染液	染料(g/L)		视色泽要求而定,一般为10~50			
	尿素(g/L)		0~50			
	纯碱(g/L)		5~25	—	—	—
	30%烧碱(g/L)		—	25~40	6~10	30~36
	35%水玻璃(g/L)		—		60~70	

工艺条件	染料类型	X型	K型	KN型、M型	KE型
浸轧	轧液率(%)	60左右			
	浸轧温度(℃)	室温			
卷堆	打卷温度(℃)	室温			
	堆置温度(℃)	室温或保温堆置			
	堆置时间(min)	2~4	16~24	8~10	15~18

3. 工艺分析

（1）冷轧堆染料的选择。冷轧堆染色时染料的上染和固色均是在室温下进行的，染料的溶解、吸附、扩散和固着都比其他染色工艺困难。因此，要求染料的溶解性好、直接性适中、扩散性好、反应性较强和耐碱稳定性较好。染料在纤维中的扩散对上染率起决定性的作用，故要求所选择染料分子较小，较易渗透扩散，生产中选用细粉状染料较佳。在实际生产中还应考虑到染料的鲜艳度、配伍性及价格等诸多因素并进行综合平衡。结合有关资料介绍，下列染料品种较适用于冷轧堆染色。

K型：嫩黄K-4G，艳橙K-GN，紫K-3R，K-B3R，黄K-RN，艳红K-2G；

KN型：黑KN-B，金黄KH-G，艳蓝KN-R，紫KN-2R，KN-4R，翠蓝KN-G，艳红KN-5B，艳蓝KN-4R；

M型：红M8B，红M-3BE，蓝M-2G，黄M-5R，嫩黄M-5G，深蓝M-R；

另外，还有嫩黄KM-G，金黄KM-G，艳红KE-4B。

以上是在冷轧堆生产中常用的活性染料。

（2）半制品准备。冷轧堆染色对半制品的要求较高。经前处理的织物必须具有均匀而良好的吸水性，毛效应在10cm/30min以上。烘干要均匀而适宜，太干织物反而表现出疏水性，浸轧染液时不易润湿，织物太湿影响得色及布面均匀性，一般含潮率控制在4%~6%。织物进轧槽前要充分冷却，因为有些对碱敏感的活性染料，随着温度的升高而加快水解，这样易造成前后色光的差异。织物的pH应该呈中性或略呈酸性，但不能呈碱性，因为染料在碱性织物上过早反应会失去扩散能力，影响染料向纤维内部的扩散。前处理要净，织物上不应含有氯、双氧水和浆料等，否则会影响得色或产生局部不上色等。

（3）碱剂。为提高冷轧堆染色时染料的反应性，使用的固色碱剂不仅要求有较强的碱性，还要求具有很强的缓冲能力，可以使织物上的pH在堆置时间内维持稳定。另外，还要求碱剂的溶解性好和不会明显增高织物上溶液的黏度。目前适用的碱剂多半是强碱（烧碱）与弱碱（纯碱或硅酸钠）的混合碱剂。纯碱或硅酸钠可以起缓冲作用，控制pH在一定范围。染料的类型不同，适用的碱剂也有所不同。

（4）轧液率。冷轧堆染色法必须严格控制轧液率，一般染棉布轧液率应控制在60%为宜。轧液率太高，带液过多，容易产生有规律的深浅横档染疵。

（5）卷堆。浸轧染液后，织物打卷应平整，布层之间要求无气泡，主要是要控制织物的张力。张力不能太大,织物过紧张,会使打卷太紧密,织物相互挤压力大,出现压痕和条印。打卷太紧还会由于纱线受到较大张力,妨碍染料的扩散。堆置时布卷要密封,包上塑料薄膜,并将薄膜两头轧紧在辊上,并不停的转动。这样做的目的是为了防止和空气接触,因为空气中的 CO_2 等酸性气体会中和碱剂,降低染液的 pH,引起色差,同时防止布卷表面水分蒸发或染液向下滴淌而造成染色不匀。堆置时间取决于染料类别、用量和碱剂的性质。

4. 活性染料冷轧堆染色工艺实例

(1)染色处方。

染料:　　　　　x

碱剂:　　　X 型染料:　　　纯碱　　　　　　　10~30g/L

　　　　　KN 型染料:　　烧碱(38°Bé)　　　5~20mL/L,纯碱 10~30g/L

　　　　　K 型染料:　　　烧碱(38°Bé)　　　10~30mL/L

食盐:　　　12g/L 或不用。

渗透剂:　　3g/L

消泡剂:　　适量

染液和碱剂分开配制,浸轧时用配比泵按比例(4∶1)同时加到轧槽中。

(2)工艺条件。

①浸轧条件。轧液槽液量 7L,室温一浸一轧,轧液率约 65%,均匀轧车根据品种不同压力控制在 9.8~12.7N(1~1.3kg)之间。

②车速。一般品种在 60m/min 以上,吸液多的品种在 30~40m/min 之间。

③打卷直径最大为 1.4m,防止缝头印,整轴布要包严。

④转动堆放时间根据染料类型及用量而定。X 型:4h;KN 型:5~10h;K 型:10~20h。

(3)工艺要求。染坯缝头要平整,打卷两端布边要平整,打卷后卷上包布,然后包塑料薄膜,并将薄膜两头轧紧在辊上。堆置时,开动电机使布卷慢慢转动。

第四节　活性染料的染色牢度

从理论上讲活性染料与纤维之间生成共价键结合,能赋予染色物优良的染色坚牢度。但事实上,其染色物在测试、使用、洗涤,甚至储藏过程中常会发生褪色、变色或沾色等现象。尤其是染深色时的湿摩擦牢度和皂洗沾色牢度、染浅色时的耐日晒牢度与耐氯漂牢度等均不尽如人意。

一、耐日晒牢度

活性染料的耐晒牢度总体不高,耐日晒牢度因结构不同而有很大差异,高的可达 6~7 级,低的只有 3 级。影响活性染料耐晒牢度的主要因素如下。

1. 染料结构的影响

活性染料的耐日晒牢度主要与染料的母体结构和活性基有关。一般偶氮型染料耐光牢度较差,蒽醌型、酞菁型和甲臜型染料的耐光牢度较好。乙烯砜型染料的日晒稳定性较好,一氯均三嗪和二氯均三嗪染料的日晒氧化牢度尚可,二氟一氯嘧啶型染料的日晒稳定性较差。

2. 染料组合的影响

活性染料在耐日晒牢度方面有一个"协同效应"。在染色深度相同时,2~3种染料拼混后染色产品的耐日晒牢度,比任一单色染料染色产品要低。选用染料进行拼色组合时,一定要注意这一点。

3. 染色浓度的影响

染色试样的耐日晒牢度随着染色浓度的变化而不同,耐日晒牢度随着染色浓度的增加而提高。主要是由于染料在纤维上的聚集体颗粒大小分布变化所引起的。染色浓度的增加会使纤维上的大颗粒聚集体的比例增加,聚集体颗粒越大,单位重量染料暴露于空气、水分等作用面积越小,耐日晒牢度越高。

4. 后整理所用助剂的影响

活性染料染色织物经固色剂处理后,其耐日晒牢度大多数有不同程度的下降。因为固色剂在织物表面固着后,与染料发生作用,使染料的结构或共轭体系发生变化,导致耐日晒牢度发生变化。使用柔软剂处理后,耐日晒牢度也会有所变化,但是影响程度不如固色剂强。

二、耐洗牢度

活性染料的耐洗牢度与染料—纤维键的稳定性有关,活性染料与纤维素大分子之间形成的酯键或醚键,在一定条件下都可以发生断键反应(即水解反应),生成的水解染料对纤维亲和力很小,易洗去,造成染物褪色。影响耐洗牢度的因素主要有以下几个方面。

1. 染料结构的影响

一般均三嗪型和二嗪型活性染料与纤维素纤维之间形成的共价键,在碱性介质中比在酸性介质中稳定;而乙烯砜型活性染料与纤维素纤维之间形成的共价键,在酸性介质中比在碱性介质中稳定。

2. 溶液 pH 的影响

活性染料在中性浴染液中较在酸、碱浴中耐洗性高。不同类型染料的耐洗牢度不同,X型、K型染料的耐碱性高于耐酸性;KN型染料的耐酸性高于耐碱性;双活性染料耐酸、碱性均较高。不同类型活性染料与纤维生成的共价键的水解与 pH 的关系曲线见图8-7。

从图8-7中可以看出,活性染料—纤维键在pH 为6~7时稳定性最佳,pH 升高或降低,染料—纤维键的稳定性均下降,耐洗牢度也下降。所

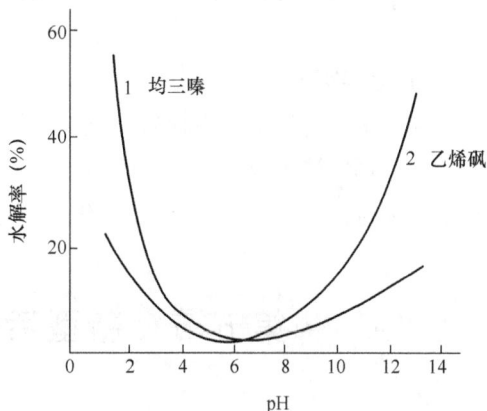

图8-7 染料—纤维键在不同 pH 中的水解百分率

以,活性染料染色织物后处理时,不宜在碱性条件下皂洗,尤其是乙烯砜型活性染料染色的织物。

3. 温度的影响

染料—纤维键的水解速率随温度升高而加剧,如表 8-7 所示。其中半水解时间表示染物上的染料—纤维键水解 50%时所需的时间。

表 8-7　温度对染料—纤维键水解的影响

温度(℃)	60	65	70	75	80	85	90	95	100
半水解时间(min)	350	240	175	120	78	48	32.5	21.5	14.6
速率常数 $Kw×10^3$(min^{-1})	1.82	2.89	3.94	5.77	8.88	14.4	21.3	32.1	44.8

4. 后处理

染后织物应充分水洗、皂洗,以去除浮色(包括水解染料和未反应的染料)。皂洗采用中性洗涤剂为宜,必要时可用固色剂进行处理。

三、耐氯牢度

由于城市用自来水含有氯气,面料商对于氯漂牢度也有一定的要求。活性染料的结构特性决定了其耐氯牢度较差,但其原因一直没有特别明确的研究。一般认为是氯与染料母体或桥基反应使发色基团或助色团变化甚至被破坏,或者是染料—纤维共价键发生断裂。根据 GB/T 8433—1998 的耐氯、化水色牢度(游泳池水)试验方法,有效氯浓度分为 20mg/L、50mg/L 及 100mg/L 三种,随着有效氯浓度的增加,耐氯牢度下降。活性染料的耐氯漂牢度均较差,在含有效氯 20mg/L,pH 为 8.5,温度 20℃±2℃的溶液中,浸渍 4h,染色织物即发生严重的褪色。

耐氯漂牢度主要与染料母体结构有关。如以吡唑酮为母体的活性染料很容易被氯破坏,耐氯漂牢度较差,而酞菁结构的则较好。

四、耐汗—光牢度

活性染料的耐汗—光牢度近年来受到很大关注,一些活性染料的耐晒牢度很好,但耐汗—光牢度很差。因为在汗和日光的双重作用下,褪色机理不同,由于汗液中的氨基酸或相关物质与金属络合染料的金属离子螯合,使其脱离染料母体。

五、烟褪牢度

烟褪牢度是指染色织物耐氧化氮气体的性能。以溴氨酸结构为染料母体的蓝色活性染料容易引起烟气褪色现象。这是因为这类染料分子中具有游离氨基或亚氨基,当遇到空气中的氧化氮气体时,会发生重氮化或亚硝化反应,从而引起色泽变化。

第五节　新型活性染料及近代浸染技术

前面已经谈及活性染料染色中存在的一些问题,特别是利用率较低、污水排放量大、深色品种色牢度较差、染色用电解质用量大等,这些阻碍了它的扩大应用,成为当前急需解决的难点。为了克服这些问题,国内外加强了对活性染料染色的研究,开发了许多新型活性染料和染色新技术。

一、小浴比浸染染色

染色浴比直接关系到染液中染料和化学品的浓度,因而对染料的直接性、上染率、固色率、染液稳定性、匀染性和重现性都有影响。染料的上染率和固色率在一定范围内均随着浴比的减小而增加。例如,当染料浓度为6%(owf)时,如果染色浴比为1:40,则食盐浓度高达540%(owf)左右,当浴比降到1:3.5时,食盐浓度降到6%(owf)左右,就可获得相同的染色深度。小浴比染色可减少水和能量的消耗,并减少污水的排放。

小浴比染色虽然具有许多优点,但实现小浴比染色也存在许多困难,首先要求染料的溶解性和稳定性好,特别是染深色品种和多只染料拼混应用时,不同染料对浴比的依存性是不同的。小浴比染色的另一个难点是匀染性,要求浸染设备的染液循环设备良好,织物运行平稳,不易擦伤和变形,所以对设备结构和控制系统要求很高。

二、活性染料低盐和无盐染色

活性染料传统染色时,要施加大量的无机盐作为促染剂。这虽然在一定程度上提高了染料的利用率,减少了染料在污水中的浓度,但是高含盐量的染色废水将破坏江湖水质和水体生态环境,盐分的高渗透性还会导致江湖周边土质的盐碱化,降低农作物产量。为此,进行低盐或无盐染色,这已经成为一个重要的课题。

1. 开发新型活性染料

为了适应低盐或无盐染色,近年来推出的低盐型活性染料是在深入研究了活性染料分子结构和亲和力的关系后开发的品种,可以在使用较少的无机盐时,保持或提高染料对纤维的亲和力,保证其高固色率、良好的匀染性和易洗涤性。这些低盐型活性染料,如享斯迈公司的Cibacron LS型、日本住友公司的Sumifix Supra E-XF和NF系列等。它们的分子结构各异,取得低盐染色效果的基本原理也不同。Cibacron LS型染料是一氟均三嗪与乙烯砜双活性基染料,它们反应性较强,固色率较高。

从其化学结构来看,主要是与染料的疏水和亲水的结构和比例,特别是与分子中的阴离子的数目和位置有关。染料分子中阴离子基团越多时,与纤维的静电斥力越大,特别是磺酸基集中在染料分子母体的芳环上时产生的斥力最大,染料对纤维的直接性低,盐的用量就多;相反染料分子上疏水基越多,芳环平面排列性越强,染料直接性越高,盐用量就可以降低。

近年来还研制了阳离子活性染料,分子结构中含有一定数量的阳离子基团,对纤维负电荷具有吸引力,因此,可以进行无盐染色。

2. 对纤维进行化学改性

纤维素纤维经过适当化学改性后,可以显著提高对阴离子染料的结合能力。用一些含叔胺或季铵基的交联剂对织物进行树脂整理,也可以显著提高纤维对活性染料的结合能力。同时,匀染性和透染性明显下降,耐晒牢度也往往有所下降。

纤维素纤维的改性大致有三种途径。第一是改变纤维的物理形态和微结构,并引起其染色性能发生变化,例如用强碱对织物进行的丝光处理。第二种改性是对纤维表面改性,包括物理、物理化学及化学方法改性,改性后引起染色性能的变化。第三种途径就是对整个纤维包括其表面和内部进行改性,例如低温等离子体处理、紫外线处理、激光处理和生物酶处理等,它们也会引起纤维染色性能的变化。

3. 采用"代用盐"染色

通过近年来的研究知道,盐的促染作用主要是阳离子(Na^+)在起作用,但实际上还与阴离子的结构和负电荷分布有关。有资料报道,一元羧酸盐的盐效应比 NaCl 强,多元羧酸比一元羧酸又强,用它们代替食盐和元明粉,用量可大大降低,而且它们是可以自然降解的,对环境污染很小。

三、活性染料中性或低碱染色

活性染料在碱性条件下固色,存在许多缺点。首先,碱性越强时,染料的水解速率越大,降低了固色率。其次,纤维—染料间共价键的水解断键反应也是随着碱性的增强而加速,使纤维的断键牢度下降。再者,实际生产配制的染液稳定性也会因碱性增强而下降,使染色的重现性降低。最后,一些纤维会在碱性条件下遭到损伤。以上几点限制了活性染料染色的发展。

活性染料要想实现在中性或低碱条件下进行染色,首先,可以通过提高染料的反应性来实现,例如对染料结构进行调整,比如将染料分子上的取代基转换成季铵取代基,增强取代基的吸电子能力,使氮杂环上碳原子的电子密度进一步降低,因而可提高染料的反应性,这种染料也称为中性固色染料。其次,提高纤维的亲核性,例如将纤维素纤维的羟基取代为氨基或胺基,对纤维素纤维进行铵化和季铵化改性,纤维分子中引入了氨基,其亲核反应性大大增强。形成季铵基团后,还可以通过库仑引力与染料阴离子结合,大大提高了阴离子染料对它的直接性,从而增强了与染料的反应能力,可以进行低碱或中性固色。

四、活性染料交联染色

活性染料可以直接与纤维形成共价键结合,理论上不需要再使用交联剂,但由于活性染料在染色过程中同时会发生水解,最终固色率不是很高,利用率一般仅为 50%～80%。因此为了提高利用率和色牢度,活性染料染色时可加入交联剂,特别是近年来活性染料用于染深色产品越来越多,对其色牢度,特别是湿摩擦牢度和皂洗牢度要求越来越高。因此活性染料交联染色的研究越来越受到重视。

活性染料交联染色的理论基础是水解染料存在可发生交联反应的羟基,一些染料母体中还存在羟基和氨基等反应基,因此水解染料,甚至包括部分活性染料可通过交联剂与纤维发生共价键结合而固着在纤维上。

☞ 思考题

1. 何谓活性染料?活性染料具有何种特征?

2. 国产活性染料分哪几类？说明各类的主要化学特性。

3. 活性染料和纤维素纤维的负离子反应可分为哪两类？写出 X 型和 KN 型活性染料分别和纤维素纤维反应的方程式。

4. 写出活性染料的染色过程。

5. 说明碱剂在活性染料染色过程中的作用。

6. 简述活性染料的上染特点。并说明如何来提高染料的上染百分率。

7. 活性染料染色主要有几种工艺？写出工艺过程和固色条件。

8. 何谓固色率？影响固色率的因素有哪些？

9. 简述活性染料的染色原理，写出相应的化学反应式，说明活性染料利用率偏低的主要原因。

10. 简述活性染料连续轧染的主要染色方法，并分析其染色的工艺条件。

11. 活性染料浸染染色的方法有哪几种？各有哪些染色特点？

12. 活性染料浸染为什么常常选用一浴两步法染色？

13. 何谓活性染料冷轧堆染色，有何特点？

14. 为了提高活性染料的上染率，在上染过程中可否采取下列措施？为什么？

(1) 提高染色温度

(2) 加入中性电解质

(3) 提高溶液的 pH

(4) 降低染色浴比

15. 活性染料染色后处理的目的是什么？为什么不采用碱性皂洗？

参考文献

[1] 宋心远，沈煜如. 活性染料染色的理论和实践[M]. 北京：纺织工业出版社，1991.

[2] 宋心远，沈煜如. 新型染整技术[M]. 北京：中国纺织出版社，1999.

[3] 宋心远，沈煜如. 活性染料及其染色的近代进展（一）[J]. 印染，2002(2)：45-49.

[4] 宋心远. 活性染料湿短蒸染色工艺分析[C].//上海涂料染料行业协会 2007 年年会资料集. 上海：上海涂料染料行业协会，2007：81-98.

[5] Wilbers L，Soiler G. 超小浴比纤维素材料染色新概念[J]. 国际纺织导报，2002(1)：66-67.

[6] 宋心远. 活性染料交联和聚合染色[C].//第六届全国染色学术研讨会论文集. 北京：中国纺织工程学会，2006：1-21.

[7] 张正潮，楼才英. 浅谈耐日晒色牢度的测试标准[J]. 印染，2005(3)：41-42.

[8] 杨爱民，何红燕，王伟成. 影响活性染料耐日晒牢度因素的探讨[J]. 印染，2003(4)：13-15.

[9] 崔浩然. 提高活性染料的耐光牢度（一）[J]. 印染，2005(12)：10-11.

[10] 孙宏伟，张昌桂. 提高深色"湿摩擦"牢度的工艺研究[J]. 染整技术，1999(1)：

21-31.

[11]曹万里,顾志安,陈振.提高染色织物湿摩擦牢度[J].印染,2003,29:58-59.

[12]黄茂福,沈锡.提高活性染料深色印染物湿摩擦牢度的方法[J].染整科技,2003(3):39-42.

[13]黄茂福.论无醛固色剂的发展[J].印染,2000,26(6):49-53.

[14]杨爱民,何红燕,王伟成.影响活性染料耐日晒牢度因素的探讨[J].印染,2003(4):13-15.

[15]王敏.谈纺织品的染色牢度[J].黑龙江纺织,2001(4):19-20.

[16]宋心远.活性染料染色近年进展[J].染整科技,2002(1):45-50.

[17]宋心远,沈煜如.活性染料及其染色近年进展(七)[J].印染,2002(8):44-48.

[18]朱善长.提高活性染料染色牢度的实践[J].印染,2001(3):19-23.

[19]马琳山,张传信.活性染料染色沾色牢度问题探讨——9202低温高效净洗剂的应用[J].上海纺织科技,1996,24(2):48-50.

[20]信建伟.固色剂CF-C在提高活性染料耐氯漂牢度中的应用[J].印染,2003(10):33-35.

[21]周芬,周益民,邢建伟.提高棉用活性染料的耐氯漂性能[J].染整技术,2006,28(3):15-18.

[22]朱世林.纤维素纤维制品的染整[M].北京:中国纺织出版社,2002.

[23]陶乃杰.染整工程:第二册[M].北京:纺织工业出版社,1990.

第九章　还原染料染色

❀ **本章知识要求**

1. 了解还原染料的分类及性能。

2. 掌握还原染料的染色原理及染色过程。

3. 掌握还原染料染色方法及工艺。

4. 了解可溶性还原染料染色性能及染色方法。

❀ **本章技能要求**

1. 能进行还原染料隐色体染色工艺的制订与操作。

2. 能进行还原染料悬浮体轧染法工艺的制订与操作。

3. 能进行可溶性还原染料卷染工艺的制订与操作。

4. 能进行可溶性还原染料轧染工艺的制订与操作。

5. 学会还原染料染色工艺条件的控制。

还原染料是一类不含有水溶性基团，不能直接溶解于水，需先经过还原后才能上染纤维的染料。上染纤维后，再经氧化、后处理等工序来完成染色过程。该类染料分子结构中不含水溶性基团，一般含有两个或两个以上的羰基，染色时在还原剂和碱剂的共同作用下，使不溶性染料还原成为可溶性的隐色体钠盐，隐色体带有负电荷，对纤维素纤维具有亲和力，能直接上染纤维。上染后再经氧化，又转变成原来不溶性的染料而固着在纤维上。还原染料商品名称又叫士林染料。还原染料主要用于纤维素及混纺织物的染色。

第一节　还原染料的分类及主要性能

一、还原染料的分类

还原染料按照化学结构主要可分成蒽醌类和靛类两大类，近年来随着技术的发展，还出现一些新的品种。

(一)蒽醌类还原染料

凡是以蒽醌或其衍生物合成的还原染料，以及具有蒽醌结构的染料均属于蒽醌类还原染料，是还原染料中最重要的一类。主要有蓝、绿、棕、灰等颜色，如还原蓝 RSN，还原棕 BR，还原艳绿 FFB 等。

(二)靛类还原染料

靛类还原染料包括靛蓝及其衍生物,硫靛及其衍生物,具有靛蓝和硫靛混合结构的对称或不对称染料,以及半靛结构的染料等。主要有蓝、橙、红、紫等颜色,如靛蓝,还原桃红 R 等。

二、还原染料的主要性能

还原染料染色织物具有较高的耐洗和耐晒牢度,为其他染料所不及。它品种较多,色泽鲜艳,色谱较全,但缺少鲜艳的大红色。染色重现性良好,特别是绿色、棕色和灰色系列。其合成工艺复杂,因此价格较高。与活性染料相比,染色时工艺较复杂,部分染料染浓色时摩擦牢度不理想。并且某些黄、红、橙色染料具有光敏脆损现象。还原染料的光敏脆损现象是指用某些还原染料染色后的织物,经日晒后织物出现脆损的现象,这是因为染料吸收了光能,使纤维脆损。

一般来说,蒽醌类还原染料要比靛类还原染料结构复杂,且牢度好,但原料昂贵,因此价格较高,一般只用于高档织物的染色。

第二节 还原染料的染色过程

还原染料的染色分四个阶段,包括染料的还原、隐色体上染、隐色体氧化、后处理。染料的还原是指染料在还原剂和碱剂的作用下被还原成隐色体钠盐的过程。隐色体上染是指隐色体被纤维吸附并向内部扩散的过程。隐色体的氧化是指纤维上的隐色体被氧化转变为最初不溶性染料而固着在纤维上的过程。染色后处理是指皂洗去除浮色的过程。

一、染料的还原溶解

(一)染料的还原反应

还原染料不溶于水,不能直接上染纤维,需在碱性条件、还原剂的作用下,还原成为可溶性的隐色体钠盐(简称隐色体)而上染纤维素纤维。还原反应如下所示:

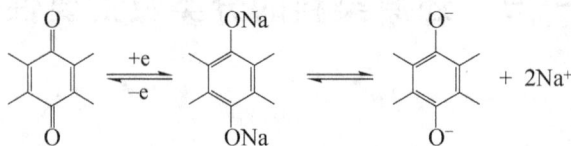

还原时最常用的还原剂是保险粉,化学名称是连二亚硫酸钠,分子式为 $Na_2S_2O_4$,结构式如下所示:

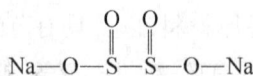

保险粉有很强的还原性,易溶于水,性质活泼,受光热作用会被迅速氧化,甚至会燃烧起来,遇酸则发生剧烈分解,放出二氧化硫,在弱碱时较稳定。在染色时,染液温度越高,染液循环速

度越快,接触空气越多,则保险粉分解损耗越多。实际上,染色中用的保险粉大部分是被空气氧化和自身分解而消耗掉的,因此,在生产中保险粉和烧碱的量要超过理论量,且在染色过程中要适当给予补充。保险粉商品形式有两种,一种是不含结晶水的,淡黄色粉末;另一种含两分子结晶水,为白色细粒状。保险粉储存应避光防潮密封。

染料变成隐色体后,随着结构的变化,颜色也发生相应的变化。一般来说,靛类还原染料的隐色体颜色通常比染料本身的颜色浅。蒽醌类还原染料隐色体的颜色一般较染料为深。

(二) 还原性能

还原染料的还原性能主要是染料的还原难易和还原速率。

1. 还原的难易

还原染料的还原难易程度用隐色体电位来表示。隐色体电位是指在一定条件下,用氧化剂赤血盐 $K_3Fe(CN)_6$ 滴定已还原溶解的还原染料隐色体,使其开始氧化析出时所测得的电位。还原染料隐色体电位为负值,它的负值越小,表示染料还原越容易,负值越大,表示该染料还原越困难。只有当还原剂的还原电位负值大于该染料隐色体电位时,才能使染料还原溶解。

还原染料的还原难易程度与染料的结构有关,一般来说,靛类还原染料的隐色体电位负值较低,易还原,保险粉的量可少些。蒽醌类还原染料中的大多数隐色体电位负值较高,难还原,保险粉的量应多些。

2. 还原速率

还原速率是表示还原染料被还原时的快慢,即反应速率的大小。还原速率用半还原时间 ($t_{1/2}$) 来表示,即染料还原达到平衡浓度一半量时所需要时间。半还原时间越短,表示染料还原越快;反之,半还原时间越长,表示染料还原越慢。

还原温度、保险粉和烧碱的浓度对还原速率有很大影响,还原温度越高,保险粉和烧碱的量越多,还原速率越快。另外,还原速率还跟染料颗粒的大小及结晶情况有关。染料颗粒越大,与溶液的接触面(反应面积)越小,还原速率越低。若染料形成结晶,则会降低还原速率,因此染色时常把染料加工成超细粉状,利于染色。

(三) 不正常的还原现象

还原染料还原过程中,当条件控制不当,有时会产生不正常的还原现象,会导致色光改变,染料溶解度下降甚至沉淀等问题。不正常还原主要有以下几种情况。

1. 过度还原

还原染料中一些含有氮杂苯结构的,如黄蒽酮和蓝蒽酮类还原染料,它们分子结构中的羰基在正常情况下只有两个而不是全部被还原,如果还原条件过于剧烈,如还原液的温度过高或烧碱—保险粉的浓度过高,就会引起过度还原。以还原蓝 RSN 为例,在正常还原时,两个羰基被还原,得到的隐色体亲和力较高,染后织物色光较好。但如果还原条件过于激烈,使四个羰基都被还原,则染物的得色萎淡。若还原条件再加剧,染料进一步过度还原,则染料几乎完全丧失对纤维的亲和力,同时氧化后也不能再回复到原来的染料。反应过程如下:

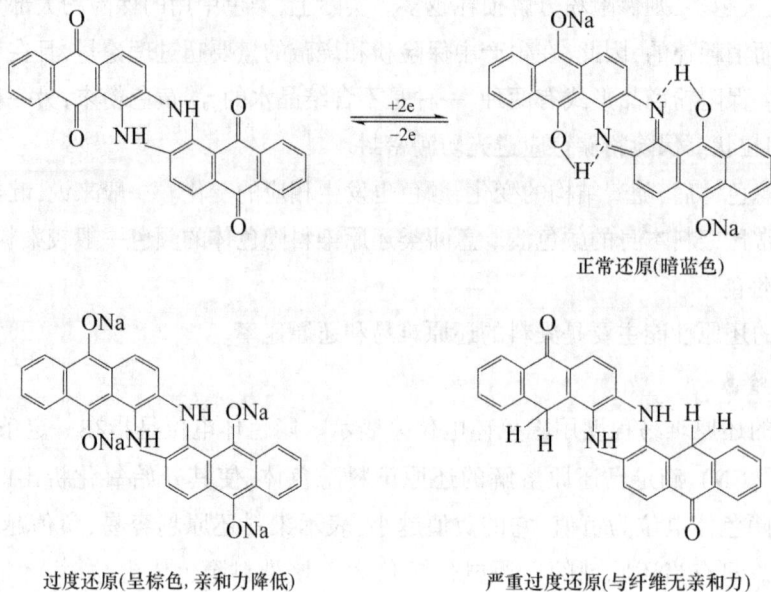

正常还原(暗蓝色)

过度还原(呈棕色,亲和力降低)

严重过度还原(与纤维无亲和力)

2. 脱卤

在还原染料制造时,为改进染料的色光和染色性能,常常在分子结构中引入卤素。这些染料,还原时若工艺控制不当,易发生脱卤现象。以还原蓝 BC 为例,高温还原会使分子中两个氯原子脱落,结果氧化后色光变红,产品的耐氯牢度下降。反应式如下:

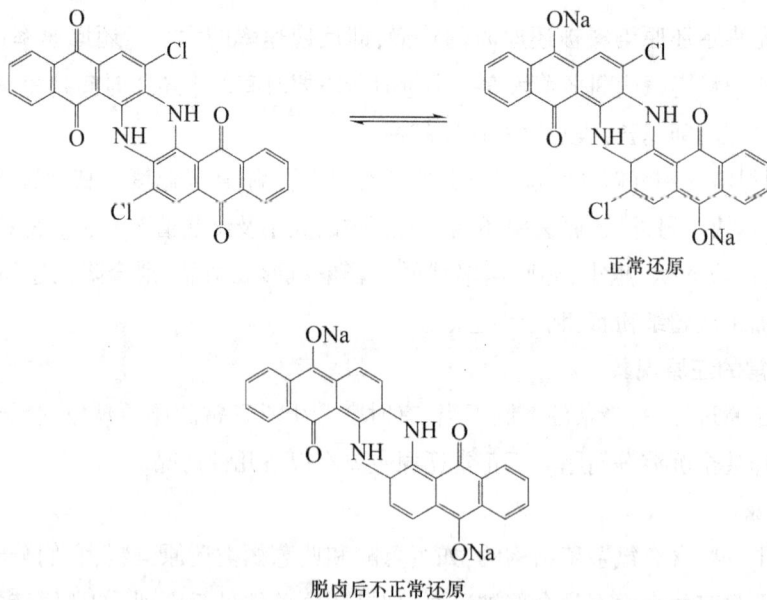

正常还原

脱卤后不正常还原

3. 染料分子重排

染料在还原中,若烧碱量不足,不能使染料隐色体稳定地溶解在水中,结果导致染料分子重排。以还原蓝 RSN 为例,正常还原得到的隐色体是深蓝色,若烧碱浓度不足,就会生成难溶的紫色化合物。分子重排后,即使再添加烧碱,也难以恢复成正常的隐色体钠盐而溶解。反应式如下:

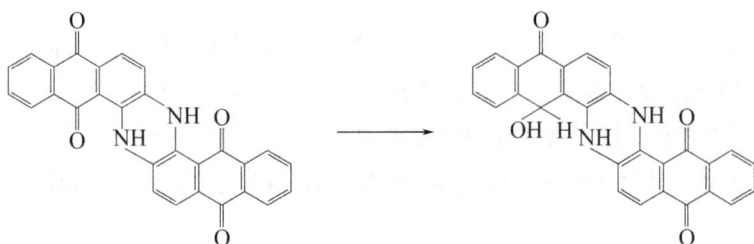

4. 水解反应

一些带有酰胺基结构的还原染料,在温度和碱浓度较高的情况下会发生水解,水解后生成色泽较深的氨基化合物,使色光、染色性能和染色牢度发生变化。如还原橄榄绿 R,反应式如下:

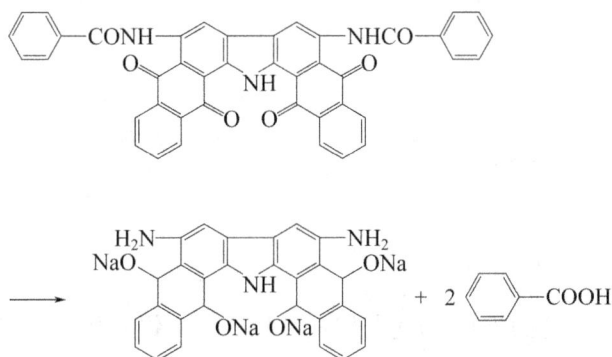

5. 结晶

有些隐色体溶解度较低,当这些染料浓度太高时,有可能发生隐色体的结晶和沉淀现象,一旦结晶,难以重新溶解,不能进行正常染色。因此,染料溶解和染色最好用软水,因为水里的杂质会影响染料溶解度。

二、染料隐色体的上染

还原染料隐色体上染纤维素纤维,与直接染料类似,是通过范德华力和氢键被吸附在纤维表面,然后再向纤维内部扩散。

还原染料隐色体上染,匀染性较差,这是因为隐色体的亲和力高,容易上染纤维,由于烧碱、保险粉的加入,使得染液中电解质浓度过高,促染效应明显,另外染色温度较低,染料的扩散性能差。因此,还原染料隐色体上染过程需要解决的首要问题是匀染问题,一般可采取以下几种方法:

一是在染液中加入适量的缓染剂,如平平加 O、骨胶等。平平加 O 能和染料隐色体生成不稳定的聚集体,在染色过程中聚集体缓慢分解出隐色体,逐渐上染纤维。骨胶可在染液中形成保护胶体,从而延缓隐色体的上染。

二是加入适量的助溶剂,如醇类,通过助溶剂来提高隐色体的溶解性,降低染料的聚集。

三是对某些稳定性好的还原染料,可适当提高染色温度,促进染料的扩散。

三、染料隐色体的氧化

染料隐色体上染到纤维上后必须经过氧化转变成原来的不溶性还原染料而固着在纤维上。

不同的隐色体其氧化的速率和难易程度均不一样,因此应根据不同还原染料隐色体的性能,选择不同的氧化方法。隐色体的氧化方法有冷水淋洗(利用水中氧气氧化)、透风(利用空气氧化)或浸轧氧化液氧化,常用的氧化剂有过硼酸钠,双氧水等。这类氧化剂性能温和,比较适用。

对于那些较易氧化的隐色体如还原蓝 RSN、还原绿 4G 等,可采用水淋、透风方法。对于那些较难氧化的隐色体如还原艳红 R、还原艳橙 GK 等,可用过硼酸钠、双氧水等氧化剂氧化。

有些染料在剧烈的氧化条件下会发生过度氧化现象,导致色光发生改变。如还原蓝 RSN 在剧烈的氧化条件下,会生成吖嗪结构的化合物,色泽偏绿偏暗。反应如下:

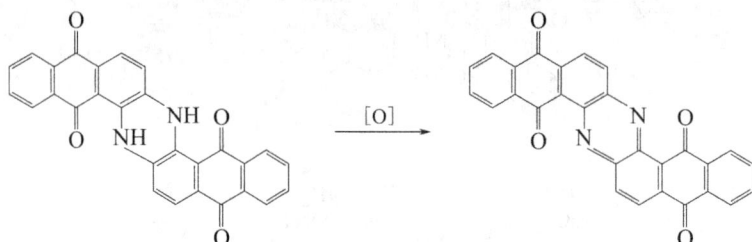

对于那些容易过度氧化的染料,应避免用强氧化剂如重铬酸盐处理,并在氧化前尽量用水冲洗,以除去布面上过量烧碱,避免在带碱的情况下氧化,但对于那些还原较慢,对纤维直接性低的染料不宜在氧化前水洗,以免得色低。

四、染色后处理

染料隐色体被氧化后,需进行水洗、皂煮等处理。皂煮的目的是除去附在纤维表面的浮色,提高染色物的耐洗牢度和摩擦牢度,同时,皂煮还能改变纤维内染料微粒的聚集、结晶等物理状态,使织物的色光稳定,并有利于某些染料的耐日晒牢度的提高。因此要重视皂洗的作用。

织物上的"浮色"主要是指残留在织物表面上的不溶性染料。如果不去除会影响织物的摩擦牢度。它们在纤维表面呈高度的分散状态,氧化后不应立即高温处理,否则导致染料颗粒的凝聚,因此最好先用温水冲洗,把部分浮色去除掉。

第三节　还原染料的染色方法与工艺

还原染料的染色方法按染料上染形式的不同分为还原染料隐色体染色法和悬浮体轧染法。

一、隐色体染色法

还原染料隐色体染色法是将染料用氢氧化钠和保险粉预先还原为隐色体溶液,然后通过浸染或卷染使染料上染纤维,再进行氧化、皂煮。此法操作较麻烦,匀染性、透染性较差,易出现"白芯"现象,宜选用匀染性较好的染料。隐色体染色法以卷染法应用较广。

(一)工艺流程

隐色体染色法工艺流程如下:

染料预还原→浸染或卷染→水洗→氧化→皂洗→水洗

(二)还原方法

还原染料采用隐色体染色时,其还原方法分为全浴还原法和干缸还原法。

1. 全浴还原法

全浴还原法也称养缸还原法,是直接在染浴中进行染料还原的方法。具体操作是:先用分散剂和少量温水将还原染料调成均匀薄浆,再加适量温水稀释调匀,染缸中按浴比加水后加入规定量的烧碱,滤入调好的染液,加热至规定温度,搅拌后加入规定量的保险粉,还原10~15min后即可染色。采用全浴法时,由于浴比大,因此烧碱、保险粉浓度相对较低,还原条件相对缓和。该方法适用于还原速率较快,隐色体溶解度低或在高浓度保险粉和烧碱浓度下容易发生副反应的染料,如还原大红R、蓝BC、蓝GCDN等。

2. 干缸还原法

干缸还原法也称小浴比还原法。还原时染料及助剂不直接加入染缸,而先在另一较小的容器中进行还原,然后将还原好的染料隐色体加入另一染缸中进行染色。具体操作是:将染料用少量助剂及水调匀,干缸浴比一般为1:50,对易产生不正常还原的染料可扩大至1:100,然后加入2~3L烧碱(30%),搅匀,升温至规定的还原温度,缓缓加入0.5~0.75kg保险粉,并保温还原10~15min。加入规定量的水,升温至染色温度,加入剩下的烧碱、保险粉,滤入已还原好的隐色体溶液,搅匀后开始染色。采用干缸还原法时由于浴比小,因此烧碱、保险粉浓度相对较高,还原条件相对剧烈。适用于还原速率较慢,隐色体溶解度高的染料,如还原艳桃红R等。

(三)染色方法的选择

由于各还原染料隐色体在染液中的聚集倾向、扩散速率以及上染百分率等染色性能都不同,因而采用不同的染色方法。常用的染色方法有如下几种。

(1)甲法:此法适用于分子结构较复杂,隐色体的聚集倾向较大,亲和力较高,扩散性能差的染料。染色时需要较高的染色温度(60℃左右)和较高烧碱浓度,这类染料与纤维素直接性高,因此匀染性较差,一般不加促染剂。为提高匀染性,染色时可用缓染剂。

(2)乙法:此法适用的染料性能介于甲法和丙法染料之间,在较低温度(45~50℃)和较低的烧碱浓度下染色。在染中、浓色时,要加适量促染剂,以提高上染百分率。在染淡色时,可以不加促染剂。

(3)丙法:此法适用于分子结构较简单,亲和力较低,扩散性较好,匀染性较好的染料,在低温(25~30℃)和碱浓度低的条件下染色。由于染料与纤维的直接性低,因此染色时要加促染剂,以提高上染百分率。

(4)特别法:此法适用于还原速率特别慢,不易发生副反应的染料。如硫靛结构的还原染料。需在较高的温度(70℃左右)、较高的保险粉和烧碱浓度下进行还原、上染,一般不加促染剂。

还原染料隐色体染色方法的参考工艺条件如表9-1所示。

表9-1 还原染料隐色体染色方法及工艺条件

染色方法		甲法	乙法	丙法	特别法
还原温度(℃)		60~65	50~55	25~30	70~75
还原温度(℃)		50~60	45~55	30~40	50~60
染色时间(min)		40~60	40~60	40~60	60
浴比		1:(3~5)			
淡色	染料(owf)	<0.3			
	30%烧碱(mL/L)	20	7~8	7~8	10~20
	85%保险粉(g/L)	3~5	3~5	3~5	3~5
	元明粉(g/L)	—	0~5	0~5	
中色	染料(owf)	0.3~2			
	30%烧碱(mL/L)	25	8~10	8~10	15~30
	85%保险粉(g/L)	5~8	5~8	5~8	5~8
	元明粉(g/L)	—	6~10	8~20	—
浓色	染料(owf)	2~4			
	30%烧碱(mL/L)	30	15~20	15~20	30~40
	85%保险粉(g/L)	8~12	8~10	8~10	8~12
	元明粉(g/L)	—	15~20	20~25	

(四)氧化方法的选择

氧化方法的选择应根据不同染料的氧化速率的大小而选用。对于氧化速率较快的染料应采用水洗、透风氧化;氧化速率较慢的染料应采用氧化剂氧化。氧化时应避免过度氧化,导致色光的改变。

常见的氧化剂是过硼酸钠和双氧水,它们的氧化工艺分别是:过硼酸钠 2~4g/L,30~50℃,10~15min;或双氧水 0.5~1g/L,40~50℃,10~15min。

(五)皂煮工艺

皂煮工艺条件是:肥皂 3~5g/L,纯碱 2~3g/L,温度 95℃,时间 5~10min。

(六)注意事项

隐色体染色时宜采用软水或加适量的软水剂,如纯碱、磷酸钠。避免水中的钙、镁离子与隐色体发生反应生成沉淀,造成染色疵病。

在染色过程中,由于大量的保险粉无效分解,因此要追加保险粉,烧碱也要补充。染浴中保险粉量是否充足,可用还原黄 G 试纸检验。若试纸由黄变蓝很慢,说明保险粉量不足。

二、悬浮体轧染法

还原染料悬浮体轧染法是将还原染料研磨成很细的颗粒,利用分散剂的作用制备成还原染料的悬浮液,织物浸轧悬浮液,利用轧辊的挤压作用将染料均匀地分布在织物上,然后通过加有还原剂的碱性溶液,在高温汽蒸条件下将染料还原成隐色体上染纤维,最后通过水洗、氧化、皂煮等完成染色过程。采用悬浮体轧染法可克服隐色体染色法较难获得匀染和透染的问题,拼染时不受染料上染率的限制,因此应用性广。

(一)工艺流程

悬浮体轧染法工艺流程:

浸轧染料悬浮液(一浸一轧或二浸二轧,轧液率60%～70%)→烘干→浸轧还原液→汽蒸(100～102℃,1min)→水洗→氧化→皂煮→水洗→烘干

(二)染液制备

用于悬浮体轧染的染料一定要研磨得很细,一般要求所有染料颗粒(或至少有80%以上)的直径在2μm以下,且无大的颗粒存在。染料颗粒越小,染料悬浮液越稳定,对织物的透染性越好,还原速率越快;若染料颗粒太大,悬浮液不稳定,导致染料颗粒沉降,或者还原时不充分,造成色差、色点等染色疵病。

由于商品化染料中加有分散剂,对染料研磨时,分散剂视情况可加或不加,常用的分散剂是分散剂NNO。为了提高悬浮液的润湿渗透性,可加入适量的渗透剂JFC。为了减少烘干过程中染料的泳移,可加入适量抗泳移剂。

(三)浸轧悬浮液

浸轧悬浮液时,温度不宜超过40℃,太高的温度容易导致染料的凝聚,因此采用室温浸轧。浸轧时,不宜多浸多轧,因为染料悬浮体对纤维无直接性,只是机械地附着,多浸多轧反而会导致染料掉落到轧槽里。轧液率不宜过高,避免烘干时染料的泳移,一般轧液率在60%～70%。轧槽容积宜小,一般在30～60L之间,容积小,利于新旧染液的交换,否则染料颗粒易沉淀。但容积不宜过小,过小液位难控制,容易造成色差。

(四)烘干

由于染料对纤维无亲和力,烘干时容易发生泳移。因此,浸轧后织物的烘干要缓慢均匀。一般可先用红外线或热风预烘,再用烘筒烘干。烘干后的织物应先冷却,再进入还原液,以防止还原液温度上升,导致保险粉分解损耗过多。织物在进入还原液及还原汽蒸以前应严防水滴。

(五)浸轧还原液

还原液主要由保险粉和烧碱组成。烧碱和保险粉用量比例一般是1:1。烧碱用量过大,隐色体的溶解度大,导致上染率低,得色淡;用量过小,则不利于染料的还原,得色淡而萎暗。由于保险粉性质不稳定,因此,还原液应保持较低温度(40℃)。为此,还原液轧槽应具有夹层,通流动冷水来降低温度。还原液槽容积宜小,便于保持还原液的新鲜。为避免织物经过还原液时染料颗粒溶落入轧槽,导致前后色差,在初开车时可在还原液槽内加入一些染料悬浮液和食盐。初开车时,由于蒸箱内有空气,为避免还原不充分,可在轧槽初始液中多加一些保险粉和烧碱。

(六)汽蒸还原

织物浸轧还原液后应立即进入汽蒸箱进行还原,以免织物长期暴露在空气中造成保险粉氧化受损。为防止外界的空气进入蒸箱影响还原,还原蒸箱进出布口要封口,一般进布处采用原

液封口,也可采用气封口、水封口,出布处均用布封口。蒸箱顶部装有蒸汽夹板,防止冷凝水滴下造成疵病。蒸箱内应充分排除空气,以免保险粉消耗过多,影响染料的正常还原。汽蒸温度为 102~105℃,汽蒸时间应根据染料还原性能而定,一般为 30~50s。

(七)氧化

悬浮体轧染是连续化工艺,氧化时间较短,所以除很淡的颜色外,一般均用氧化剂氧化。氧化工艺:双氧水 0.5~1.5g/L 或过硼酸钠 3~5g/L,温度为 40~50℃。浸轧氧化液后透风,使染料隐色体氧化完全,充分发色。

(八)皂煮

染料氧化后进行皂煮,皂煮直接影响产品质量。一般在加盖的平洗槽中或皂蒸箱中,在近沸条件下进行皂煮。

第四节　可溶性还原染料染色

为克服还原染料不溶于水,染色过程繁琐的缺点,将还原染料制成隐色体的硫酸酯钠盐或钾盐,即成为可溶性还原染料。可溶性还原染料俗称印地科素染料,是将还原染料分子中的羰基还原并酯化成可溶性的硫酸酯基团。可溶性还原染料制备的反应过程如下所示:

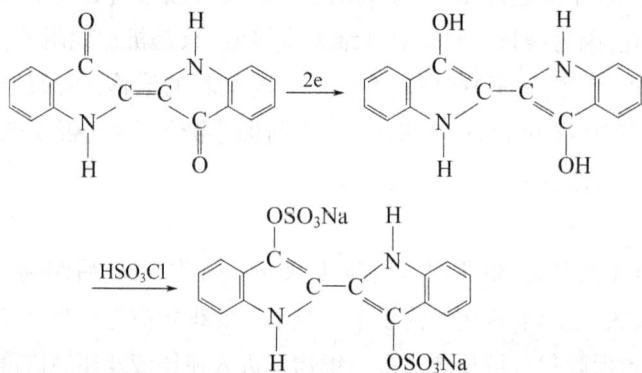

可溶性还原染料根据化学结构分为溶蒽素和溶靛素。溶蒽素是蒽醌类还原染料隐色体的硫酸酯盐,溶靛素是靛族类还原染料隐色体的硫酸酯盐。

可溶性还原染料分子结构中羰基还原成硫酸酯基,能溶于水,与还原染料相比,染色较简便,染液较稳定。可溶性还原染料上染纤维与还原染料隐色体相似,依靠范德华力和氢键上染纤维素纤维,上染后在酸及氧化剂的作用下显色,在织物上转变成相应的还原染料而固着。与相对应的还原染料隐色体相比,可溶性还原染料与纤维素纤维的亲和力较小,但扩散性好,因此匀染性提高。由于显色一般采用酸浴/亚硝酸钠法,显色过程中产生的亚硝酸对环境有危害。可溶性还原染料的价格较高,提升率低,因此一般仅用于中、淡色的染色,不适合深色。

可溶性还原染料的命名,除尾注第一个字母与还原染料不同外,其他字母表示的意义都相同。可溶性还原染料尾注第一个字母的意义如下:

I:较高染色牢度

H:较低染色牢度

O:靛蓝类可溶性还原染料

T:硫靛类可溶性还原染料

一、可溶性还原染料的染色性能

可溶性还原染料的染色性能包括染料的溶解度、直接性、稳定性等。

(一)溶解度

可溶性还原染料因含有硫酸酯基可溶于水,因此它的溶解度与分子结构中硫酸酯基的多少,或是硫酸酯基在整个分子中所占的比例大小有关。由于可溶性还原染料一般用于淡色,且大多数染料在水溶液中聚集倾向性小,所以它的溶解度对于实际生产中的影响较小。

(二)对纤维的亲和力

可溶性还原染料与纤维素纤维的亲和力依靠范德华力和氢键。但还原染料隐色体中的羰基转换成硫酸酯基后,一方面是亲水性增加,另一方面是共轭效应和生成氢键的能力减弱,使染料对纤维的亲和力大大减弱。所以在可溶性还原染料的浸染和卷染中,要加中性电解质促染,以提高上染率。

根据可溶性还原染料对纤维素纤维的亲和力大小,可以分成五类。第一类亲和力最低,第五类亲和力最高,部分可溶性还原染料如表9-2所示。拼色时应选用亲和力相近的染料,否则易造成染色疵病。

表9-2　可溶性还原染料的分类

分类	染料名称
第一类	溶靛素 O、溶蒽素蓝 IBC、溶靛素红紫 IRH、溶靛素艳桃红 I3B
第二类	溶靛素艳橙 IRK、溶靛素大红 IB
第三类	溶蒽素金黄 IGK、溶靛素紫 IBBF
第四类	溶靛素灰 IBL、溶蒽素金黄 IRK
第五类	溶蒽素绿 IB、溶蒽素紫 I4R

(三)稳定性

与还原染料相比,可溶性还原染料的染液较稳定,但是它在酸、氧和光的作用下,容易发生反应,恢复为还原染料母体结构,发生沉淀,因此在使用中要特别注意。

(1)热稳定性。可溶性还原染料的热稳定性与酸及氧化剂的存在有关。如果在隔绝空气的情况下,长时间地把可溶性还原染料溶液加热到100℃,也不会分解而产生沉淀。但如果有氧化剂及酸存在,加热到80℃以上,1h后就开始有颜色的转变及沉淀析出。

(2)对酸和酸性盐的稳定性。可溶性还原染料在酸性条件下不稳定,因为染料分子中的硫酸酯基对无机酸很敏感,容易发生水解,生成还原染料隐色体,如果有氧化剂的存在,再经氧化生成还原染料而沉淀。随着水解程度的不同,硫酸酯基可能是部分水解,或是全部水解。

（3）对光和空气的稳定性。可溶性还原染料对光不稳定，经光照后会转变为原来母体染料。可溶性还原染料在空气中也会慢慢转变成母体染料，因为空气中氧气和二氧化碳的存在，会使可溶性还原染料处于酸性及氧化剂条件下而显色。若在光照下，染料对大气的稳定性更差。因此可溶性还原染料一般应避光密封保存。

（4）对碱和碱性盐的稳定性。可溶性还原染料中的酯键对碱有很高的稳定性，一般在中等碱性条件下，不会使染料分子中的酯键断裂，相反由于碱或碱性盐的存在，可以抵抗酸性气体对染料的影响，因此，在可溶性还原染料的染液内常常加入少量纯碱来提高染液的稳定性。

（5）对氧化剂和还原剂的稳定性。可溶性还原染料对氧化剂不稳定，在酸性条件下，被氧化成原来的还原性染料。因此，可溶性还原染料的保存应避免与酸和氧化剂同放。

可溶性还原染料对还原剂稳定，通常应用的还原剂，如保险粉、雕白粉等还可以用来提高染料的稳定性。

（四）染色原理

可溶性还原染料的染色分两个过程。第一步是染料对纤维的上染，第二步是染料在纤维上水解—氧化，这一过程又称显色。染色后进行皂煮处理。

可溶性还原染料的上染与直接染料相似，当织物与染液接触时，由于范德华力和氢键的作用使染料被吸附，并扩散到纤维内部。可溶性还原染料在纤维上的扩散性好。由于水溶性基团的存在和染料对纤维亲和力的降低，染色时一般要加入电解质进行促染。

第二步是显色过程，即可溶性还原染料在酸性介质中水解并由氧化剂氧化成原来的不溶性还原染料，这一过程是染色的关键。可溶性还原染料的显色需要酸和氧化剂的同时存在，如果没有氧化剂存在，染料难以水解，也难以氧化，因此水解和氧化是不能分割的。通常把氧化剂和酸叫显色剂。染料的水解氧化过程如下所示：

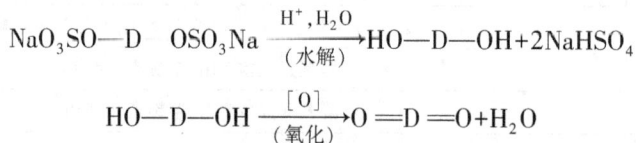

$$NaO_3SO-D \quad OSO_3Na \xrightarrow[\text{（水解）}]{H^+, H_2O} HO-D-OH+2NaHSO_4$$

$$HO-D-OH \xrightarrow[\text{（氧化）}]{[O]} O=D=O+H_2O$$

不同染料其氧化性能也不同，较容易氧化的染料，应在较低温度下显色，氧化剂浓度应低些，而难氧化的染料，应在较高的温度下显色，氧化剂浓度要高些，但浓度过高易造成过度氧化，影响染色。

可溶性还原染料染棉织物常用的显色剂是亚硝酸钠和硫酸，具有适应性广、色泽鲜艳的特点。亚硝酸钠是一种性质较温和的氧化剂，不易使染料过度氧化，对设备的腐蚀性低，将其加在碱性染液中，染料不会被氧化，染液十分稳定。在硫酸浴中的亚硝酸钠反应式如下：

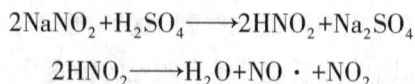

$$2NaNO_2+H_2SO_4 \longrightarrow 2HNO_2+Na_2SO_4$$

$$2HNO_2 \longrightarrow H_2O+NO\cdot+NO_2$$

其中生成的游离基 $NO\cdot$ 具有较强的氧化性，基本上可以将所有的可溶性还原染料氧化。

可溶性还原染料的显色难易与它们的分子结构有关，一般染料相对分子质量大，稠环多，含供电子基较多的染料较易氧化显色。部分可溶性还原染料的氧化难易情况如表9-3所示。

表 9-3　部分可溶性还原染料的氧化性

氧化性难易	显色温度(℃)	所属品种
容易	20~25	溶靛素橙 HR、溶靛素大红 IB、溶靛素棕 IRRD、溶靛素蓝 O、溶靛素灰 IBL、溶靛素青莲 IRR、溶蒽素金黄 1RK、溶蒽素蓝 IBC、溶蒽素绿 I3G、溶蒽素棕 IBR
中等	50~60	溶靛素桃红 I3B、溶靛素青莲、溶靛素红青莲 IRH、溶蒽素绿 AB、溶蒽素艳橙 IRK
困难	70~90	溶靛素桃红 IR

有些染料如果显色条件过于剧烈,会产生过度氧化。如果发生了过度氧化可用保险粉处理来补救。

二、可溶性还原染料的染色方法与工艺

可溶性还原染料染棉织物的方法有卷染和轧染两种工艺。

(一)卷染工艺

棉织物的淡色轻薄品种可应用可溶性还原染料卷染。

1. 工艺流程

染色工艺过程:

染色(6~8 道)→显色(2~3 道)→冷水洗(3~4 道)→纯碱中和(1~2 道)→皂煮(5~6 道)→热水洗(2~3 道)→冷水洗(1~2 道)

2. 工艺说明

卷染液组成主要是染料、纯碱、分散剂、食盐及亚硝酸钠等。

染料宜选用对纤维直接性高的,容易显色的。染料可分两次加入,染前先加 60%~70%,剩下的在第 1 道末加入。食盐起促染作用,其用量根据染料的亲和力、用量和溶解度而定。亲和力大、溶解度小的可少加,亲和力小、溶解度大的可多加,一般用量在 10~20g/L,可在第 3、4 道末加入。纯碱的加入可抵消空气中酸性气体的影响,有利于保持染液的稳定,用量为 2g/L。分散剂的加入可以增进染液的渗透和匀染,用量为 0.5~1g/L。亚硝酸的量应根据染料的用量而定,一般在第 4、5 道末分次加入。

染色温度根据染料的性能而定。对直接性较低的染料,为提高上染率,宜采用较低温度(如 30~40℃)染色;对于直接性较高的染料,为提高染色匀染性,宜采用较高的染色温度(如 90℃)染色;溶解度低的染料,为促进染料的溶解,应采用较高的温度。

显色一般在硫酸浴中进行,显色 2~3 道,硫酸的浓度视具体情况而定,一般为 20~30g/L。对于较难显色的染料,硫酸的浓度和温度要适当提高,但要注意过度氧化现象。若发生过度氧化,可在染后用保险粉处理,保险粉用量 4~5g/L,温度 45~50℃,时间 15~25min,然后水洗。

显色后的织物先用冷水洗 3~4 道,然后用纯碱中和织物上的残酸,防止织物的酸带入皂煮液中,使肥皂呈脂肪酸析出,影响皂煮效果。纯碱的浓度视织物上带酸量的多少而定,一般为 2~4g/L。可溶性还原染料经过皂煮后可以提高染色牢度,获得稳定的色泽。

(二) 轧染工艺

可溶性还原染料连续轧染工艺,常用于染淡色棉织物,工艺简单,得色匀透,适用于大批量生产。由于染色时间比卷染少,因此布面光洁度和匀染性稍差,颜色越深,表现越明显。必要时可适当延长轧染后的透风时间,或在轧染液中加入少量匀染剂加以改善。一般染浅色产品,轧染能得到较好的染色效果。

1. 工艺流程

浸轧染液(一浸一轧或二浸二轧,轧液率70%~80%,室温)→烘干(或透风)→显色(一浸一轧,轧液率100%,50~70℃)→透风(10~20s)→水洗→中和→皂洗→水洗→烘干

2. 工艺说明

轧染液的组成一般是染料、亚硝酸钠、纯碱、分散剂等。

亚硝酸钠的用量根据染料浓度和性能而定,一般是4g/L。为促进染液的渗透扩散,可加适量的分散剂,分散剂的用量为1~2g/L。为了提高轧染液的稳定性,可加入适量纯碱,一般用量是0.5~1g/L。为减少烘干时染料的泳移,可在轧染液中加入适量的抗泳移剂,但用量过多会影响透染性和摩擦牢度。

浸轧方式采用二浸二轧,轧槽容积50~80L,轧液率为70%~80%。为避免染色前后深浅不一致,始染液采取加水冲淡稀释,加水量根据染料的直接性而定,直接性低的少加水,直接性高的多加水。加水量一般在20%~40%之间。

织物浸轧染液后,一般需烘干后再显色。若不烘干,容易使染料脱落在显色液中。显色液是硫酸溶液,硫酸的浓度和温度根据染料显色性能而定。硫酸的浓度一般为25~40g/L,温度为50~70℃。为避免过氧化及亚硝酸释放出大量的二氧化氮气体,可在轧染液和显色液中加入适量的尿素或硫脲。

浸轧显色液后10s左右,染料才能较好显色,因此透风时间一般是10~20s。显色的织物经水洗后带有残留的酸液,需用纯碱中和,纯碱的浓度为5~8g/L,温度50~60℃。最后再经皂煮、水洗、烘干。

☞ 思考题

1. 简述还原染料的染色机理。

2. 还原染料的染色过程通常可分为哪几个步骤?

3. 还原染料的还原性能通常用什么来表示?能否说"易还原的染料其还原速率也一定大"?

4. 试分析还原染料隐色体上染特点,还原染料隐色体浸染方法通常可分为哪几类?其分类的依据是什么?

5. 何为还原染料光敏脆损现象?简述光敏脆损现象产生的原因及影响因素。

6. 试比较可溶性还原染料与还原染料在结构和性能上的差异。

参考文献

[1] 陶乃杰. 染整工程:第二册[M]. 北京:中国纺织出版社. 2001.

[2]吴冠英.染整工艺学:第三册[M].北京:纺织工业出版社,1985.

[3]王菊生.染整工艺原理:第二册[M].北京:纺织工业出版社,1986.

[4]朱世林.纤维素纤维制品的染整:第二册[M].北京:中国纺织出版社,2002.

[5]沈志平.染整技术:第二册[M].北京:中国纺织出版社,2005.

第十章 硫化染料染色

❈ **本章知识要求**

1. 了解硫化染料的结构及分类。

2. 掌握硫化染料的染色过程。

3. 掌握硫化染料的染色原理。

4. 掌握硫化染料的染色工艺。

5. 掌握硫化染料的染色后处理。

6. 了解硫化还原染料的染色工艺。

7. 了解液体硫化染料染色。

❈ **本章技能要求**

1. 能进行硫化染料染色工艺的制订与操作。

2. 学会硫化染料染色织物的防脆损处理。

3. 学会硫化还原染料染色工艺的制订与操作。

4. 学会硫化染料染色工艺条件的控制。

硫化染料是分子结构中含有硫的一类染料。它是以芳烃的胺类或酚类化合物为原料,用硫黄或多硫化钠进行硫化而制成的,因分子结构中含有硫键,并在染色时用硫化碱进行还原,因此称硫化染料。硫化染料的化学结构很复杂,成分不是单一的,是性质相似、硫化程度不同的各种产物的混合物,且很难分离出纯品。

硫化染料与还原染料类似,不溶于水,一般先用硫化钠还原成隐色体而溶解,染料隐色体上染纤维后再经氧化,在纤维上重新生成不溶性的染料而固着。

硫化染料制造简便,价格低廉,水洗牢度高。染料在纤维上的耐晒牢度随染料品种而异,一般硫化黑可达 6~7 级,硫化蓝达 5~6 级,棕、橙、黄等色一般只有 3~4 级。大部分硫化染料的耐氯漂牢度较差。硫化染料的色谱不全,大多是蓝、黄、棕、黑等颜色,缺少鲜艳的红、紫色,所以硫化染料主要用于染深浓色。目前,应用最多的是蓝、黑、棕等色泽。

硫化染料染色的织物在储存过程中会发生脆损现象,使强力下降,甚至完全失去使用价值,尤以硫化黑更为突出。因此,染色后要进行防脆处理。

除了常规的硫化染料外,还有硫化还原染料和液体硫化染料。

第一节　硫化染料的结构特点及类型

一、硫化染料的结构特点

硫化染料是由硫化反应程度不同而性质相近的混合物所组成,提纯困难,而且其化学结构十分复杂,所以目前硫化染料的结构仍不明确。

在硫化过程中,硫原子被引入染料分子形成环状和链状结构。环状含硫结构决定染料的颜色,链状含硫结构决定染料的还原、氧化等性能。环状含硫结构主要有硫氮茂、硫氮蒽、对氮蒽等。结构如下:

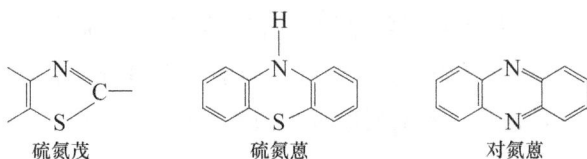

链状含硫结构主要有:巯基、硫键、二硫键、多硫键等。结构如下:

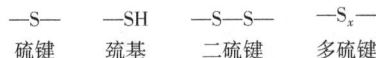

二、硫化染料的类型

常用的硫化染料主要有以下几种类型。

(一)硫化黑

硫化黑是目前最常用的硫化染料,其耐日晒牢度和耐皂洗牢度都很好,耐日晒牢度可达 6~7 级,耐皂洗牢度可达 5 级,但所染棉纤维在储存中会发生脆损现象。主要有青光硫化黑、红光硫化黑、青红光硫化黑等品种。

(二)硫化蓝

硫化蓝是应用量仅次于硫化黑的硫化染料,其耐日晒牢度较好,可达 5~6 级。主要有硫化蓝 BN、硫化蓝 RN、硫化蓝 BRN 等品种。

(三)硫化还原染料(海昌染料)

硫化还原染料又叫海昌染料,是一类染色性能和染色牢度介于一般硫化染料和还原染料之间的染料,所以称为硫化还原染料。其分子结构和制造方法与一般的硫化染料相似,但较硫化染料难还原,染色时需在碱性条件下用保险粉、硫化钠或葡萄糖作还原剂还原。这类染料的染色牢度比一般硫化染料高,且色光也较一般硫化染料佳。主要有海昌蓝 RNX、硫化还原黑CLN、硫化还原蓝 B 等品种。

(四)液体硫化染料

液体硫化染料是为了使用方便而生产的一种新型硫化染料,它是在原硫化染料基础上通过加入硫化钠,让其预先还原成染料的隐色体,是一种可溶性硫化染料,其应用方法类似于可溶性还原染料。此类染料在加工过程中经过多道过滤,因此染料相当纯净,具有很高的给色量和良好的稳定性。应用较多的有英国鲁宾逊(Sulphol)染料和山德士速得高(Sodyesuls)染料等。

第二节　硫化染料的染色过程

硫化染料的染色过程与还原染料类似,也分为染料的还原、隐色体的上染、隐色体的氧化、染后处理四个过程。

一、染料的还原

与还原染料一样,硫化染料本身对纤维没有直接性,必须还原成隐色体后才能上染纤维。硫化染料的还原反应,一般认为是染料分子中的二硫键或多硫键被硫化钠还原成巯基,在碱性溶液中生成隐色体钠盐而溶解。染料的反应过程如下所示:

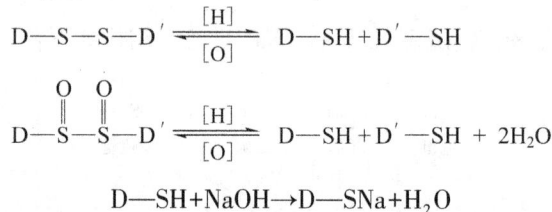

$$D—S—S—D' \underset{[O]}{\overset{[H]}{\rightleftharpoons}} D—SH + D'—SH$$

$$D—\overset{\overset{O}{\|}}{S}—\overset{\overset{O}{\|}}{S}—D' \underset{[O]}{\overset{[H]}{\rightleftharpoons}} D—SH + D'—SH + 2H_2O$$

$$D—SH+NaOH \rightarrow D—SNa+H_2O$$

硫化染料的隐色体电位的负值比还原染料低,比还原染料容易还原,常用还原能力较弱、价格较低的硫化钠作为还原剂。硫化钠在染浴中可发生以下反应:

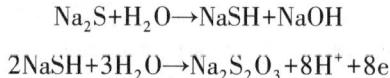

$$Na_2S+H_2O \rightarrow NaSH+NaOH$$

$$2NaSH+3H_2O \rightarrow Na_2S_2O_3+8H^++8e$$

硫化钠是黄褐色的固体,硫化钠又称为硫化碱,工业用硫化碱的有效成分含量是50%。在用硫化钠还原硫化染料时,其本身既是还原剂又是碱剂。硫化钠的还原性比保险粉弱,碱性强于纯碱,低于烧碱。硫化钠稳定,高温时分解损耗少,适合硫化染料高温还原和染色的要求。

染色时硫化钠用量随染料品种和浓度而定,一般为染料量的50%~250%。用量太少影响染料的还原和溶解;用量过多,影响染料上染,降低得色量。

虽然硫化染料比较容易还原,但其还原速率较慢,提高温度可增强硫化钠的还原能力,提高硫化染料的还原速率,且隐色体在高温时比较稳定,所以硫化染料的还原通常在温度高的条件下进行。

各种硫化染料在一般浓度下都能充分溶解,必要时可加一些助溶剂和渗透剂。为了提高染浴的稳定性,可加一些烧碱。

二、染料隐色体的上染

硫化染料的隐色体一般呈黄色或黄绿色,它在染液中以阴离子状态存在,上染性能与直接染料相似。一般硫化染料隐色体对纤维素纤维的亲和力比还原染料隐色体低,因此可采用小浴比，并加入适当的元明粉或食盐促染。硫化染料隐色体易与钙、镁离子生成沉淀，使染料损耗并造成染斑，所以在染液中常加入少量纯碱，来软化水。

硫化染料染色时温度较高，可达 70~90℃，这是因为硫化染料隐色体具有较大的聚集倾向，染色时需用较高的温度来提高扩散速率，而且较高温度可以促进硫化钠的水解，提高还原速率。

为了增强硫化钠的还原作用，防止隐色体过早氧化，在染液中可加入小苏打，小苏打能中和染液中产生的部分烧碱，有利于硫化钠的水解。小苏打也能直接与硫化钠反应生成硫氢化钠，提高硫化钠的还原能力，反应如下：

$$Na_2S+NaHCO_3\longrightarrow NaSH+Na_2CO_3$$

但小苏打过多会导致染料溶解度下降，降低隐色体的扩散性能，导致透染差，白芯严重，摩擦牢度低。

三、染料隐色体的氧化

硫化染料隐色体上染纤维后，必须经过氧化使它转变成不溶性的染料而固着在纤维上。硫化染料隐色体的氧化过程比较复杂，一般认为是巯基被氧化变成二硫键。反应如下：

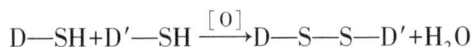

$$D—SH+D'—SH \xrightarrow{[O]} D—S—S—D'+H_2O$$

硫化染料隐色体的氧化性能各异，氧化难易和速率不一，因此要采用不同的氧化方法。有些能被水中和空气中的氧所氧化，因此染色后只要水洗和透风就可以，如硫化黑，但要注意的是较易氧化的染料，在染色时，若染物暴露在空气中，或硫化钠用量不足，往往会因过早的局部氧化而造成染斑。有些难氧化的染料隐色体要用氧化剂处理才能充分氧化，如硫化蓝、硫化红棕B3R 等。氧化剂可采用过硼酸钠、双氧水和酸性红矾。过硼酸钠和双氧水性质较温和，不损伤纤维，且颜色鲜艳，但水洗牢度较差，适宜颜色较浅且鲜艳的色泽。酸性红矾氧化剧烈，色泽萎暗，水洗牢度高。

四、染色后处理

隐色体氧化后，还要进行水洗、上油、防脆、固色等后处理。

硫化染料染后一定要加强水洗，以尽量减少织物上残留的硫，因为残留的硫会导致织物的脆损，要特别注意硫化黑在 50℃ 以上皂洗容易产生染斑，因此一般不经皂洗。

对某些硫化染料染后织物用红油处理，可以改善色泽和手感。对牢度要求高的染物可选择合适的固色剂进行固色处理，但要注意固色后色光有一定变化。

用一些如黄、棕、黑色等硫化染料染后的棉织物，在储存过程中会发生脆损现象，使织物强度严重下降，以硫化黑为最严重。因此染后需进行防脆处理。

硫化染料的储存脆损，主要是由于染料结构中不稳定的多硫结构引起的，这些不稳定的硫，在一定的温度、湿度条件下，容易被空气中的氧所氧化，生成磺酸、硫酸等酸性物质，致使棉纤维发生水解，使强力降低而脆损。根据硫化染料储存脆损的原因，防脆途径主要是中和生成的酸或抑制酸的产生。

中和硫化染料储存中所生成的酸，一般就是用碱性物质处理。常用的碱性物质有醋酸钠、磷酸三钠、碳酸钠、亚硫酸钠等。这些物质具有较好的防脆效果,但碱性物质有溶落染料的作用,因此会导致染色牢度降低。

抑制酸的产生可以用两种方法,一种是用有机防脆剂处理,这类物质能与染料中的活泼硫作用,抑制硫被空气氧化,另外,这些物质本身具有碱性,能中和酸性物质,常用的有骨胶、海藻酸钠、尿素等。常把有机防脆剂和碱性物质混合使用。另一种方法是改变染料分子的结构。目前效果较好的是防脆硫化黑。即在普通硫化黑的反应完成以后,降温到 100℃ 左右,先后加入一氯醋酸钠和甲醛,一起反应 1h 左右制成。一氯醋酸钠和甲醛能与普通硫化黑分子中的活泼硫起反应,因此减少了染料分子中活泼硫的含量,抑制了储存时酸的产生。

防脆硫化黑的还原速率、上染速率、氧化速率比普通硫化黑慢。染液稳定性比普通硫化黑好,易于操作,不易过早氧化。染色牢度和普通硫化黑相同,但溶解性较差,色光偏黄。黑度不及普通硫化黑,适宜用浸染或卷染染色。

第三节　硫化染料的染色方法与工艺

硫化染料价格便宜,染色牢度较好,一般适合于染较深色泽的棉制品。硫化染料颗粒较大,即使研磨后,仍会发生聚集,因此不适宜悬浮体染色,常用隐色体法染色。染色方式有浸染、卷染及轧染。棉的纱线、针织物常用浸染,棉的机织布常用轧染或卷染。

一、浸染

硫化染料浸染棉织物一般在绳状染色机中进行。

(一)工艺流程

硫化染料浸染工艺流程:

还原上染→冷水洗→氧化→皂煮→热水洗→冷水洗→脱水

(二)工艺说明

由于硫化染料隐色体的直接性低,因此染色时染料用量较大,一般为织物重量的 5% ~ 10%,甚至更大。硫化钠作为染色的还原剂,其用量随染料品种及浓度而定。一般淡色多加,深色少加。通常用量是 50% ~ 200%。由于染料隐色体遇硬水容易产生沉淀,染浴中应加软水剂,如纯碱。为促进染料上染,染浴中可加元明粉或食盐进行促染,一般为织物重量的 5% ~ 20%。由于硫化染料的上染率较低,残浴中留有大量染料,因此为节省染料,可采用续缸染色。

由于硫化染料直接性低,因此浴比不宜过大,以 1 : 20 为宜。多数硫化染料采用近沸点染色,可以促进硫化钠的还原能力,提高上染率。染色时间一般为 30~60min。

还原染料隐色体氧化视染品种而定。易氧化的可采用水洗或透风氧化,难氧化的可采用氧化剂氧化。过硼酸钠氧化举例如下:

过硼酸钠	1% ~ 2%(owf)
醋酸	0.3% ~ 0.5%(owf)

温度	60℃
时间	10min

氧化后必须进行皂煮来去除浮色(硫化黑除外),提高色牢度,一般工艺如下:

工业皂	5g/L
纯碱	1g/L
浴比	1:20
时间	10min
温度	95℃

为防止纤维脆损,一般最后进行一次防脆处理,举例如下:

尿素	2%(owf)
醋酸钠	1%(owf)

室温处理10min,脱水,烘干。

二、卷染

(一)工艺流程

染色(95℃,10道)→水洗(4道)→氧化(70℃,6道)→水洗(2道)→水洗(4道)→防脆处理(3道)

(二)工艺说明

硫化染料对纤维的直接性低,上染率不高,染料的利用率低,染后残液中还含20%~30%的染料,因此,浓色卷染可采用续缸染色,以提高染料利用率。

制备染液时,用热的硫化钠溶液调匀染料后,加入到软水中,加热约15min,并不停搅拌。为使染料能充分还原溶解,可采用高温沸煮。

硫化钠的用量随染料而定,一般为染料量的100%~200%。在染浴中加入纯碱,可以使染料隐色体更好地溶解,并且可以软化水。染中、淡色时,可加入食盐或元明粉促染,提高给色量,但用量过多容易产生染色疵病。

硫化染料隐色体染色大都采用沸染或近沸染色。由于硫化染料隐色体容易聚集,因此染色温度过低,会影响染料隐色体的扩散,导致透染性差,影响染物的染色牢度。染色时间根据染色色泽而定,染深色时时间应长些;染中、淡色时,时间可适当短些。

染色后进行氧化,双氧水氧化举例如下:

双氧水	1%~1.5%(owf)
温度	50~80℃
时间	10~15min

氧化后充分水洗。

三、轧染

硫化染料隐色体轧染是先将染料用硫化钠还原溶解,织物浸轧染料的隐色体溶液后,经氧化、皂煮完成染色过程。

(一)工艺流程

浸轧染液(二浸二轧,70%)→湿蒸→干蒸→水洗→氧化→水洗→皂洗→水洗→(固色)→烘干

(二)轧染液处方

轧染液组成一般为：

染料	x
硫化钠	100%~250%(owf)
纯碱	1~3g/L
润湿剂	适量
温度	70~80℃

轧槽中的染液浓度约为补充液的70%,即轧槽初始液一般要加水30%。

轧染后织物先经湿蒸,箱内有一定染料浓度和适当硫化钠的染液,液量约为800~1200L,汽蒸温度在105~110℃之间,时间为30~60s。织物在蒸箱内经过高温浸渍及汽蒸,利于染料的扩散和渗透。织物出湿蒸箱后进入干蒸箱,通过干蒸使硫化染料隐色体进一步扩散渗透至纤维内部。干蒸可采用一般的还原蒸箱,温度102~105℃,时间60s左右。干蒸后进行较短时间的氧化。

四、硫化还原染料染色

硫化还原染料不溶或难溶于硫化钠溶液中,因此染色时需用保险粉来还原。但又不像还原染料那样严格,可用一部分硫化钠来代替保险粉。其还原方法主要有烧碱—保险粉法、硫化钠—保险粉法两种。

硫化还原染料染色以卷染法为主,由于染料粒子较粗,易产生色点,因此不适合用悬浮体轧染法。现以硫化钠—保险粉工艺举例。

(一)工艺流程

卷染(70℃,6道)→水洗(室温,4道)→氧化(50℃,4道)→水洗(室温,4道)→皂煮(95℃,4道)→热洗(80℃,4道)→水洗(室温,2道)→烘干

(二)卷染处方

	头缸	续缸
染料	0.5%~3%(owf)	0.35%~2%(owf)
30%烧碱	6~14g/L	4.5~12g/L
50%硫化钠	6~25g/L	4~8g/L
85%保险粉	3~7g/L	2~4g/L
润湿剂	0.5g/L	0.5g/L
总量	250L	250L

(三)氧化液处方

过硼酸钠	2g/L

| 醋酸 | 4mL/L |
| 总量 | 120L |

（四）皂煮液处方

纯碱	400g
肥皂	600g
总量	120L

硫化还原染料可与还原染料、硫化染料拼色，以增加色谱。

五、液体硫化染料染色

与一般硫化染料不同的是，液体硫化染料已预先进行了还原处理，因此是一种隐色体染料。染液一般由染料、硫化碱、抗氧剂、软水剂和润湿剂等组成。硫化碱是用来补充染液中还原剂的量；抗氧剂是用来防止染料过早氧化发色，一般是多硫化合物。

液体硫化染料可直接溶于水，化料方法如下：先在染缸内放规定水量的 2/3，然后加入适量的软水剂，升温至规定温度，一般染料为 70℃，黑色为 95℃，再加所需的渗透剂、抗氧剂及染料，搅拌均匀，最后加入剩余的水量并将水升温至所需温度。

液体硫化染料对棉织物的染色一般分为卷染法与连续轧染法。连续轧染法工艺流程：

浸轧染液→汽蒸→水洗→氧化→水洗中和→烘干

液体硫化染料的浸轧温度一般为室温，个别品种需在较高温度下浸轧。汽蒸时蒸箱内温度为 102~105℃，汽蒸时间 60s 左右。在氧化前应进行水洗，以免还原剂等物质被氧化。常用的氧化剂可以是溴酸钠、双氧水、红矾钠等。氧化后加强水洗，去除浮色，减少织物上带的硫，防止织物脆损。

思考题

1. 简述硫化染料的染色机理。
2. 硫化染料染色为什么一般都采用隐色体染色法，而不采用悬浮体轧染法？
3. 硫化染料隐色体的上染特点是什么？针对其特点在染色工艺上可采取哪些相应的措施？
4. 何谓硫化染料的储存脆损？试根据储存脆损的原理，说明防脆处理可采取的方法。

参考文献

[1]陶乃杰.染整工程：第二册[M].北京：中国纺织出版社，2001.
[2]吴冠英.染整工艺学：第三册[M].北京：纺织工业出版社，1985.
[3]王菊生.染整工艺原理：第二册[M].北京：纺织工业出版社，1986.
[4]朱世林.纤维素纤维制品的染整[M].北京：中国纺织出版社，2002.
[5]沈志平.染整技术：第二册[M].北京：中国纺织出版社，2005.

第十一章　一般整理

✿ **本章知识要求**

1. 掌握织物整理的定义。

2. 掌握物理—机械整理的定义

3. 掌握化学整理的定义。

4. 掌握定(拉)幅整理方法与工艺。

5. 了解光电整纬的意义。

6. 掌握缩水率的概念。

7. 了解织物缩水机理。

8. 掌握机械预缩整理方法与工艺。

9. 掌握轧光整理。

10. 了解电光整理。

11. 了解轧纹整理。

12. 了解上蓝增白。

13. 掌握荧光增白剂增白方法与工艺。

14. 掌握柔软整理方法与工艺。

15. 掌握硬挺整理方法与工艺。

✿ **本章技能要求**

1. 掌握定幅整理工艺制订。

2. 掌握机械预缩整理工艺制订。

3. 掌握轧光整理工艺制订。

4. 学会织物缩水率的测定。

5. 掌握增白整理工艺制订与操作。

6. 掌握柔软整理工艺制订与操作。

7. 掌握硬挺整理工艺制订与操作。

　　织物整理是指通过物理、化学或物理和化学联合的方法,改善织物的外观和内在质量,提高其服用性能或赋予其某种特殊功能的加工过程。广义的织物整理可包括织物自下织机后所进行的一切改善外观和提高品质的处理过程,但在实际染整生产中,指的是织物在前处理、染色和印花等以后进行的加工过程。

　　织物整理历史较久,早期的整理方法大多以物理—机械加工为主,或辅以简单的化学整理,所获得的整理效果多为暂时性的。物理—机械整理的加工方法简单、工艺流程短,而且不污染环境,通过对工艺设备的不断改进,在改善织物外观风格和内在质量方面仍发挥着重要作用。随着化学工业的发展,以及对纤维结构性能了解的不断深入,织物的化学整理得到了迅速的发展。化学整理主要是通过化学助剂对天然纤维和合成纤维进行化学改性,赋予织物更加优良的性能和持久性效果。化学整理的发展开创了织物加工技术的新阶段,并为织物功能性整理奠定了基础。近年来一些对环境造成污染的传统的化学整理受到冷落,已逐渐被环境友好型的整理技术所取代。为了赋予织物一些特殊的功能的加工技术,如阻燃、拒水拒油、抗静电、抗菌防臭、防辐射等,被称为织物的功能整理。功能性纺织品是现代纤维科学发展的重要标志,功能整理是开发功能性纺织品的重要途径之一。

棉织物整理的内容丰富多彩,通常将以物理—机械方法或化学方法处理棉织物,使棉织物门幅整齐划一或尺寸、形态稳定的整理称之为定形整理,属于此类整理的有定(拉)幅整理、机械预缩整理等;把以增进棉织物的光泽、白度和悬垂性等为目的整理称之为外观整理,属于此类整理的有轧光整理、电光整理、增白整理等;把使棉织物手感获得改善或加强的整理称之为手感整理,属于此类整理的有柔软、硬挺整理等。定形整理、外观整理、手感整理又被统称为棉织物的一般整理。

第一节 定形整理

一、定幅整理

纤维在纺纱过程中、纱线在织造过程中以及织物在练漂、染色、印花等加工过程中,都会受到各种外力的作用。对织物而言,往往是经向受到拉伸的概率较多,织物经向伸长,纬向收缩,呈现出幅宽不匀、布边不齐、纬斜等缺点。棉织物在练漂、染色、印花等染整加工基本完成后进行的定幅整理,就是为了尽可能地纠正上述缺点。

棉织物的定幅整理是利用棉纤维在潮湿状态下具有一定的可塑性能的特点,在定幅机上将织物门幅缓缓拉宽至规定的尺寸,并调整经纬纱在织物中的状态,使织物的门幅整齐划一,纬斜得到纠正,以符合印染成品的规格要求。

(一)定幅机

根据固定布边方式的不同,织物定幅机有布铗式、皮带式和针板式等形式。棉织物的定幅整理多采用布铗式定幅机,皮带式定幅机的定形效果差,现已很少使用。布铗式热风定幅联合机的示意图见图11-1。

该设备是由进布架、浸轧机、整纬装置、烘筒烘干机、热风干燥设备(烘房)和落布架等组成的联合机。浸轧机可在轧水给湿或浸轧整理剂时用,有的设备还附有高压水喷雾或蒸汽喷射给湿装置。织物经过给湿或浸轧整理剂后,经烘筒初步烘干,由伸幅机的左右两串布铗啮住布边,随布铗链的运行进入热风烘房。织物进入烘房后布铗链间的距离逐渐增大,织物的门幅被拉宽至规定尺寸,为使织物的门幅稳定,一般是使拉伸后织物的幅宽控制在成品幅宽公差的上限。

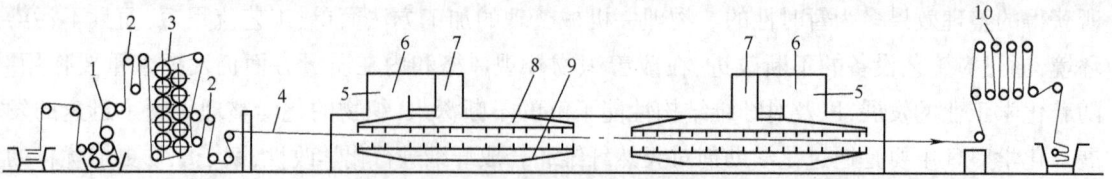

图 11-1 布铗式热风定幅联合机示意图

1—浸轧机 2—张力架 3—烘筒烘干机 4—布铗链轨 5—煤气喷嘴
6—燃烧室 7—鼓风机 8—上风道 9—下风道 10—透风架

定幅时织物的加热是通过热风喷口向布面垂直喷吹热风进行的。热风是由冷空气通过不同热源的加热装置加热后,经送风机压送至上、下风道的热风喷口。热风喷口可随织物的门幅调节宽度。在烘房的前部,空气的含湿量较高。在烘房中间有横隔板以阻挡前后部空气的混合,这样有利于较干空气的循环使用和较湿空气排出室外。在热风定幅机上往往还附有整纬装置。织物在练漂、印染加工过程中,特别是绳状练漂时,由于经纱和纬纱受到的外力作用不均匀,造成纬纱排列不垂直于经纱,呈直线型或弧型纬斜,如果不加以纠正,就会在热风拉幅后,将这种纬斜状态固定下来。整纬装置有差动式齿轮和导辊式两种。差动式齿轮整纬装置安装于伸幅机出布端的链盘上,利用差动作用使一边铗链的运转速度随纬斜的状态和程度而加快或减慢,从而使织物的直线型纬斜得到矫正。导辊式整纬装置,安装于浸轧机之后,烘筒烘干机之前,它是由几根被动的直形或弧形导辊组成。当织物通过一组直形导辊时,可调节导辊间的相对距离,即由平行排列变为呈一定角度的倾斜状态排列,使纬斜的相应部分超前或滞后,以恢复纬纱在整幅范围内与经纱正交,用于矫正直线型纬斜。如果采用弧形导辊,则可使弧线型纬斜拉直。应用机电一体化技术开发的光电整纬装置,具有操作方便、矫正纬斜效果好,整纬车速高等优点,能自动控制与不同织物相适应的整纬效果,已被广泛应用于实际的生产中。

针板式热风定幅机的结构组成与布铗式热风定幅机基本相同,主要区别是固定布边方式以针板代替布铗。针板式定幅机多用于化纤及其混纺织物的定幅整理。

(二)定幅整理工艺

棉织物定幅整理一般工艺流程为:

进布→给湿→预烘→布铗扩幅→定幅烘干→冷却→落布

定幅整理的主要工艺条件有给湿率、定幅温度和时间。给湿率一般要求高于回潮率为 5%~6%,给湿的方法有喷水给湿、高压水喷雾给湿、蒸汽喷射给湿和浸轧给湿。在浸轧给湿时,浸轧机可以浸轧清水,也可以浸轧其他整理工作液,如浸轧柔软整理液、增白整理液、树脂整理液等,在定幅整理的同时进行柔软整理、增白整理和树脂整理。一般定幅整理的温度可控制在 100~120℃之间,当定幅整理和其他整理合并进行时,根据整理制品的要求不同,烘房温度也应作相应的调整。定幅整理的时间由定幅机的车速进行控制,车速要根据织物的厚薄而不同,一般情况下,加工厚织物时车速为 30~50m/min,薄织物为 50~70m/min。

二、机械预缩整理

经过染整加工后已干燥的织物,如果在松弛状态下再被水润湿时,往往会发生比较明显的收缩,织物这种尺寸不稳定的现象称为缩水,通常以缩水率来衡量缩水程度的大小。织物缩水率是指按规定的标准方法洗涤前后织物的经向或纬向的长度差,占洗涤前长度的百分率。分为经向缩水率和纬向缩水率。

$$经(纬)向缩水率 = \frac{洗涤前经(纬)向长度 - 洗涤后经(纬)向长度}{洗涤前经(纬)向长度} \times 100\%$$

有些织物,除了有一般的缩水现象外,在一定的条件下洗涤时,由于机械作用,纤维会产生特殊的蠕动而相互纠缠,并使织物缩成紧密状态,这种收缩称为毡缩,通常可以织物面积变化的百分率来表示。织物的缩水现象会导致制成的服装变形和走样,将会严重影响纺织品的服用性能。

不同纤维制成的织物,它们的收缩情况不完全相同。例如,棉和麻纤维织物在初次洗涤中收缩较大(称为初次收缩),但在以后的多次洗涤中收缩较小(称为后续收缩)。某些毛织物不但在初次洗涤中,具有较大的收缩,而在以后的多次洗涤中还会继续发生很大的收缩,黏胶纤维织物也发现有类似的现象。纤维素纤维与合成纤维的混纺织物,经过热定形后,其缩水问题没有纤维素纤维织物严重,这是由于大部分合成纤维的吸湿性较低的缘故。本节主要讨论棉织物的缩水机理及机械预缩整理。

(一)织物缩水机理

棉织物在加工过程中,特别在含湿的条件下,纤维和纱(线)受到拉伸而伸长,如果在这种拉伸状态进行干燥,纤维和纱(线)会被暂时定形,即产生"干燥定形"形变,纤维和纱(线)内部存在着内应力。当这种状态下的织物再度被润湿时,由于内应力松弛,使纤维和纱(线)的长度缩短,这可以被认为是导致织物缩水的一个原因。但是根据对棉织物拉伸后的伸长率和缩水率的测定,两者并没有存在一一对应的关系。为了进一步弄清楚棉织物的缩水机理,就有必要分析纤维、纱和织物在水中尺寸变化的情况。

当织物润湿时棉纤维发生溶胀,直径增大很多,而长度变化不大(见表11-1),表现出了棉纤维溶胀的异向性。这是因为在润湿的条件下,水分子进入纤维内部,对于纤维大分子的轴向主链结构并没有多大的影响,因而纤维主轴方向的尺寸变化不大。但在纤维的横截面方向,由于水分子的进入,使纤维大分子链段间的氢键部分被拆散,大分子链段横向间距增大,使纤维横截面增大。

表11-1 几种纤维润湿后直径与长度的变化

纤维	长度增加(%)	直径增加(%)	纤维	长度增加(%)	直径增加(%)
锦纶	1.2	5.0	天然丝	1.7	28.7
棉	1.2	14.0	黏胶纤维	2.5	26.0
羊毛	1.2	16.0	—	—	—

纱(线)是由纤维通过加捻绕纱轴排列而成,它在水中的尺寸变化,除了与纤维的本性有关外,还与其结构如捻度、紧密程度等有关。由于棉纤维长度变化引起的棉纱长度变化不多,但棉纱的直径必然会因纤维横向溶胀而发生相应的增大,如果纤维还要保持原来的沿纱轴行程的

话,必然会导致纱的长度缩短。但棉纱在水中的收缩是比较小的,很少超过 2%,最大为 3%,一般在 1%~2% 之间。因此,缩水率比较大的织物的收缩,不可能仅由其中纤维和纱的较小收缩所构成,而必然与织物的结构有关。

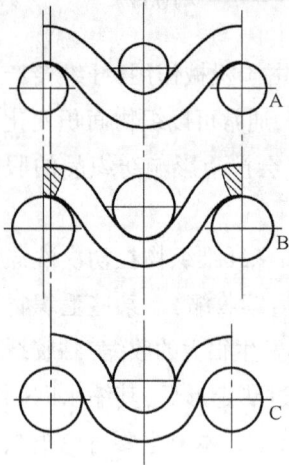

图 11-2　织物润湿时
织缩变化示意

织物润湿时,主要表现为织缩的改变,同时也伴有应力松弛。所谓织缩是指纱线长度与该长度纱线所织成的织物长度的相对比值。织物是由经、纬纱交织而成,经、纬纱起伏越大,织缩越大。

$$织缩 = \frac{L_1 - L_2}{L_2} \times 100\%$$

式中:L_1 为纱线长度;L_2 为织成织物后长度。

当织物在水中润湿后,纱的直径变大,如果纬纱仍要保持润湿前的间距,那么,经纱势必要发生一定的伸长才能满足要求。由于经纱在染整加工中不断受到张力作用,润湿后本来就有缩短的倾向,因此实际上经纱不可能在润湿后发生自然的伸长来满足要求,并且由于织物中的纱是互相挤压着的,经纱也不可能通过退捻而增加其长度。为了保持经纱绕纬纱所经过的路程基本不变,唯一可能的是经纱以增大弯曲的程度、减小纬纱间的距离来适应纬纱直径的变化,即使织缩增加。从而宏观上导致织物经向长度缩短,如图 11-2 所示。

从以上分析知道,织物缩水的原因主要是内应力的松弛和纤维的吸湿溶胀,这两种因素在纤维、纱线、织物三个不同层次有各自不同的贡献。不同层次的同一因素不仅相互关联,而且又都以纤维的溶胀和应力松弛为基础。对棉织物来说,吸湿后的织缩是造成这种不可逆收缩的主要因素,而织缩正是由于纤维的溶胀导致了纱线的直径变大而引发的。但黏胶纤维织物的缩水机理与棉织物有些不同,由于黏胶纤维分子链较短,无定形部分含量较多,湿模量又低,在润湿状态拉伸时,分子链很容易被拉长。如果保持伸长状态干燥,则纤维中便存在着较大的"干燥定形"形变,重新润湿时,由于内应力松弛便会使织物产生较大的收缩。因此,内应力松弛而引起的收缩是黏胶纤维织物缩水的一个重要因素。

(二)机械预缩整理的工作原理

机械预缩整理是通过机械—物理作用减少织物的内应力,增加织物的纬密和经向织缩,使织物获得更为松弛的结构,织物中原来存在着的潜在收缩,在成为成品之前让它预先缩回。经过整理的织物,不但"干燥定形"形变很小,而且在再润湿后,由于经、纬纱间还留有足够的空隙,纤维发生溶胀时不会再引起织物经向长度的缩短,从而显著地降低了成品的经向缩水率。

在预缩方法中,最简单的是使织物在无张力或松弛状态下进行一次干燥或定幅,此法能减少织物中的"干燥定形"形变,但织缩还不够大,因而防缩效果不够理想。压缩式防缩机效果良好并获得了广泛应用,其中以毛毯压缩式和橡胶毯压缩式预缩机在棉织物上的应用较多。两者工作原理相同,现在以橡胶毯压缩式预缩机为例介绍机械预缩整理的工作原理。

机械预缩设备的关键部件是利用如橡胶毯、呢毯等可压缩的弹性材料作为工作介质。具有一定厚度的弹性材料在弯曲变形时,弯曲内外两侧会出现外侧拉伸、内侧压缩的形变。如图 11-3 所示。

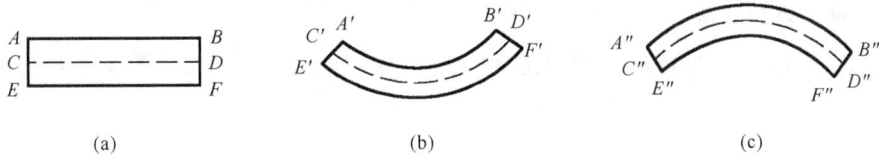

图 11-3 弹性材料受力弯曲形变示意图

弹性材料在未受力的情况下,AB=CD=EF,如图 11-3(a)所示。当弹性材料受力向下弯曲变形时,下侧表面受拉伸而伸长,上侧表面受压缩而缩短,A′B′<C′D′<E′F′,如图 11-3(b)所示。当弹性材料受力向上弯曲变形时,上侧表面受拉伸而伸长,下侧表面受压缩而缩短,A″B″>C″D″>E″F″,如图 11-3(c)所示。

常用的三辊橡胶毯预缩机就是利用上述原理实现预缩的,其缩布部分如图 11-4 所示。如果将含湿的织物紧贴在橡胶毯上,当橡胶毯在导辊和承压辊间通过时,被压薄伸长,离开后则收缩回复原状,并迫使织物经向同步收缩,纬密增加,达到预缩效果。

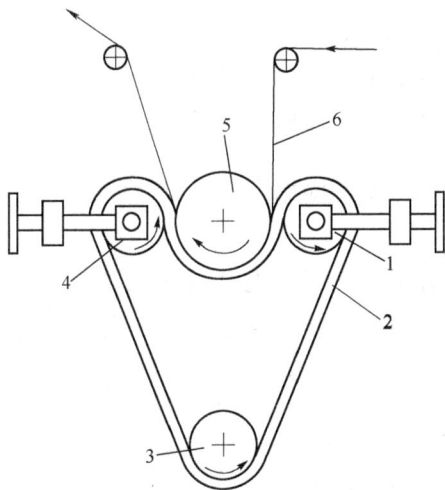

图 11-4 三辊橡胶毯预缩机缩布部分示意图
1—给布辊 2—橡胶毯 3—橡胶毯张力辊
4—出布辊 5—承压辊 6—织物

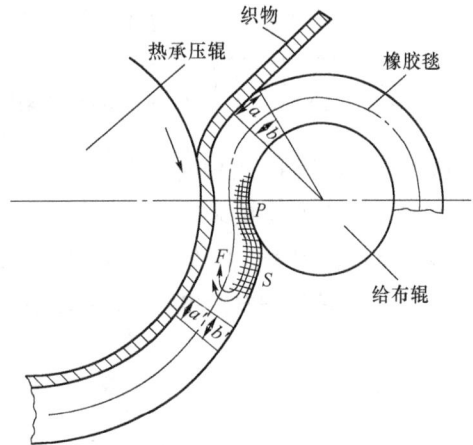

图 11-5 橡胶毯拉伸、压缩时受力情况示意图

图 11-5 所示为橡胶毯拉伸、压缩时受力情况示意图。织物进入时紧贴在橡胶毯的伸长部位 a 处,随橡胶毯运动进入给布辊和加热承压辊相接触处时,橡胶毯由伸长状态转化为压缩状态,即 a′<a。同时,在两辊相交处 P 点,橡胶毯受到挤压作用被压扁而略有伸长,直至运行到 S 点时,挤压作用消失,橡胶毯回缩而产生了向后挤压的作用力 F,这个作用力不仅使得织物紧压于承压辊,而且橡胶毯的主动回缩带动了织物的回缩。当橡胶毯离开承压辊时,织物必须立

即远离橡胶毯,否则将被拉伸使预缩效果消失。

橡胶毯的厚度、织物上的水分和承压辊的加热作用能增加纤维的可塑性,增进织物收缩作用。

(三)机械预缩整理的设备

1. 三辊橡胶毯预缩机

该机由进布装置、给湿装置、三辊橡胶毯预缩装置、传动装置、出布装置等主要结构组成,如图 11-6 所示。

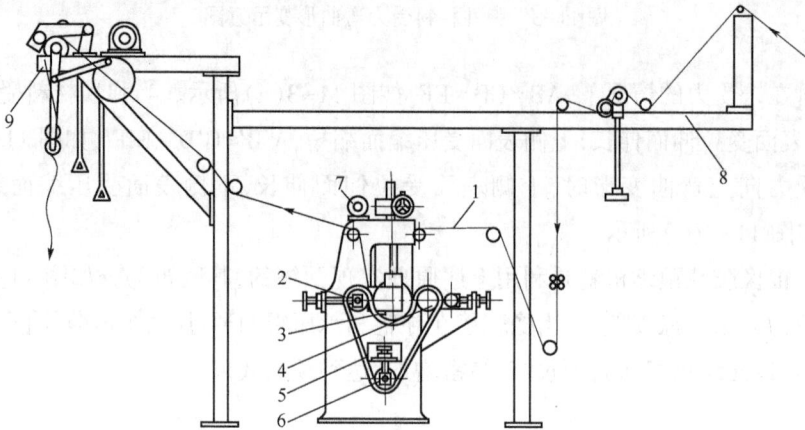

图 11-6　三辊橡胶毯预缩机结构示意图

1—织物　2—出布辊　3—热承压辊　4—给布辊　5—环状弹性橡胶毯　6—橡胶毯张力调节器

7—承压辊升降电动机　8—进布装置　9—出布装置

该设备结构简单,占地面积小,操作方便。但织物整理后回缩稳定性较差。

2. 呢毯式预缩整理机

该机由进布装置、蒸汽给湿装置、小型布铗拉幅装置、呢毯、电热靴及大烘筒组成,如图 11-7所示。该机配有两组呢毯电热预缩装置,可根据工艺需要对织物进行一次或连续二次预缩整理。

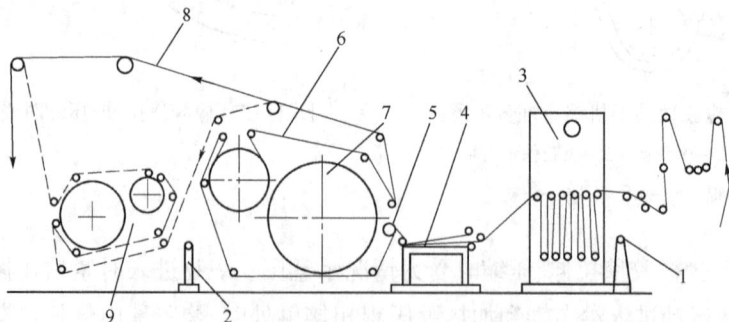

图 11-7　呢毯式机械预缩机结构示意图

1,2—给湿装置　3—汽蒸室　4—小型布铗拉幅装置　5—电热靴

6—呢毯　7—大烘筒　8—织物　9—二次预缩装置

呢毯式预缩整理机的预缩部分由给布辊、电热靴、呢毯和大烘筒构成,如图11-8所示。其预缩工作原理与橡胶毯预缩机相似,也是利用毯面的收缩带动织物的收缩。通常织物在入机前应先经过适当的给湿(10%~15%),使纤维变得比较柔软和具有较大的可塑性,电热靴的作用在于加热含湿的织物,增加其可塑性。然后经过大烘筒烘去部分水分,使已收缩织物的结构基本稳定。出机后若再经一无张力的烘干设备将织物进一步烘干,便可获得更加稳定的效果。一般织物经该设备加工后,缩水率可降低到1%以下,手感丰满、柔软,具有良好的服用性能。

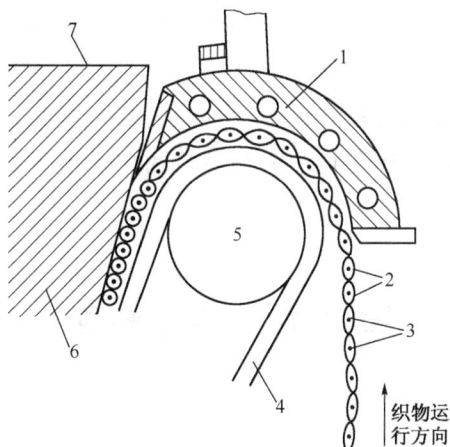

图11-8 呢毯缩布部分工作示意图

1—电热靴 2—经纱 3—纬纱 4—呢毯 5—给布辊 6—缩布区 7—烘筒

3. 典型防缩整理联合机

典型防缩整理联合机如图11-9所示。该机是在三辊橡胶毯预缩机的基础上,强化了给湿装置,增加了短布铗拉幅、呢毯烘燥等装置,使整理后的织物的预缩率和缩水稳定性都得到了显著提高,通常情况下,缩水率能稳定在2%以内。

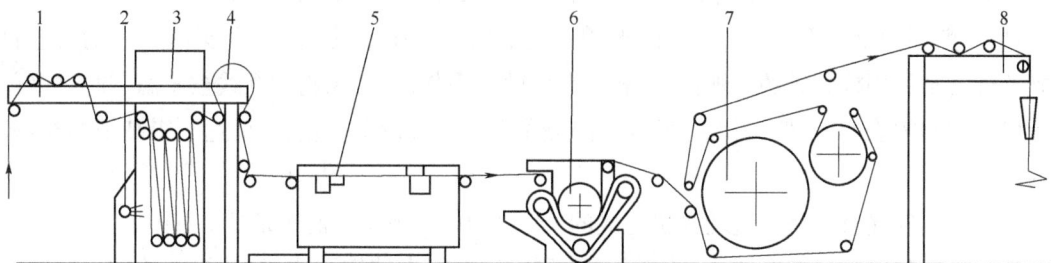

图11-9 典型防缩整理联合机示意图

1—进布装置 2—给湿装置 3—汽蒸装置 4—烘筒 5—短布铗拉幅装置
6—橡胶毯预缩装置 7—呢毯烘燥等装置 8—出布装置

(四)机械预缩整理工艺

选用设备不同,机械预缩整理工艺有一定差异。现以典型防缩整理联合机加工工艺为例,工艺流程如下:

进布→给湿→汽蒸→短布铗拉幅→橡胶毯预缩→呢毯烘干→出布

织物经进布架调整张力后入机，在喷雾给湿后进入汽蒸箱穿行，箱内蒸汽管喷出蒸汽，使织物充分润湿，一般织物的含湿量控制在 10%~20% 范围内。织物的含湿率越高，收缩率越大，但含湿率过高，若织物烘干不充分，会造成织物尺寸稳定性下降。润湿后的织物进入短布铗拉幅装置，使给湿织物达到工艺所规定的幅宽，以保证织物平整、无皱地进入三辊橡胶毯预缩装置。织物进入预缩装置时，在给布辊、加热承压辊和橡胶毯的作用下使织物发生收缩。织物的预缩率与橡胶毯的厚度、压辊压力、橡胶毯温度、车速都有关。预缩后织物进入呢毯烘干装置烘干，呢毯烘干的作用是烘干织物，改善织物的手感，消除预缩时织物表面形成的皱纹和极光，使织物获得稳定的下机收缩率。

织物经过机械预缩机整理以后的预缩效果分为两种，即收缩率在 5.5% 以上的称为真预缩。收缩率在 1.5%~2.0% 之间的称为假预缩，假预缩目的在于改善织物的手感，实际上是一种机械柔软整理。

第二节　外观整理

一、轧压整理

轧压整理是指轧光、电光及轧纹整理，均属改善织物外观的机械整理，前两种以增进织物的光泽为主，后者可使织物具有凹凸不平的立体花纹效果。这些整理的历史已经相当长久，产品风格独特。但如果仅仅利用机械方法加工，整理效果并不持久，需要将机械整理与树脂整理联合使用，才能获得耐洗效果。

（一）轧光整理

织物的光泽主要由织物表面对光的反射情况决定。通过放大镜或显微镜的观察便可发现，棉纤维的表面并不如蚕丝那样平滑，加之织物中纱线起伏很大，表面又附有纤毛，对光线呈漫反射，所以一般棉织物并不显示出良好的光泽。但是棉纤维在湿、热条件下，具有一定的可塑性。轧光整理就是利用棉纤维的可塑性，在轧光辊筒的压力作用下，织物中纱线被压扁，耸立的纤毛被压伏在织物的表面上，使织物表面平滑，降低了对光的漫反射程度，从而达到提高织物光泽的目的。

棉织物的轧光整理是通过轧光机完成的，图 11-10 为普通三辊轧光机示意图。

轧光机轧辊数量可有 3~7 只，分软、硬两种。硬轧辊由铸钢制成，软轧辊由羊毛、棉花或纸帛经高压压实再经车光磨平制成，也叫做纤维质轧辊。织物轧光时，除轧辊的本身重量外，还需加压装置如气压、液压、杠杆以及螺杆加压。通过轧辊组合，获得平轧光和软轧光效果。织物通过软轧辊与硬轧辊间的轧点后获得平轧光；通过软轧辊之间的轧点获得软轧光。

织物经过轧光机后，使织物光泽增加，手感柔软。光泽、手感改善的程度与织物的含湿率、通过的轧点数、轧辊间的压力、轧辊温度以及车速等因素有关。

如果五辊以上的轧光机配有一组 6~10 套导辊的导布架，则可以用以织物的叠层轧光，如

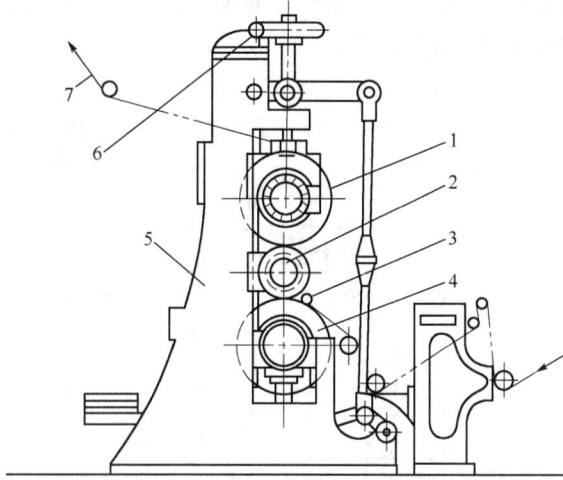

图 11-10　普通三辊轧光机示意图

1,4—纤维轧辊　2—主动铸钢辊　3—安全压布小辊　5—机架　6—蜗杆蜗轮加压装置　7—织物

图 11-11 所示。所谓叠层轧光就是通过导布架的作用,将织物叠层通过同一轧点进行的轧光整理。叠层最多可达 6 层。

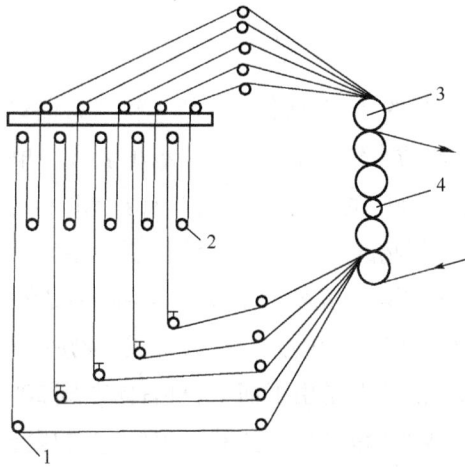

图 11-11　叠层轧光穿布方式示意图

1—齐边辊筒　2—张力辊筒　3—纤维轧辊　4—加热硬轧辊

　　叠层轧光的特点是利用织物叠层通过同一轧点时的相互轧压作用,在织物表面产生自然的波纹效应,除了能使织物获得柔和的光泽外,还可使织物具有柔软的手感和纹路清晰的外观。

　　如要使织物获得强烈的光泽,可采用摩擦轧光机(图 11-12)加工。摩擦轧光机有三个辊筒,三辊摩擦轧光机的上、下两只辊为铸铁制成的硬轧辊,其中上面的轧辊可以加热又称为摩擦轧辊。中间为羊毛、纸帛或棉花制成的软轧辊。加工织物时,通过传动装置使摩擦辊按规定的摩擦要求,超过其他轧辊的线速度运转,使摩擦辊的表面线速度大于织物通过轧点的线速度,从而摩擦织物使它获得强烈的光泽和薄而较硬的手感。

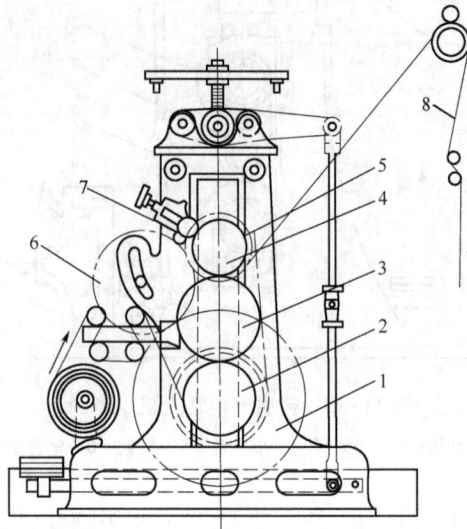

图 11-12　摩擦轧光机示意图

1—传动齿轮　2—铸铁辊　3—纤维辊　4—摩擦辊　5—变换齿轮　6—过桥齿轮　7—蜡辊

(二) 电光整理

电光整理是在电光机上进行的,电光机多为一硬一软的两辊式,其中的硬轧辊不但可以加热,而且表面上刻有与轧辊轴心成一定角度的相互平行的斜线。电光整理时,织物表面被压成很多相互平行的斜线,对光线呈规则的反射,可获得具有丝绸般的光泽。

斜线的角度和密度,视加工织物的品种、要求而异,如选用不当,将会影响织物的光泽和强力。

为了形成良好的电光效应,要求电光辊上刻纹线的斜向要尽可能与织物表面上主要纱线的捻向一致。由于我国棉纱单纱一般是反手捻(Z 捻),组成织物后,经纱的捻向是由下而上,自左向右成 70°左右的角度,而纬纱的捻向是由下而上,自右向左成 20°左右的角度。例如,横贡缎的纬纱浮长于布面,故应以纬纱的捻向为主,多采用 25°左右的电光刻纹线。直贡缎的经纱浮长于布面,则应以经纱的捻向为主,采用 65°~70°的电光刻纹线。至于平纹组织的织物,经纬纱浮长相似,一般采用 25°或 70°左右的电光刻纹线,而 45°刻纹线因正好轧在织物经纬纱的交织点上,会造成局部反射率过强,使织物表面上全部反射线混乱,故常避开不用。如果电光轧纹的角度选用不当,往往会将纱线中的纤维切断,导致织物在加工后强力显著下降。

(三) 轧纹整理

轧纹整理是利用刻有花纹的轧辊轧压织物,使织物表面产生凹凸花纹和局部光泽效果。轧纹整理一般是指轧花、拷花两种。轧花机是由一只可加热的硬钢辊与一只软辊组成。硬钢辊表面刻有阳纹的花纹,软辊则刻有阴纹花纹,钢辊的圆周长度与软辊的圆周长度要保持一个整数比,一般为 1:2 或 1:3 等,并以齿轮啮合,使软、硬保持相同的线速度运转,两者互相吻合,即产生凹凸花纹。拷花又称轻式轧花,由硬钢辊与丁腈橡胶的弹性软辊筒配合组成,只有硬辊刻有花纹,弹性软辊筒表面不刻花纹。织物通过轧点时压力较小,花纹深度较浅。

(四)轧压整理工艺条件分析

织物轧光、电光、轧纹整理的效果与织物的含湿率、轧辊压力和整理的温度、布速等工艺条件密切相关。

1. 织物的含湿率

织物整理时的含湿率对成品的手感、光泽、成型性等影响很大。含湿率越高,织物的手感越硬,织物的成型性和光泽越好,成品厚度越薄。

一般需经电光、摩擦轧光、轧花整理的织物都要求有较强的光泽、硬挺的手感,所以整理时,需要这些织物有较高的含湿率,一般为 10%～15%。而对于平轧光和叠层轧光整理的织物,为了防止织物在加工过程中伸长而起皱,含湿率以较低为好。

2. 整理温度

根据不同工艺要求,整理温度不同,织物获得的整理效果也不同。使用冷辊(室温)轧压的成品可获得柔软、平光的效果;温辊(40～80℃)轧压的成品稍有光泽,手感稍硬;热辊(150～200℃)轧压的成品则具有强光泽和较硬挺的手感。普通轧光、叠层轧光一般在室温下进行,而电光、摩擦轧光和轧纹整理时大多采用较高的温度。

3. 轧辊压力

整理时轧辊压力越大,整理效果越好,但成品的手感也随着压力的增大而变硬。轧辊压力的选择要与织物的含湿率、整理温度、布速等工艺条件相对应。

4. 布速

布速往往要根据整理织物的品种、纤维材料、重量及轧辊的排列情况而定。一般多控制在10～60m/min,但轧纹整理有时要低至 10m/min 以下。

二、增白整理

棉织物漂白后略带浅淡的黄色或褐色色光,这是因为漂白后的棉织物能吸收少量的蓝紫色光而反射出黄橙光的缘故。对一些白度要求较高的品种如漂白布、白地面积较大的印花布等,常需要通过增白处理来提高织物的白度。增白一般分为上蓝增白和荧光增白剂增白。

(一)上蓝增白

所谓上蓝增白是用少量蓝紫色染料或涂料(又称上蓝剂)处理漂白后的织物,以吸收可见光中的黄橙光,减弱了织物上的黄色或褐色色光的反射率,织物的白度提高。但上蓝增白后,织物对可见光的总反射率降低,致使亮度下降。上蓝增白已很少单独使用,主要用于调节荧光增白剂的色光。棉用上蓝剂可选用直接染料或涂料等,其中以涂料应用较为广泛。

(二)荧光增白剂增白

目前棉织物的增白多采用荧光增白剂增白。

荧光增白剂能吸收紫外光而反射出蓝紫色的可见光,这些蓝紫色的光与漂白织物上反射出来的黄橙光混合成为白光,从而使织物达到增白的目的。荧光增白剂处理后的织物对可见光的

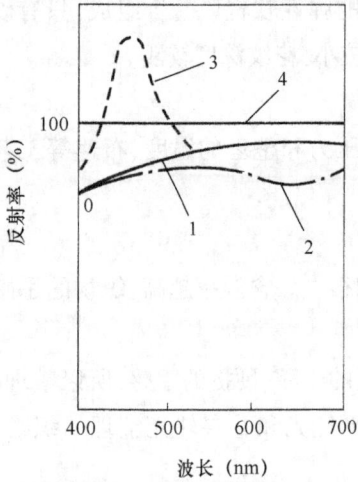

图 11-13 日光在不同棉织物上的
反射情况

1—漂白棉布 2—漂白后经上蓝增白处理的棉布
3—漂白后经荧光增白剂增白处理的棉布
4—标准白度（氧化镁白度为 100）

总反射率提高,织物不但白度提高而且亮度增加。图 11-13 表示漂白织物、上蓝增白处理后织物、荧光增白剂处理后织物对光的反射情况。

荧光增白剂分子结构中具有共轭双键。它能吸收紫外光线而进入能量较高的激发状态,一旦再回到能量较低的基本状态时,就发出波长较长的可见光波。荧光增白剂的增白效果主要取决于照射光中的紫外线的含量以及织物上荧光增白剂的浓度。当照射光中的紫外线的含量足够时,其增白效果在一定范围内随荧光增白剂浓度的增加而提高。荧光增白剂的吸收波长在 335~365nm 的紫外光部分时,反射波长为 450nm 的蓝光范围,正好与黄橙光谱互为补色而将其消除;若吸收光波的波长在 335mn 以下时,则反射出的荧光偏红;若在 365nm 以上时,则反射出的荧光偏绿。

荧光增白剂是一种近乎无色的荧光染料,种类很多,可用于棉、麻、丝、毛等天然纤维以及合成纤维的织物增白处理。

国内常用的棉织物荧光增白剂主要有荧光增白剂 VBL 和 VBU。这两种荧光增白剂的化学组成均为二苯乙烯三嗪型衍生物,结构式如下:

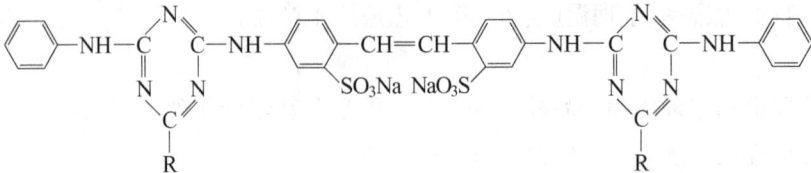

荧光增白剂 VBL 为淡黄色粉末,易溶于水,不耐酸、强碱及还原剂,增白剂溶液的 pH 以控制在 8~9 为宜。增白剂 VBL 可与阴离子、非离子型表面活性剂及直接、酸性等阴离子染料混合使用,也能和双氧水漂白同浴使用。荧光增白剂 VBU 又名耐酸增白剂 VBU,其化学组成及性状与荧光增白剂 VBL 相同,但其耐酸性较好,可在 pH 为 2~3 的酸浴中使用。荧光增白剂 VBU 有较好的耐氯性,可与树脂整理液同浴使用。

棉织物荧光增白可采用浸渍法或浸轧法。其增白工艺如下(表 11-2):

表 11-2　棉织物荧光增白工艺处方与工艺条件

	工艺处方（g/L）		工艺条件	
浸渍法	荧光增白剂 VBL	0.3~0.5	浴比	1:(15~30)
	硫酸钠	0~10	pH	8~9
	—	—	处理浴温度（℃）	20~40
	—	—	时间（min）	20~30
浸轧法	荧光增白剂 VBL	0.5~3.0	浸轧液 pH	8~9
	表面活性剂	0.25~0.5	浸轧液温度（℃）	40~45
	—	—	轧液率（%）	70

第三节　手感整理

织物的手感是织物的某些力学性能通过人手的触摸所感应到的一种综合反映。人们对织物的手感的要求根据织物的用途不同而异,如内衣、休闲服、被套等需要柔软的手感,为此常需进行柔软整理。而对一些按使用习惯和专门用途的织物,如用于衬垫等服装辅料的织物要求坚实硬挺,则需要进行硬挺整理。柔软整理和硬挺整理,也可结合起来进行。如有些硬挺整理中也可掺以一定量的柔软剂,避免织物的手感变得过于硬板或粗糙;而柔软整理有时也要加入少量硬挺剂,以增进织物的身骨。总之,应视对织物手感的具体要求而定,灵活掌握。

一、柔软整理

天然纤维素纤维因含有油蜡,再生纤维素纤维也往往由于在制造过程中施加油剂而具有一定的柔软性。但纤维素纤维织物经过练漂等印染加工后,油蜡或油剂等被去除,纤维变得较为粗糙,而且不可避免地还残存一些化工原料,再经高温烘燥,织物的手感更差。为了使纤维素纤维织物具有柔软、滑爽、丰满的手感,常需进行柔软整理。

纺织品的柔软程度与纤维之间的摩擦系数有关,摩擦系数有静摩擦系数(μ_s)和动摩擦系数(μ_d)两种,静、动摩擦系数的差值($\Delta\mu = \mu_s - \mu_d$)可用于评价织物柔软整理的效果。柔软整理可采用化学方法,即利用化学柔软剂来降低织物中纤维之间的摩擦系数,静摩擦系数μ_s低,使纤维之间的滑动相对容易。动摩擦系数越小,则表示纤维或织物滑动所需的力越小,致使获得柔软和平滑的手感。

(一)柔软剂的种类与性能

化学柔软整理首先要选用适宜的柔软剂,柔软剂的种类很多,按其化学特性可以分为四大类:

$$\text{柔软剂}\begin{cases}\text{表面活性剂类柔软剂}\\ \text{反应型柔软剂}\\ \text{有机硅系列柔软剂}\\ \text{聚乙烯乳液}\end{cases}$$

1. 表面活性剂类柔软剂

表面活性剂类柔软剂又可分为阴离子型、阳离子型、非离子型和两性型柔软剂。

(1)阴离子型柔软剂:是一类最早应用在纤维素纤维织物的柔软剂。常用的有动植物油的硫酸化物、磺化琥珀酸酯、脂肪醇类等。其中蓖麻油硫酸化物(土耳其红油)是一种常见的阴离子表面活性剂,常用于黑色织物的柔软整理,它既能改善手感,又能提高织物的光泽。琥珀酸酯磺酸钠也是一类较重要的阴离子型柔软剂,柔软性和平滑性均较好,不仅可以用于纤维素纤维织物的柔软整理,还用于丝绸织物的精练,能防止擦伤。但由于纤维素纤维在水中带负电荷,这类柔软剂不易被纤维吸附,耐久性低,且对硬水、酸性介质及电解质都较敏感,现在已较少使用。

(2)非离子型柔软剂:与阴离子型柔软剂相似,非离子型柔软剂对纤维的吸附性较差,耐久性低。但对硬水、盐类稳定性好,没有使织物泛黄或使染料变色等缺点,且能与阴离子型或阳离子型柔软剂合并使用。主要品种有季戊四醇类、失水山梨醇类及聚醚等。聚醚类非离子型柔软剂具有优良的耐高温性能,特别适合于作为高速缝纫线的平滑剂。

(3)阳离子型柔软剂:阳离子型柔软剂对各种天然纤维和合成纤维的吸附性好,结合力强,且具有一定耐洗性,是目前应用广泛的一类柔软剂,这类柔软剂进行柔软整理可获得优良的柔软效果,织物手感滑爽、丰满。但阳离子型柔软剂与荧光增白剂和某些染料同浴时会相互发生作用,影响织物的白度,并使某些染料的色光改变、耐日晒牢度降低,有些阳离子型柔软剂会使织物产生泛黄现象,使用时要特别注意。阳离子型柔软剂主要有季铵盐类、烷基咪唑啉季铵盐、氨基酯盐和吡啶季铵盐衍生物等。

(4)两性型柔软剂:两性型柔软剂是为了改进阳离子型柔软剂的缺点而发展起来的,对合成纤维亲和力较强,没有泛黄和使染料变色缺点。但柔软效果不如阳离子型柔软剂,一般和阳离子型柔软剂配合使用。两性型柔软剂一般是氨基酸型、甜菜碱型及咪唑啉型等烷基胺内酯结构的表面活性剂。

2. 反应型柔软剂

为了获得耐洗性的柔软整理效果,反应型柔软剂的应用已逐渐增多。这类化合物分子结构的特点是由较长的疏水性脂肪链和能与纤维素发生反应的官能团两部分组成,如酸酐类衍生物、羟甲基硬脂酰胺、吡啶季铵盐类衍生物等,通过反应性的官能团与纤维素的羟基发生反应,疏水性的脂肪链就比较牢固地附着于纤维的表面,起着与油蜡、阴离子表面活性剂相似的柔软作用,而且不易被洗除。大多数反应型柔软剂在整理过程中需经一定条件的高温处理,以促进反应性基团与纤维分子的化学反应,提高整理织物的耐洗性能。

3. 有机硅系列柔软剂

有机硅系列柔软剂是纺织染整加工中应用最为广泛的一类柔软剂。柔软剂的主要成分是硅氧烷基聚合物及其衍生物,也称硅氧烷、硅醚或硅酮。由于其纯态多为不溶于水的油状液体,故又称为硅油。硅油使用时要将其乳化成为乳液。

在柔软剂分子结构中,硅氧原子以共价键形式相间排列构成主链,结构通式如下:

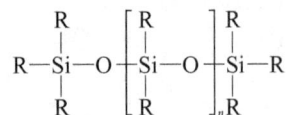

$$R-\underset{\underset{R}{|}}{\overset{\overset{R}{|}}{Si}}-O-\left[\underset{\underset{R}{|}}{\overset{\overset{R}{|}}{Si}}-O-\right]_n\underset{\underset{R}{|}}{\overset{\overset{R}{|}}{Si}}-R$$

式中:R 为—H、—CH$_3$、—OH 等,n 为聚合度。

有机硅系列柔软剂的产品开发已经历了三个阶段,早期的第一代产品以二甲基聚硅氧烷为代表,简称甲基硅油,分子结构如下:

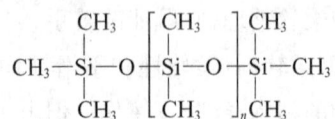

$$CH_3-\underset{\underset{CH_3}{|}}{\overset{\overset{CH_3}{|}}{Si}}-O-\left[\underset{\underset{CH_3}{|}}{\overset{\overset{CH_3}{|}}{Si}}-O-\right]_n\underset{\underset{CH_3}{|}}{\overset{\overset{CH_3}{|}}{Si}}-CH_3$$

由于其侧链和端基没有反应性基团,不能与纤维发生反应,也不能自身交联成网状结构,整理后织物的手感及弹性不够理想。第二代产品是聚甲基氢基硅氧烷和羟基聚二甲基硅氧烷,分别简称为含氢硅油和羟基硅油,含氢硅油分子结构如下:

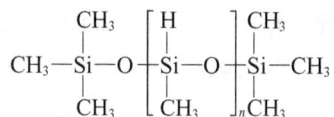

$$CH_3-\underset{\underset{CH_3}{|}}{\overset{\overset{CH_3}{|}}{Si}}-O\left[\underset{\underset{CH_3}{|}}{\overset{\overset{H}{|}}{Si}}-O\right]_n\underset{\underset{CH_3}{|}}{\overset{\overset{CH_3}{|}}{Si}}-CH_3$$

聚甲基氢基硅氧烷一般被制成乳状液,在催化剂(锌、钛等有机金属盐)的作用下,经高温(150~160℃)焙烘,其分子结构中的 Si—H 键可以经空气氧化或水解成羟基,并进一步缩合、交联、固化成具有一定强度和弹性的网状薄膜,包覆在纤维表面。由于键合作用,其分子结构中 Si—O 键指向布基,增加了有机硅膜与布基的固着力,而疏水基朝向布基外呈定向排列,赋予织物优异的柔软性和拒水性。但整理后织物随着堆放时间的延长,手感会变硬,故通常将聚甲基氢基硅氧烷与端羟基聚硅氧烷一起使用。

羟基聚二甲基硅氧烷结构特点是聚二甲基硅氧烷分子两端由羟基取代,具有一定的亲水性。分子结构式如下:

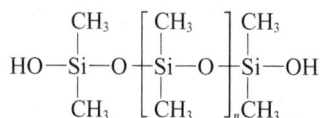

$$HO-\underset{\underset{CH_3}{|}}{\overset{\overset{CH_3}{|}}{Si}}-O\left[\underset{\underset{CH_3}{|}}{\overset{\overset{CH_3}{|}}{Si}}-O\right]_n\underset{\underset{CH_3}{|}}{\overset{\overset{CH_3}{|}}{Si}}-OH$$

羟基硅油与含氢硅油合用时,在催化剂和高温焙烘的作用下,相互交联形成网状结构,除了能赋予织物优良的柔软、滑爽感外,还有助于提高织物的手感、湿回弹性,且不降低织物强力,耐洗性良好。

第三代有机硅是指改性聚硅氧烷或称改性硅油。改性硅油主要有氨基改性、环氧改性、醇基改性、醚基改性、环氧和聚醚改性、羧基改性等类型。经改性后的有机硅产品,性能有了很大提高。例如,经氨基改性的有机硅,应用于毛织物或化纤织物上,具有优良的柔软性、丰满的手感,耐洗性好。又如,环氧和聚醚改性硅油,除具有柔软作用外,还具有抗静电、防污等性能。

4. 聚乙烯乳液

聚乙烯乳液是以聚乙烯树脂为原料,在一定的介质中,经高速搅拌和乳化剂作用而成为稳定的乳液,这种乳液对织物有亲和力,是一类较好的柔软剂。例如,低聚合度聚乙烯经氧化处理,并控制其反应产物达到一定酸值,乳化为乳液后用于柔软整理可以改善织物的手感,提高织物的柔软平滑性,对提高织物的撕破强力、耐磨性也有一定的帮助。

(二)柔软整理工艺

1. 浸轧法

棉织物的柔软整理可以用浸轧法。一般可结合热风定幅同时进行,将柔软剂配制成一定浓度的整理液,放在热风定幅机的浸轧槽中,织物经浸轧烘干即可。若采用松式烘干,则柔软整理的效果更好。该方法给液均匀,工艺简单,可用于大批量连续化生产。

柔软整理还常与增白整理同时进行,棉织物若需要增白,可在柔软整理液中加入荧光增白

剂 VBL,加入量为 1~3g/L,并加入适量的涂料着色剂。浸轧法工艺流程及工艺条件如下:

织物浸轧整理液(柔软剂用量 1%~3%,一浸一轧或二浸二轧,温度 30~50℃,布速 40~70m/min)→热风拉幅烘干(温度 105~120℃)

若应用反应型有机硅柔软剂进行整理时,烘干后的织物还需经高温焙烘,使柔软剂在织物表面交联,形成弹性膜,从而提高织物的柔软性。

2. 浸渍法

浸渍法适用于纺织品多种加工形态(散纤维、纱线、织物、成衣等)的柔软整理,是一种间歇式生产方式。浸渍法一般可采用溢流染色机、绳状水洗机、转鼓式水洗机、染纱机等设备进行。浸渍法柔软整理的工艺条件为:浴比 1:(10~20),柔软剂用量 0.5%~1.5%,温度 30~60℃,处理时间 10~20min,脱液后用松式热风烘干即可。

除了采用柔软剂进行织物柔软整理外,也可以进行机械柔软整理。机械柔软整理主要用机械的方法,在有张力或无张力状态下把织物多次揉曲、弯曲,以降低织物的刚性,适当提高织物的柔软度。例如棉织物也可以在轧光机和机械预缩机上获得柔软整理,织物通过多根被动的方形导布杆,再进入轧光机上的软轧点进行轧光,可获得平滑、柔软的手感。利用机械预缩机进行柔软整理时,承压辊与给布辊间的压力,承压辊的温度,要比预缩时低,车速也应快些。不过这些整理方法效果不是很理想,而且耐洗性差。

近年来采用专用的机械柔软整理设备对织物进行柔软处理更受到关注,如 AIRO-1000 松式柔软整理机(图 11-14)。该机是一种多功能整理装置,主要的工作部件有处理槽、导布机构、文氏管、栅格、气流流量调节系统、气流温度调节系统、过滤系统等。该机在高压气体的冲击和驱动力的作用下,利用喷管(文氏管)的风动原理,对织物进行机械甩打、搓揉和膨化处理,通过改变加工条件而获得防缩、柔软、防折皱等各种整理效果。

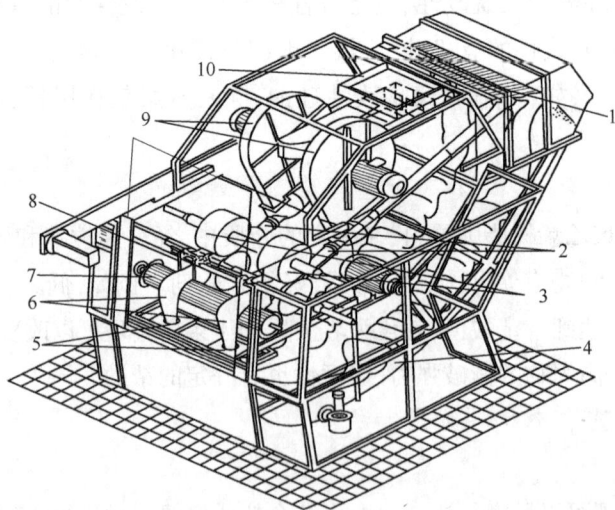

图 11-14 AIRO-1000 松式柔软整理机

1—栅格 2—文氏管 3—大导布辊 4—处理槽 5—水平导布框架 6—织物

7—叶形导布辊 8—垂直导布辊 9—鼓风机 10—热交换器

二、硬挺整理

织物的硬挺整理俗称上浆整理,是指织物通过浸轧硬挺整理液,利用浆料在纤维内部、纤维之间或纤维的表面形成薄膜或产生交联,经干燥后织物产生硬挺、厚实、丰满的手感。硬挺整理主要用于衬垫等服装辅料以及装饰织物的加工。

(一)硬挺整理液的组成与性能

早期的硬挺整理主要用淀粉类浆料作为整理剂,例如:小麦淀粉由于能胶黏大量的填充剂,多用于织物单面上浆,手感光滑厚实;玉米淀粉上浆的织物手感坚硬、丰满;淀粉改性制品的渗透性强,不影响织物光泽的丰满性,较适于色布的上浆;非食用淀粉中以田仁粉应用较多,田仁粉制浆时成浆率高,但表面糊化较快,易于结块,弹性比小麦淀粉好,但硬挺性较差,多用于色布薄浆整理。使用淀粉类浆料上浆时,也可与动植物胶、海藻酸钠以及羧甲基纤维素混合使用,同时还可加入适量的填充剂和防腐剂等。填充剂主要为滑石粉、高岭土和膨润土,其作用是增加织物的重量,赋予织物丰实滑爽的手感。加入防腐剂的目的主要是防止微生物对碳水化合物和油脂类的作用,以利于贮放。常用的防腐剂有苯酚、乙萘酚、水杨酰苯胺、对羟基苯甲酸酯和甲醛等。此外,通常在浆料中还可加入某些染料或颜料,以改善上浆后织物的色泽。采用淀粉类浆料为硬挺剂,整理后的织物耐洗性较差,大多属于暂时性整理。

为了获得耐洗性好的硬挺整理效果,可采用合成浆料作为整理剂,例如采用醇解度高、聚合度为 1700 左右的聚乙烯醇作为硬挺整理剂,可使纤维素纤维的织物具有较为挺括和滑爽的手感,并且在 80℃ 以下水洗有较好的耐洗性。某些热塑性树脂的乳液,如以聚丙烯酸酯类或聚乙烯的乳液等浸轧织物,经热处理后便成为不溶于水的树脂微粒或连续薄膜固着于织物上,可赋予织物耐水洗硬挺效果。

(二)硬挺整理的工艺与设备

硬挺整理一般是结合定幅整理进行的,在浆液中往往同时加入柔软剂以改善综合性手感,加入量视要求而定。

如果需要双面上浆,可使织物在二辊或三辊浸轧机(图 11-15)上浸轧织物,使浆液易于渗入织物内部。如果是单面上浆,可采用单面上浆机(图 11-16)上浆,织物不浸入浆槽,只在上浆

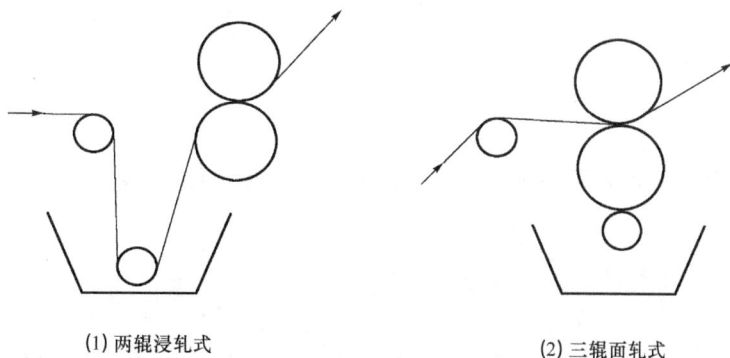

(1) 两辊浸轧式　　　　　　　　(2) 三辊面轧式

图 11-15　二辊或三辊浸轧机示意图

辊表面擦过即可,织物上多余浆液用刮刀去除,并在上浆后烘燥,不应使织物带浆的一面与导辊接触。织物上浆后立即进行干燥,常用的干燥设备是烘筒烘燥机,浸轧上浆的织物也可采用红外线干燥设备。

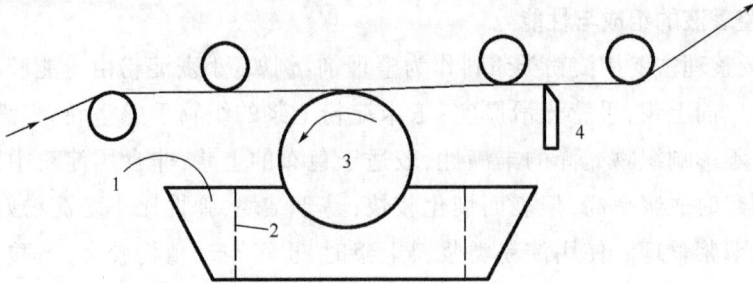

图 11-16　单面上浆机示意图
1—浆液加入处　2—隔板　3—给浆辊　4—刮刀　5—浆槽

织物的硬挺整理工艺根据采用的整理剂而不同。使用淀粉类浆料作为整理剂进行暂时性整理时,工艺处方和工艺流程如下:

工艺处方(g/L):

小麦淀粉	20~30
滑石粉	10~20
增白剂 VBL	0.5~1.2
尼泊金乙酯	0.1

工艺流程:

浸轧织物或织物单面上浆→预烘(90~100℃)→拉幅烘干→落布

若用甲醚化多羟甲基三聚氰胺与聚乙烯醇的混合浆进行耐久性整理时,织物还需要进行焙烘,工艺处方和工艺流程如下:

工艺处方(g/L):

六羟甲基三聚氰胺树脂(HMM)(50%)	300
聚乙烯醇	25
氯化镁	20
渗透剂 JFC	1

工艺流程:

浸轧织物或织物单面上浆→预烘(90~100℃)→焙烘(150~155℃)→水洗→拉幅烘干→落布

思考题

1. 解释织物整理的涵义。织物整理主要包括哪些内容? 棉织物的一般整理内容主要有哪些?

2. 织物在染整加工中为何要进行定幅(拉幅)整理？定幅整理是如何进行的？

3. 定幅机主要有哪几种形式？简述布铗定幅热风机的结构组成和工作过程。

4. 棉织物缩水的原因是什么？简述机械预缩机的工作原理，并写出机械预缩整理机的工作过程。

5. 何谓轧纹整理、轧光整理、电光整理？它们之间有何区别和联系？

6. 上蓝增白和荧光增白剂增白的增白原理有何不同？

7. 化学柔软整理的原理是什么？化学柔软整理中使用的柔软剂有哪些？

8. 硬挺整理使用的整理剂有哪些？写出耐久性硬挺整理的工艺处方、工艺条件和工艺流程。

参考文献

[1]阎克路. 染整工艺学教程:第一分册[M]. 北京:中国纺织出版社,2005.

[2]陶乃杰. 染整工程:第四册[M]. 北京:纺织工业出版社,1992.

[3]林杰,田丽. 染整技术:第四册[M]. 北京:中国纺织出版社,2009.

[4]蔡苏英. 纤维素纤维制品的染整[M].2 版. 北京:中国纺织出版社,2011.

[5]王菊生,孙铠. 染整工艺原理:第二册[M]. 北京:纺织工业出版社,1982.

[6]李连祥. 染整设备[M]. 北京:中国纺织出版社,2002.

[7]吴立. 染整工艺设备[M]. 北京:中国纺织出版社,1993.

[8]辛德勒 W D,豪瑟 P J. 纺织品化学整理[M]. 王强,范雪荣,译. 北京:中国纺织出版社,2007.

第十二章 防皱整理

✽ 本章知识要求

1. 掌握防皱整理的定义。

2. 掌握免烫(或称"洗可穿")整理的定义。

3. 掌握耐久压烫整理的定义。

4. 了解织物上折皱的形成原因。

5. 了解防皱整理原理(树脂沉积论、共价交联论)。

6. 了解防皱整理剂及防皱整理的催化剂。

7. 掌握轧烘焙工艺(干态交联)。

8. 掌握快速树脂整理的方法与工艺。

9. 了解湿态交联。

10. 了解潮态交联。

11. 了解延迟焙烘法。

12. 了解预焙烘法。

13. 了解折皱回复性、断裂强度等防皱整理的质量指标。

14. 了解吸氯与氯损现象及其预防措施。

✽ 本章技能要求

1. 掌握一般防皱整理工艺制订与操作。

2. 掌握快速树脂整理工艺制订与操作。

3. 学会织物折皱回复角的测定。

4. 学会织物断裂强度的测定。

5. 学会织物上游离甲醛含量的测定。

防皱整理最早始于对纤维素纤维织物的加工。纤维素纤维织物特别是棉织物,具有很多优良性质,但是却存在着弹性较差的缺点,不像毛织物在服用过程中,能保持平整、挺括的外观,于是便出现了以增强棉织物从折皱中回复原状的能力,即提高其弹性为主要目的的防皱整理。

由于合成纤维的迅速发展,合成纤维及其混纺织物在服装用织物中所占比重也日益增大,据统计,2013 年全球纤维的消耗量中,合成纤维已经占了 60% 以上。合成纤维织物除了具有洗后不易起皱的特性外,对经一定温度压烫后的服装所产生的折缝或褶裥,也不会因洗涤而消失。为了使棉织物能具有合成纤维织物的这种优良性能,于是在防皱整理的基础上,进一步发展了棉织物免烫(或称"洗可穿")和涤/棉织物的耐久压烫(简称 PP 或 DP)整理。

在 20 世纪中叶,随着洗可穿或耐久压烫服装生产的化学整理工艺和设备的改进,天然纤维织物的洗可穿或耐久压烫整理取得了很大发展。天然蛋白质纤维如蚕丝和羊毛织物的弹性,虽然都比纤维素纤维织物优良得多,但是与合成纤维的织物相比,不论是真丝织物,还是羊毛织物在湿弹性和耐久定褶性能以及湿、热条件下的防皱性能都不如合成纤维。因此近十多年来,对丝织物的免烫整理和羊毛织物的防皱和耐久压烫整理,也进行了较多的研究。随着人们对纤维结构和性能研究的逐步深入,棉、毛、丝等天然纤维织物的防皱整理工艺和原理将会得到进一步研究和发展,并将生产出质量更高的纺织品来丰富人们的生活。

本章以讨论纤维素纤维织物的防皱整理为主,并简要地述及棉织物的洗可穿和涤/棉织物的耐久压烫整理。

第一节　防皱整理原理

一、织物折皱形成的原因

织物上折皱的形成,可简单地看作是由于外力使纤维弯曲变形,放松后未能完全复原所造成。纤维的弯曲与弹性材料在弯曲变形时情况类似,外层受到拉伸,而内层则受到压缩,中心区域不受影响。纤维内各区域所受应力的不同,会发生不同程度的拉伸或压缩形变。当外力去除后,随纤维的品种、所受外力的大小和作用时间的长短,而有不同程度的回复。经研究发现,纤维从弯曲状态中的回复,与它的拉伸回复性能有着某种对应的关系。例如,以纤维素纤维织物进行的试验表明,织物防皱性能与纤维被拉伸 5% 后的应变回复率之间,存在着近乎线型的关系,如图 12-1 所示。

织物的防皱性高低,便可近似地以纤维拉伸时的应力—应变性能来衡量,而纤维的应力—应变性能,则与纤维的化学结构和超分子结构有关。因此,织物的防皱性能主要决定于纤维本身。当然,一些其他因素包括纤维的形态如长度、细度、卷曲度等,以及纱线和织物的结构都会对织物的防皱性能有一定的影响。

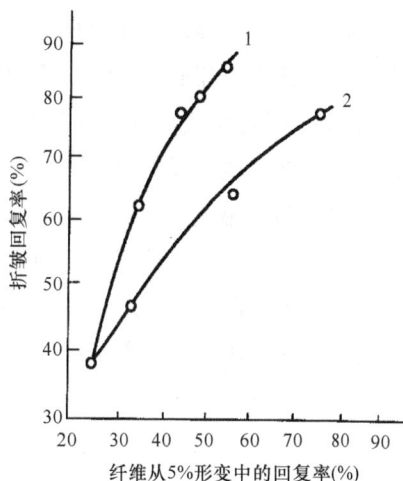

图 12-1　纤维素纤维织物防皱性能与应变回复率的关系
1—脲醛树脂交联　2—甲醛交联

纤维素纤维的超分子结构中存在着结晶区和无定形区。在纤维经受外力作用时,由于结晶区部分分子链侧序度较高,各分子链同时受力,发生分子间移动的机会是极少的,因此这部分提供的形变主要是普弹形变。而无定形区部分侧序度较低,各分子链并非同时受力,而是沿着外力的方向,先后受到外力的作用而变形,并随氢键强度的不同,逐渐发生键的断裂和基本结构单元的相对位移,因此在无定形区除产生普弹形变外,还可能产生强迫高弹形变或永久形变。

由于纤维素分子上有很多极性羟基,在纤维经受外力作用后,纤维素大分子或基本结构单元取向度提高或发生相对移动,并能在新的位置上重新形成新的氢键。当外力去除后,纤维分子间未断裂的氢键以及分子的内旋转,有使纤维回复至原来状态的趋势,但因在新的位置上形成的新氢键的阻滞作用,使纤维不能立即回复,往往需要推迟一段时间。如果受力时分子间原来的氢键断裂和新的氢键形成已达到足够充分的程度,使新的氢键具有相当的稳定性时,则出现了永久形变,这就是造成折皱的原因。

如果将受外力作用后而具有某种程度永久形变的纤维,经过加热和溶胀处理,会使纤维中部分分子间的吸引力减弱,从而减少新氢键的阻滞作用,有利于回复。因此,也可以认为折皱主要是由发生在纤维内部的无定形区回复速率很慢的缓弹性形变所造成的。

二、防皱原理

为了使织物具有防皱性,就必须在纤维无定形区中相邻的纤维素分子间增加一些联结。

关于纤维素纤维织物经酰胺—甲醛类整理剂处理后防皱性能提高的机理,早在 20 世纪 50~60 年代就有两种不同的观点,分别称为树脂沉积论和共价交联论。

(一) 树脂沉积论

树脂沉积论是基于早期的防皱整理,多采用脲—甲醛(U—F)、酚—甲醛(M—F)等初缩体为整理剂。由于这些初缩体都是多官能团化合物,在防皱整理时,施加于织物上的初缩体在经焙烘后会在纤维内部形成网状结构的树脂,沉积在纤维的无定形区。沉积的树脂通过物理—机械作用,减少了纤维素大分子或基本结构单元之间的相对滑移,也限制了新的氢键的形成,从而提高了纤维素纤维的弹性模量。

(二) 共价交联论

共价交联论是基于整理剂上的官能团也可以与纤维素上的羟基发生反应这一事实。例如,二羟甲基乙烯脲(DMEU)是双官能团化合物,若自身缩聚只能生成可溶于水的线型分子,不能生成网状结构的树脂而沉积在纤维的无定形区。但是 DMEU 可与纤维素大分子或基本结构单元间的羟基生成共价交联:

$$纤维素—O—CH_2—N \begin{matrix} C=O \\ \\ CH_2—CH_2 \end{matrix} N—CH_2—O—纤维素$$

(n=1时,即单分子交联)

正是由于共价交联导致纤维在形变过程中,由于氢键拆散而导致的不立即回复的形变的减少,使纤维从形变中回复的能力获得提高。DMEU 与纤维素大分子间存在着共价交联已被红外吸收光谱分析、电子显微镜的观察等不同角度所证实。因此,共价交联论目前已被广泛接受。

多元羧酸类无甲醛整理剂的防皱机理还在深入的研究中,目前有主要有催化成酐理论、催化成酯理论等。多元羧酸类整理剂用于棉织物防皱整理时,先脱水成酐,再与纤维素上的羟基进行酯化反应生成多个酯键,形成的三维网状结构,限制了棉纤维的移动,从而使棉织物具有较好的抗皱性能。

第二节 防皱整理剂及催化剂

一、防皱整理剂

防皱整理剂是具有两个或两个以上能与纤维素大分子上或基本结构单元间的羟基发生共价交联的官能团的物质,由于早期使用的防皱整理剂是 N-羟甲基酰胺类化合物,习惯上将它们称之为树脂,如脲—甲醛树脂、二羟甲基环乙烯脲树脂、三聚氰胺—甲醛树脂等,所以将防皱整理剂称为树脂整理剂,防皱整理也称被为树脂整理。

经这类整理剂处理后的织物具有较优良的防皱、免烫性能,但缺点是加工过程中和整理后的织物上有游离甲醛释放,在生产和服用过程中,会对人体造成潜在的危害。为了降低游离甲醛的含量,一种途径是对 N-羟甲基酰胺类化合物进行醚化改性,得到释放低游离甲醛的 N-羟甲基酰胺类整理剂。如将 DMDHEU(2D 树脂)与醇类化合物反应后可以得到低甲醛整理剂——醚化 DMDHEU,简称 M2D。DMDHEU 醚化反应如下:

(R为—CH₃,—C₂H₅等烷基)

由于 2D 树脂上的 4、5 位的羟基存在转位反应,使醚化的树脂或与纤维素纤维交联后的树脂依然存在较高的甲醛释放。除了可对上述反应表示的 1、3 位上的羟基进行醚化改性外,为了进一步降低 M2D 树脂的甲醛释放量,需对 4、5 位羟基进行醚化,以控制 4、5 位羟基的转位反应,反应过程如下:

M2D 树脂初缩体的稳定性好,整理后的织物耐久压烫性能提高。反应活性较未改性的 2D 树脂低,可以在整理过程中使用高效的催化剂,如氯化镁和柠檬酸等混合催化剂来增加 M2D 树脂的反应性。

另一种途径是寻找无游离甲醛释放的新的防皱整理剂,被研究开发的无甲醛整理剂主要有:乙二醛—甲基化合物、双羟乙基砜类化合物、环氧类化合物、水溶性聚氨酯、反应性有机硅化合物、甲壳素及其衍生物以及多元羧酸类化合物等,其中被认为最有可能取代 N-羟甲基酰胺类树脂的是多元羧酸类化合物。下面列出了几种多元羧酸类无甲醛整理剂。

1. 1,2,3,4-丁烷四羧酸(BTCA)

1,2,3,4-丁烷四羧酸简称 BTCA,是被研究最多的多元羧酸类防皱整理剂,其分子结构如下:

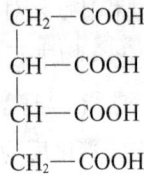

$$
\begin{array}{l}
CH_2-COOH \\
CH-COOH \\
CH-COOH \\
CH_2-COOH
\end{array}
$$

多元羧酸类化合物的防皱作用是通过纤维素分子中的羟基与整理剂之间的交联反应,如 1,2,3,4-丁烷四羧酸以次亚磷酸钠作催化剂,与纤维素分子中的羟基的交联反应如下:

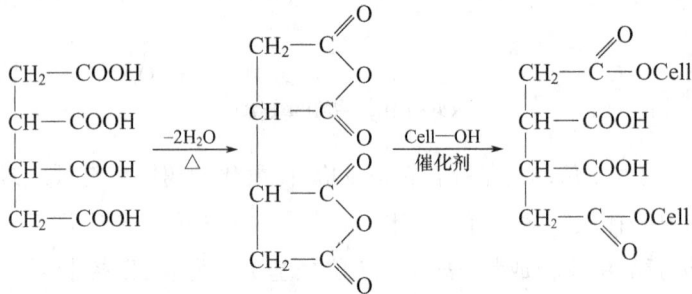

BTCA 免烫整理效果较好,强力保留率也较高,处理后的织物白度、手感、耐洗性也较好。但 BTCA 成本高,水溶性低,防皱效果与用 DMDHEU 处理后的织物相比还有一定差距。

2. 改性柠檬酸

柠檬酸是一种价格便宜、无毒、来源丰富的多元羧酸类化合物。其化学结构如下:

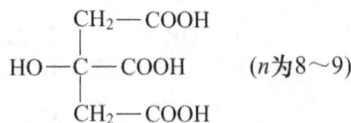

$$
\begin{array}{l}
CH_2-COOH \\
HO-C-COOH \qquad (n为8\sim9) \\
CH_2-COOH
\end{array}
$$

但用柠檬酸代替 BTCA,整理后织物泛黄现象比较严重。为了克服这一缺点,有研究者用氯乙酸对柠檬酸改性后的四羧基化合物作为整理剂,使棉织物的白度有了显著提高。

3. 聚马来酸

马来酸的聚合物的分子链结构与 BTCA 相似,其结构如下:

$$\begin{array}{c} +\text{CH}-\text{CH}\frac{}{}_n \\ | \qquad | \\ \text{HOOC} \qquad \text{COOH} \end{array} \quad (n\text{为}8\sim9)$$

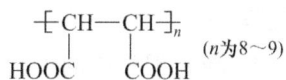

研究表明,聚马来酸用于棉织物的免烫整理,可获得较好的效果,尤其是聚马来酸与 BTCA 或柠檬酸协同使用效果更好。

多元羧酸类化合物作为一种无甲醛树脂,用于棉织物的防皱整理正在受到越来越多的关注,相关的研究也在进一步深入。

二、催化剂

1. 金属盐类催化剂

金属盐类化合物也可以作为树脂整理的催化剂。常用的金属盐类化合物有氯化镁、氯化铝、硝酸镁、硝酸铝、硫酸铝等。不同的金属盐,催化能力的大小取决于金属离子的半径和金属盐键的共价性。离子半径大,在焙烘过程中金属离子(M^+)的活动能力差,催化效率低;键的共价性强,水解的可能性大,质子催化的概率大,所以催化效率高。同一种金属盐,如阴离子不同,则催化效率也不同,催化效率随阴离子所形成酸的强度的增加而增加,如:$BF_4^- > NO_3^- > Cl^- \approx Br^- \approx I^- > SO_4^-$。

2. 协同催化剂

金属盐类催化剂与酸类催化剂混合可组成协同催化剂。一般是由强酸金属盐与含有 α-羟基羧酸和其他物质的混合物组成。协同催化剂又称作为高效催化剂,催化效率比单一成分的催化剂高得多,例如单独使用氯化镁作催化剂时,在轧烘焙工艺中,焙烘温度为 160℃,焙烘时间为 5min,而采用协同催化剂时,焙烘温度为 130℃,时间为 2.5min,可以实现低温快速交联,用于快速树脂工艺。常见的以氯化镁为主体的混合体系见表 12-1。

表 12-1　氯化镁为主体的混合体系的组成

组成 ＼ 类型	Ⅰ	Ⅱ	Ⅲ	Ⅳ	Ⅴ
结晶氯化镁(%)	94.3	91	38.3	84	72
氟硼酸钠(%)	1.9	—	—	—	—
柠檬酸钠(%)	3.8	9.0	—	—	—
结晶硝酸铝(%)	—	—	24.0	—	—
硫酸钠(%)	—	—	37.7	16	—
柠檬酸(%)	—	—	—	—	28

第三节　防皱整理工艺

一、一般防皱整理工艺

棉织物防皱整理的一般工艺过程为:

浸轧整理液→预烘→焙烘→后处理

防皱整理工艺过程看上去并不十分复杂,但过程的工艺条件控制与整理后的纺织品的质量有着非常密切的关系。现对棉织物防皱整理工作液的组成和工艺条件进行分析讨论。

(一) 工作液处方

整理剂初缩体	35~45g/L
氯化镁(不含结晶水)	4~6g/L
有机硅柔软剂	适量
润湿剂	2g/L

1. 整理剂的用量

工作液中整理剂初缩体的用量,通常根据纤维类别、织物结构、初缩体品种、整理要求、加工方法以及织物的吸液率等不同而有一定的变化。要求能使整理品的防皱性能和服用的机械性能之间取得某种平衡。

2. 催化剂

在工作液中需加入适量的催化剂,以促进树脂初缩体的交联反应。用 N-羟甲基酰胺化合物作防皱整理剂时,理论上可采用酸类催化剂,但由于初缩体在酸性条件下不稳定,会进一步缩聚生成亚甲基化合物,使初缩体相对分子质量变大而不易进入纤维内部,这不仅降低整理效果,甚至使工作液混浊而不能使用。鉴于上述原因,生产上都采用金属盐类催化剂,可使工作液在常温时较长时间稳定,而在高温焙烘时,树脂才发生催化交联。

金属盐的种类虽然很多,从节约能源的要求出发,倾向于采用催化能力较强的金属盐类催化剂,或者使用具有协同效应的混合催化剂,例如将金属盐与柠檬酸、草酸或磷酸等混合。催化剂的用量可以用树脂初缩体的质量百分率来表示,例如氯化镁(不含结晶水)的用量常为初缩体质量的 10%~12%。

3. 添加剂

添加剂虽非防皱整理的主要用剂,但对整理品的性能有着重要的影响,特别是在棉织物的防皱整理中,有时几乎是不可或缺的。防皱整理中加入的添加剂主要有柔软剂和润湿剂。

常用的柔软剂有脂肪长链化合物、有机硅等。一般的油脂、蜡质对织物虽有柔软作用,但不耐洗,为了提高柔软剂的耐洗性,通常采用既具有脂肪长链又具有反应性基团的化合物,如常用的季铵盐类柔软剂,有机硅也具有类似的性能。聚乙烯(热塑性树脂)虽然无反应性基团,但由于它是不溶性高聚物,耐洗性能也很好,是防皱整理中常用的柔软剂之一。聚丙烯酸酯类乳液能使织物的手感变得柔软,并能提高织物的撕破强力和耐磨性。

对润湿剂的要求是除了具有良好的润湿性能外,还应能与整理液中其他组分相适应,即既不影响整理液的稳定性,又能保持自身的稳定,生产上多采用非离子型表面活性剂如润湿剂JFC 等。

(二) 浸轧工作液

防皱整理时,织物半制品的质量与整理效果密切相关。除了要求半制品具有优良的吸水性外,还须不带碱性和有效氯,以免影响催化剂发挥有效作用和使整理剂产生吸氯现象。对于染色、印花产品来说，还要求所使用的染料在经防皱整理后，不发生色光改变和色牢度降低。

为使初缩体能获得良好的整理效果，必须使织物均匀润湿。浸轧处理一般是在两辊或三辊轧车上进行，采用一浸一轧两次或二浸二轧工艺。在要求获得匀透整理效果的前提下，为了减轻预烘过程的负担，要求尽量降低织物浸轧工作液的轧液率。经浸轧处理后织物轧液率的大小，主要与轧辊的压力、车速等因素有关。一般常将棉织物的轧液率控制在70%~80%之间，涤/棉织物较低些，而黏胶织物则要较高些。为了节约能源，低给液技术已经进行研究和应用，低给液技术目前主要有机械法和泡沫法两类。采用低给液技术可使织物的带液量降低至40%左右或更低。

(三) 预烘

浸轧处理后织物上所带的工作液，大部分存在于纤维及纱线之间的毛细管中，在干燥过程中，由于表面水分蒸发后所形成的溶液的浓度梯度使初缩体扩散至纤维内部。预烘条件对整理剂在织物中的分布状态，具有重要的影响，适当的预烘条件，将会使绝大部分初缩体扩散至纤维内部。反之，初缩体有可能会随着水分蒸发移向受热面，即产生泳移现象。也可能发生过早的缩聚，从而使较多的整理剂残留在织物表面或纱线、纤维的间隙内，形成所谓的表面树脂，使整理后的织物不但防皱性能差、手感粗糙，而且有发脆现象。因此，要适当选择和控制预烘条件，应在水分的蒸发速率和初缩体向纤维内部的扩散速率之间取得某种平衡，使初缩体能充分扩散到纤维内部，尽量减少表面树脂的产生。轧液率越低，织物上的含水率越小，初缩体向表面泳移的概率也越少。采用红外线或高频干燥设备进行预烘，初缩体向纤维、纱线表面泳移的情况较热风干燥设备进行预烘减少。一般情况下，浸轧工作液后的织物，不宜用烘筒干燥设备进行预烘。为了使成品具有良好的尺寸稳定性和手感等，在干燥过程中，应尽可能降低织物的张力。

(四) 焙烘

焙烘的主要目是加速初缩体与纤维素反应生成稳定的共价交联，从而使整理品具有满意的处理效果。焙烘的温度和时间，一般决定于初缩体的性质和催化剂的类型，如采用氯化镁为催化剂，常采用的焙烘条件为：150~160℃，3~5min。在采用同一催化剂的情况下，温度高则时间可短一些。在120~180℃的温度范围内，大致温度每增高10℃，交联反应速率可提高0.5~1倍。

为了获得优良的焙烘效果，在焙烘过程中不应该使织物受到过大的张力，烘房温度要求均匀，其各部分的温差不大于5℃。常用的焙烘机有上下导辊式，悬挂式和针铗链式等。

(五) 后处理

焙烘后的织物上往往还残留有一些未反应的化合物、副产物、催化剂和表面树脂，需要经过热水洗→皂洗或氨水洗→水洗→烘干等后处理工序除去。为了改善织物的手感，也可以用柔软剂进行处理。此外，织物经过焙烘后可能会产生一种具有鱼腥味的副产物。这种气味主要是由甲胺特别是三甲胺 $N(CH_3)_3$ 所引起的，即使是极微量的三甲胺，也会产生难闻的鱼腥味。关于甲胺如何形成的问题，一般认为甲醛和氨(或铵盐)的存在是主要原因，特别是甲醛量较多时更易生成。通常是采用碱洗和充分水洗来除去反应过程中生成的甲胺。

二、快速树脂整理工艺

棉织物的一般防皱工艺的产品品种很多,有平布、细布、府绸及提花织物等。为了实现高效、快速的防皱整理,棉织物也可进行所谓的快速树脂整理,即将常规的浸轧、预烘、焙烘、水洗等后处理的工艺简化为浸轧、预烘和高温拉幅焙烘。由于此工艺采用快速焙烘,又省去了水洗后处理工序,可节约能源、降低成本、提高生产效率。但棉织物快速树脂整理工艺,要求整理液及整理后的织物上游离甲醛少,一般宜采用无甲醛或低甲醛的多元羧酸类及 M2D 等整理剂,如多元羧酸类整理剂工艺如下:

1. 整理液组成

多元羧酸	60~80g/L
次亚磷酸钠	30~40g/L
有机硅柔软剂	适量
强力保护剂	适量

2. 工艺流程

浸轧整理液(二浸二轧,轧液率 70%~80%)→预烘(80℃,3min)→焙烘(170~180℃,30~60s)

三、免烫整理

免烫整理也称为洗可穿整理,即要求织物经整理后,不但在穿着过程中具有良好的防皱性,而且经洗涤后不需熨烫,仍保持平整状态,即整理后织物在干与湿的条件下都具有优良的弹性。所以免烫整理是一种高要求的防皱整理。通常把上述采用轧→烘→焙工艺的整理方法称为干态交联法,织物采用轧→烘→焙工艺进行防皱整理后,虽然在穿着过程中,具有优良的弹性,但是湿防皱性较差,即经过洗涤后,仍会产生皱痕,这是由于水分子可以进入纤维中未交联区域,导致这些区域中分子间的氢键被拆散的缘故。因此,为了获得免烫整理的效果,可以考虑采用湿态交联或潮态交联工艺。

1. 湿态交联工艺

干态交联可以使织物获得良好的干防皱性,但湿防皱性较差。为了提高整理品的湿防皱性,可将织物在水溶胀状态下进行交联,称为湿态交联法。湿态交联反应温度通常在100℃以下,为了使交联反应在低温、含湿的条件下顺利进行,需要采用催化能力强的催化剂。

典型的湿态交联工艺是将织物经以盐酸作催化剂的 DMDHEU 工作液浸轧后,打卷处理12~15h(20~25℃),然后洗去未反应的交联剂和催化剂。湿态交联工艺过程为:

浸轧工作液→打卷→堆置→里外层交换打卷→堆置→水洗→中和→烘干

湿态交联的织物具有手感柔软,湿防皱性和耐洗性好等优点,但湿态交联工艺生产工序长,操作较复杂,干防皱性较差,整理效果也不够稳定。

2. 潮态交联工艺

织物经浸轧工作液后,烘至一定含水量(棉织物为6%~12%,黏胶织物为10%~15%),打卷后处理24小时,然后水洗,这种方法称为潮态交联法。潮态交联工艺过程为:

浸轧工作液→预烘→打卷→堆置→水洗→中和→烘干

潮态交联法处理后的织物的耐磨性较好,手感柔软,但干防皱性也较差。

湿态交联或潮态交联工艺都能显著提高织物的湿防皱性,但是干防皱性却不够理想。为了获得优良的干、湿防皱性,可以用多步交联的方法,即先进行湿态交联或潮态交联,然后再进行干态交联,织物经干、湿态两次交联处理,从而使织物获得较佳的干、湿防皱性。

四、耐久压烫整理

耐久压烫整理简称DP整理或PP整理,通过树脂整理,使服装上已形成的折裥具有良好的耐久性。从对织物的弹性要求来看,是一种高水平的免烫整理。耐久压烫整理需要较高的整理剂用量,对纯棉织物来说,机械性能的下降程度也就更大,因此纯棉织物的耐久压烫整理尚未获得大量生产。含涤纶的混纺织物,由于涤纶的热塑性,所以更适宜进行耐久压烫整理。耐久压烫整理通常有延迟焙烘法和预焙烘法等加工方式。

1. 延迟焙烘法

延迟焙烘法是先将轧有整理剂的织物(约带有8%~10%水分)烘干后,制成服装,然后再根据服装的要求进行压烫、焙烘,在压烫、焙烘过程中发生交联反应而获得耐久压烫效果。由于织物在烘干后至压烫、焙烘期间所经过的时间较长,因此对整理剂和催化剂都要适当选择,使整理剂在压烫、焙烘之前,尽量少与纤维发生反应,而且游离甲醛要少。

2. 预焙烘法

预焙烘法与一般防皱整理工艺相似,织物是在树脂整理加工完毕后制成服装,然后再压烫、焙烘,此时,在湿、热及压力的作用下,棉纤维中已形成的交联和氢键可能发生部分的断裂与重建,从而获得耐久压烫效果。

在棉织物防皱整理中,还经常采用防皱整理与一些机械整理如电光、轧纹等联合应用的耐久性机械整理。耐久性机械整理的加工过程,与耐久压烫整理的延迟焙烘法相似,织物在浸轧、烘干后(约带有10%~12%水分),先进行电光或轧纹等机械处理,然后再经焙烘完成。

第四节 防皱整理后纺织品的质量

纤维素纤维织物经过防皱整理后,除了防皱性有显著提高,织物的缩水率降低,织物的防缩性也有提高。使织物缩水率降低的主要原因与纤维的吸水性能的降低有关。除此以外,整理后纺织品的质量还反映在其他很多方面。下面将分别就整理后纺织品的防皱防缩性能、物理机械性能和耐洗性进行简要的讨论。

一、防皱防缩性能

1. 防皱性能

棉织物经过树脂整理,通过树脂和纤维素纤维的交联作用、树脂的沉积作用,提高了织物的防皱性能。防皱性能主要是指织物的折皱回复性,即回弹性。折皱回复性是指去除外力后,织物形变的回复能力,可用折皱回复角和外观平整度来表示。

折皱回复角是织物形变回复能力的一个量化指标,折皱回复角大小反映了织物树脂整理的优劣,折皱回复角用织物折皱仪进行测定。国际标准规定织物的回弹性按折皱回复角大小分为5级:1级180°、2级200°、3级210°~240°、4级240°~280°、5级280°。级数越大,表明织物的防皱性能越好。

外观平整度等级用于评价经防皱整理的纺织品重复洗涤后表面的平整程度。按照AATCC标准,用6块标准模板,分别代表1级、2级、3级、3.5级、4级和5级。5级最好,1级最差。评定时要严格按照标准规定进行。外观平整度与织物的折皱回复角有一定关系,但不具有对应关系。

2. 防缩性能

纤维素纤维的分子结构中存在很多羟基,具有较强的吸湿性,吸湿后发生的溶胀异向导致织缩增大,使织物具有较大的缩水率。经过树脂整理后,树脂与纤维的共价交联,封闭了纤维素纤维的分子中的部分羟基,限制了纤维的吸湿溶胀,从而使织物的缩水率降低。树脂整理对提高黏胶纤维织物的尺寸稳定性意义更大,因为黏胶纤维与棉纤维不同,它的纤维素分子链较短,无定形部分较多,易于溶胀和延伸,因而织物也很容易发生形变,而且用一般的机械预缩处理,不能获得良好的防缩效果,需采用化学整理法才能达到尺寸稳定的目的。一般来说,黏胶纤维织物经树脂整理后,能同时获得防缩防皱的整理效果。

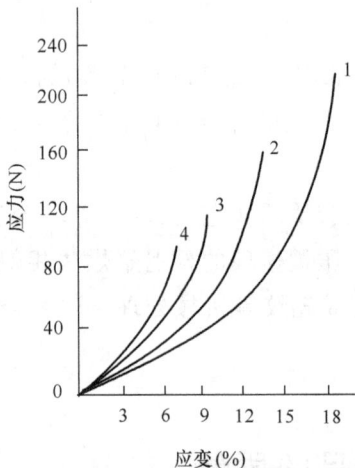

图12-2　未整理和经不同程度防皱整理后棉织物的应力—应变曲线

1—未处理,经向回复角为89°

2—处理,经向回复角为109°

3—处理,经向回复角为133°

4—处理,经向回复角为153°

二、力学性能

棉织物经过防皱整理后,断裂强度、断裂延伸度、耐磨性和撕破强度等力学性能都会发生不同程度的下降,而这些性能与织物服用性能是密切相关的。因此,防皱整理在防皱防缩性能提高的同时,也须综合考虑棉织物的力学性能的变化。

1. 断裂强度和断裂延伸度

防皱整理后棉织物的断裂强度和断裂延伸度都有明显降低,并随织物防皱性的提高而加剧。图12-2所示为未整理和经DMEHEU不同程度整理后棉织物的应力—应变曲线。

防皱整理后棉织物断裂强度发生下降的原因,主要是由于共价交联的作用所致。棉织物经过防皱整理后,由于在棉纤维的基本结构单元及大分子间引入一定数量的比较稳定的共价交联,各基本结构单元间的移动性受到某种限制,因而与未整理的纤维比较起来,造成承担外力不均匀而引起纤维的断裂强度下降。断裂强度下降的过多,将会影响织物的服用性能。因此,在进行防皱整理时,要考虑棉织物回复性能的提高与断裂强度下降之间的平衡。

黏胶纤维织物经防皱整理后的断裂强度与回复性能间的关系,与棉织物有所不同,整理后黏胶纤维织物的断裂强度获得提高,特别是湿强力的提高更为显著,如图12-3所示。这是因为黏胶纤维的断裂机理与棉纤维有所不同。经过防皱整理后,在黏胶纤维分子间建立了交联,使大分子间的作用力得到了加强,受到外力作用时,大分子或基本结构单元之间的滑动趋势降低,因而使纤维的强度,尤其是湿强度得到了提高。

无论棉或黏胶纤维织物经防皱整理后,断裂延伸度都发生明显的降低,这是由于经防皱整理后,在纤维素大分子或基本结构单元间引入共价交联,降低了纤维随外力而发生形变的能力,从而使织物的断裂延伸度发生显著的下降。

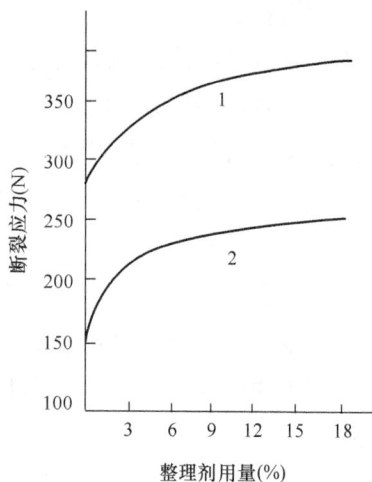

图12-3 黏胶纤维织物干、湿强度与整理剂用量的关系
1—干强度 2—湿强度

2. 撕破强度

织物在服用过程中,特别是在衣服的纽扣、袋口等处,有时会使纱线受到与其轴线方向垂直的外力作用而发生撕裂。测定织物的撕破强度可以反映出织物的耐撕能力。所谓撕破强度,是指织物的经纱或纬纱的切口处耐拉伸的能力,以拉开切口所需的力表示。织物撕破强度的高低,除了与纱的强韧度有关外,织物中纱的可活动性过小也会导致织物具有较低的撕破强度。

棉织物经整理后由于断裂延伸度和断裂强度都减小,因此织物的撕破强度必然降低。黏胶纤维织物防皱整理前后的强力变化不大,所以撕破强度的降低,取决于纤维断裂延伸度的降低。

在防皱整理浸轧液中加入柔软剂可使整理品的撕破强度得到一定程度的改善。虽然柔软剂并不能改变纤维的断裂强度和断裂延伸度,但可使纤维或纱线间的摩擦系数减小,纤维及纱的可移动性提高。因此织物在被撕裂时,纱线易于聚拢而有较多的纱线来共同承受外力的撕裂作用。

3. 耐磨性

衣服在穿着过程中,有些部位常常要与其他物体的表面接触而发生摩擦,例如领口、袖口、臀部等处,也有些部位则经常发生弯曲,导致纤维和纱间的相对运动而相互摩擦。通常把前一种类型的摩擦称为平磨,后者则称为曲磨。织物中的纱线和纤维在摩擦中发生反复形变而受到的损伤,统称为磨损。织物是否耐用,在很大程度上决定于它的耐磨性。一般说来,强度、断裂延伸度和弹性都较高的纤维,具有较高的耐磨性。

纤维素纤维织物经防皱整理后,织物的耐磨性随防皱性的提高而逐步下降,下降的原因主要是由于纤维的强韧度降低所致。为了提高整理品的耐磨性,可在浸轧液里加入适当的热塑性树脂乳液或柔软剂等添加剂。前者有提高织物耐平磨性的作用,而后者有助于提高织物的耐曲磨性。

三、耐洗性

整理品的耐洗性,主要决定于防皱整理剂与纤维素反应后所形成的共价交联的稳定性。通常的洗涤条件都是偏碱性的,但有的国家对白色织物进行洗涤时往往加次氯酸钠进行轻度漂白,然后还要经过酸处理,因此这里所指的整理品的耐洗性,实际上就是指整理剂在纤维素间形成的共价交联的耐酸、碱水解稳定性,以及整理品是否会产生氯损或吸氯泛黄问题。

1. 酸、碱水解性

整理剂的结构对酸、碱催化水解的速率影响很大。N-羟甲基酰胺类整理剂在纤维素间形成的共价交联在酸性介质中的水解过程,可以看作是交联反应的逆反应。整理剂中氮原子上的 R 和羰基上的连接基团的斥电子性越强,越有利于酸水解反应的进行,反之,如果是吸电子基时,则对酸水解有阻滞作用。整理品的耐碱水解问题,除了洗涤时所使用的碱性较强外,一般没有酸水解的问题严重。如果整理剂中氮原子上没有氢原子,在碱性介质中,不易形成酰胺负离子,则整理剂与纤维素纤维形成的 C—O 键不易断裂,较耐碱性水解。如:DMEU 和 DMDHEU 整理后织物较耐碱性水解,而脲醛树脂整理后织物耐碱性水解较差。

此外,N-羟甲基酰胺类整理剂与纤维素所形成的交联的结构,也影响着整理品的耐水解性能。在交联结构中,如果存在着亚甲醚键($\diagdown$N —CH$_2$—O—CH$_2$— N$\diagup$),它比与纤维素所形成的醚键($\diagdown$N —CH$_2$—O—纤维素)更不稳定,比较容易水解,从而使共价交联断裂和织物防皱性降低。而交联结构中亚甲醚键存在的数量,则与防皱整理的工艺条件如催化剂的种类、焙烘条件等有关。

2. 吸氯和氯损

N-羟甲基酰胺类整理剂中都含有氮,在洗涤过程中,如遇 NaClO 或水中的有效氯,大部分整理剂都会产生吸氯现象。吸氯后的整理品经高温熨烫后便发生不同程度的脆损,称为氯损;有的整理品在吸氯后还会产生泛黄现象,称为吸氯泛黄。氯损的形成过程可表示如下:

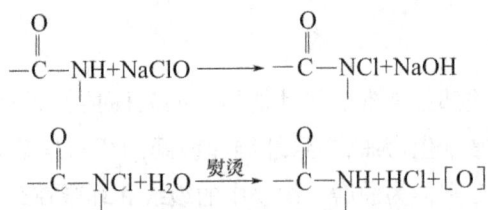

$$-\overset{\overset{\displaystyle O}{\|}}{\underset{|}{C}}-NH+NaClO \longrightarrow -\overset{\overset{\displaystyle O}{\|}}{\underset{|}{C}}-NCl+NaOH$$

$$-\overset{\overset{\displaystyle O}{\|}}{\underset{|}{C}}-NCl+H_2O \xrightarrow{熨烫} -\overset{\overset{\displaystyle O}{\|}}{\underset{|}{C}}-NH+HCl+[O]$$

N-羟甲基酰胺类整理剂上含有亚氨基($\diagdown$NH)或经水解反应生成亚氨基是吸氯的主要原因。脲醛整理剂中 $\diagdown$NH 较多,三聚氰胺一甲醛整理剂在羟甲基化程度较低或与纤维素的交

联反应不充分的情况下，$\diagdown$NH 也较多,氯损和吸氯泛黄现象较严重。DMEU、DMDHEU 或

DMPU 整理剂中无 $\diagdown$NH ,如与纤维素反应充分,理应不吸氯,也就是通常所说的"下机"氯损

较小,然而它们与纤维素间所形成的共价交联,在酸性条件下都会发生一定程度的水解生成亚

氨基。在碱性条件下,未交联的羟甲基化合物与氯反应,也可以生成氯胺:

$$\underset{\text{(羟甲基化合物)}}{\overset{\overset{\displaystyle O}{\|}}{-C-NCH_2OH}}+NaClO \longrightarrow \underset{\text{(氯胺)}}{\overset{\overset{\displaystyle O}{\|}}{-C-N-Cl}}+CH_2O+NaOH$$

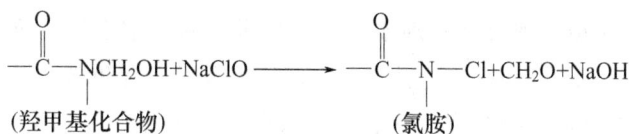

因此经 DMEU、DMDHEU 或 DMPU 等不含亚氨基的整理剂处理后的织物,在酸、碱性的条件下,也有不同程度的吸氯与氯损现象。

四、整理品的甲醛释放问题

用 N-羟甲基酰胺类整理剂整理后的织物都会有甲醛释放问题。甲醛释放主要来自两个方面,一部分来自于树脂初缩体溶液中的游离甲醛;另一部分则来自于织物上的整理剂中的 N-羟甲基的分解,这会导致整理后的织物不断地有甲醛释放。

选择水解稳定性好、含游离甲醛少的整理剂是从源头上降低甲醛释放的措施,例如采用醚化 2D 等低甲醛整理剂,可以提高 C—N 键的稳定性,从而降低甲醛的释放。优化整理工艺也可以降低甲醛的释放,整理工作液的组成、焙烘条件以及水洗后处理都会对织物上的甲醛释放量产生影响。表 12-2 反映了整理工作液的组成对甲醛释放量的影响。

整理后织物甲醛的主要释放量来自于未交联的 $\diagdown$NCH₂OH 。为此,严格控制焙烘温度和

时间,使 $\diagdown$NCH₂OH 与纤维素纤维充分交联,并使交联键有足够的稳定性,是减少甲醛释放的

有效措施。加强水洗后处理可以有效地去除整理品上的游离甲醛,其中水洗温度和水洗液的 pH 都会影响甲醛的去除效果。还可以在水洗液中加入甲醛吸收剂来降低织物上游离甲醛的含量。

表 12-2 整理液的组成对释放甲醛量的影响

整理液的组成	释放甲醛量（mg/kg）
9%DMEU+2.7%MgCl₂	1651
9%2D+2.7%MgCl₂	800
9%2D+2.7%MgCl₂/柠檬酸	606
5%2D+2.7%MgCl₂/柠檬酸	290
5%2D+2.7%MgCl₂/柠檬酸+2%乙二醇	74
5%醚化 2D+2.7%MgCl₂/柠檬酸+2%乙二醇	70

☞**思考题**

1. 织物产生折皱的原因是什么？简述防皱原理。

2. 写出以次亚磷酸钠作催化剂,1,2,3,4-丁烷四羧酸与纤维素分子的交联反应。

3. 防皱整理中常用的催化剂有哪些？何谓协同催化剂？

4. 棉织物快速树脂整理工艺具有哪些特点？选用何种整理剂和催化剂？

5. 免烫整理为何采用湿态交联或潮态交联工艺？

6. 为什么说耐久压烫整理(DP 整理或 PP 整理)是一种高水平的免烫整理？

7. 棉织物在与树脂干态交联时,为什么干防皱性能要好于湿防皱性能？

8. 树脂整理后,纤维素纤维织物的断裂强度及吸湿性发生了哪些变化？并说明发生变化的原因。

9. 采用 N-羟甲基酰胺类整理剂整理后的织物大多会产生氯损及吸氯泛黄,试说明原因。

10. 采用 N-羟甲基酰胺类整理剂整理后的织物上的甲醛主要来自哪两个方面？减少甲醛释放可采取哪些有效措施？

参考文献

[1]阎克路.染整工艺学教程:第一分册[M].北京:中国纺织出版社,2005.

[2]陶乃杰.染整工程:第四册[M].北京:纺织工业出版社,1992.

[3]林杰,田丽.染整技术:第四册[M].北京:中国纺织出版社,2009.

[4]蔡苏英.纤维素纤维制品的染整[M].2 版.北京:中国纺织出版社,2011.

[5]王菊生,孙铠.染整工艺原理:第二册[M].北京:纺织工业出版社,1982.

[6]辛德勒 W D,豪瑟 P J.纺织品化学整理[M].王强,范雪荣,译.北京:中国纺织出版社,2007.

[7]王学杰,许炯,王蝶依.应用丁烷四酸(BTCA)无甲醛整理剂加工全棉免烫衬衫[C].// 全国纺纺化学品免烫、柔软整理剂质量及应用技术研讨会论文集.1999.6.

[8]高冬梅,宋晓秋,李宏源.棉织物的多元羧酸抗皱整理[J].印染,2005(5):7-8.

第十三章　功能整理

✿ 本章知识要求

1. 了解功能性纺织品的概念。

2. 掌握功能整理的定义。

3. 掌握拒水整理的定义。

4. 了解拒水剂与拒水机理。

5. 掌握阻燃与阻燃整理的定义。

6. 掌握极限氧指数（LOI）的定义。

7. 了解纤维素纤维的热裂解过程。

8. 了解阻燃机理。

9. 掌握抗菌整理的定义。

10. 了解抗菌整理剂。

11. 了解抗菌机理。

12. 了解抗菌纤维。

13. 掌握抗紫外线整理的定义。

14. 了解紫外线屏蔽剂。

15. 了解紫外线吸收剂。

16. 了解紫外线防护因子。

✿ 本章技能要求

1. 能进行拒水整理工艺制订与操作。

2. 能进行阻燃机理工艺制订与操作。

3. 能进行抗菌整理工艺制订。

4. 能进行抗紫外线整理工艺制订。

5. 学会织物拒水性能的测定。

6. 学会极限氧指数（LOI）的测定。

随着社会生产发展和人们生活水平的提高，纺织品的应用领域和功能需求不断地进行延伸与拓展，纺织品除了用于服装外，还大量用于装饰、产业等领域。为了满足纺织品在不同应用领域的要求，需要开发具有特殊性能的纺织品，称之为功能性纺织品。功能性纺织品的生产途径可以通过功能纤维制造技术和织物的功能整理技术，对于天然纤维纺织品来说，其特殊功能的获得主要依赖于功能整理。经过功能整理可以赋予纺织品一些特殊的功能，如拒水、拒油、易去污、阻燃、抗静电、防辐射、抗菌防臭、抗紫外线等。目前,功能整理技术已成为提高纺织品产品质量、档次、附加值的重要手段之一。本章主要讨论拒水整理、易去污整理、阻燃整理、抗菌整理及抗紫外线整理。

第一节　拒水整理

使水不能透过织物的整理可分为两类:一类称防水整理,它是在织物表面涂上一层不透水的连续薄膜,使织物孔隙堵塞,水和空气都不能透过,常用作雨伞、篷布等;另一类称拒水整理,它是在织物纤维上施加一层水不能润湿的拒水性薄膜,但不封闭织物的孔隙,使织物具有既拒水又透气的特性,常用于风雨衣、滑雪衫、户外运动服装面料等。本节介绍的是棉织物的拒水整理。

一、拒水机理

织物的拒水性可用织物表面、空气和水三者相互间的表面或界面张力的关系来表示。当一个小水滴置于光滑均匀的固体表面上时,由于水和固体的表面张力(分别用 γ_{LG} 和 γ_{SG} 表示),以及液—固间的界面张力(γ_{LS})的相互作用,水滴可以处于不同的铺展情况(从圆珠形到完全铺平)。除水在固体表面迅速渗开而发生完全润湿现象外,水滴在固体表面上所处平衡状态如图 13-1 所示。

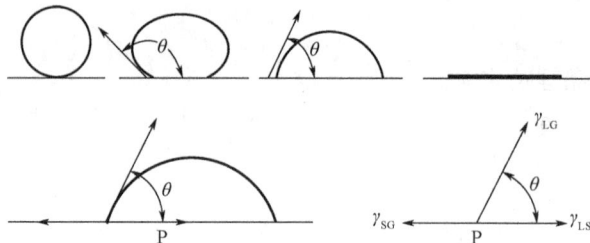

图 13-1　液滴在固体表面上的平衡状态

通过水滴与固体平面的接触点 P 作水滴的切线,该切线与固体平面间的夹角称为接触角 θ,其与液、固表面张力的关系应满足下列方程式:

$$\gamma_{SG} = \gamma_{LS} + \gamma_{LG}\cos\theta$$
$$\cos\theta = (\gamma_{SG} - \gamma_{LS})/\gamma_{LG}$$

当 $\theta = 0°$ 时,水滴在固体表面完全铺平,表示固体表面被水滴完全润湿;当 $\theta = 180°$ 时,水滴为圆珠形,这是一种理想的不润湿状态;当 $\theta > 90°$ 时,表示固体已有拒水效果。在拒水整理中,可将水的表面张力看作是常数。因此,水能否润湿固体表面,决定于固体的表面张力(γ_{SG})和液—固的界面张力(γ_{LS})。从拒水要求来说,$\gamma_{SG} - \gamma_{LS}$ 应为负值,即 $\theta > 90°$。

二、拒水剂及其整理工艺

拒水整理有暂时性、半耐久性和耐久性三种,主要取决于拒水剂本身的化学结构。当织物的纤维表面均匀地覆盖一层拒水剂分子后,便能获得拒水效果。

(一)疏水性长链脂肪烃类拒水剂及其整理工艺

1. 拒水剂的结构、分布与拒水效果

水具有高表面张力($72mN/m$,$25℃$),而碳氢固体表面的临界表面张力约为$30mN/m$,因此,碳氢固体表面具有拒水性。对亲水性织物,在其表面上涂一层脂肪烃类碳氢物质,即可将原来的亲水性表面改变成拒水性的碳氢表面,从而使原来的亲水的织物具有拒水性,如图13-2所示。

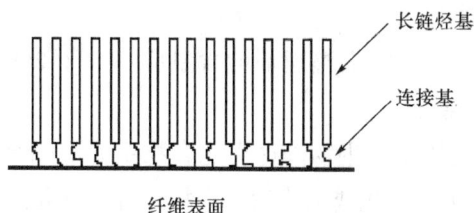

长链烃基

连接基

纤维表面

图13-2　脂肪烃类拒水剂在纤维表面排列的示意图

织物的拒水性还与拒水剂在纤维表面的分布状况有关。拒水剂分布不完全,在表面的排列不紧密、整齐,都会影响拒水效果。因此,拒水剂在纤维表面的浓度要适当高一些,尽可能使拒水整理剂能整齐地排列在织物的表面。

在拒水整理中,常见的疏水性长链脂肪烃类拒水剂一般除具有低表面能的长链脂肪烃拒水基团外,还具有能与纤维反应或与纤维有强烈吸附作用的基团,使拒水效果具有一定的耐久性。

2. 常见拒水剂及其整理工艺

(1)季铵化合物。这类化合物的一般结构式可表示如下:

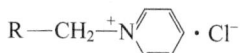

$$R—CH_2—{}^+\!N\bigcirc \cdot Cl^-$$

常见的维兰(Velan)PF防水剂为硬脂酰胺亚甲基吡啶氯化物,其化学结构式为:

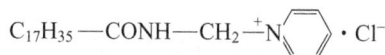

$$C_{17}H_{35}—CONH—CH_2—{}^+\!N\bigcirc \cdot Cl^-$$

商品维兰PF含有效成分约60%,外观呈浅棕色膏状或灰白色浆状,属阳离子表面活性剂,能耐酸和硬水,不耐碱及大量硫酸盐、磺酸盐和磷酸盐等无机盐类,不耐100℃以上高温,有吡啶特有的臭味,能与纤维素纤维结合:

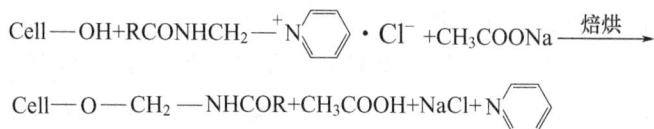

$$Cell—OH+RCONHCH_2—{}^+\!N\bigcirc \cdot Cl^- +CH_3COONa \xrightarrow{焙烘}$$

$$Cell—O—CH_2—NHCOR+CH_3COOH+NaCl+N\bigcirc$$

防水剂PF用作拒水整理的工艺实例:

①整理液处方。

(Ⅰ)Velan PF	6%
酒精	6%
水(45℃)	25%
(Ⅱ)结晶醋酸钠	2%

水（40℃）	25%
（Ⅲ）加水至	100%

将 Velan PF 用酒精和水溶解（Ⅰ），将结晶醋酸钠用水溶解（Ⅱ），再将（Ⅱ）加入（Ⅰ）中，并加水至 100%（Ⅲ）。

②工艺流程。

二浸二轧（40℃，轧液率 70%）→烘干（100℃以下）→焙烘（150℃，3min）→皂洗（肥皂 2g/L，纯碱 2g/L，50℃）→水洗烘干

为了获得良好的拒水效果，织物上整理剂的含量应不少于 2% ~ 6%（owf），整理品经洗涤后，其拒水效果可通过熨烫而获得。

（2）含长链脂肪烃的氨基树脂衍生物。这类化合物主要是用高级醇或高级脂肪酸将氨基树脂初缩体中的部分羟甲基进行醚化或酯化后的产物。有制成乳液型的硬酯酰胺衍生物，也有制成蜡质固体的，其商品有 Phobotex FTG 等。一般含有三种组分：甲组分是脂肪酸、脂肪醇和乙醚化的六羟甲基三聚氰胺的缩合物；乙组分是脂肪酸、脂肪醇、三异丙醇胺或三乙醇胺和乙醚化六羟甲基三聚氰胺的缩合物；丙组分是白蜡（熔点 58~62℃）。

拒水剂 Phobotex FTG 呈浅黄色蜡状片状物，其软化点在 50℃ 以上，溶解时，先用少量热水使蜡状物充分搅拌熔融，在搅拌下加入醋酸使之乳化，再在搅拌下加入适量的热水（60~70℃）稀释，最后加入溶解有适量硫酸铝的水溶液，制成浓度为 12% ~ 15% 的乳液备用。具体工艺如下：

①整理液处方。

Phobotex FTG	6%
醋酸（40%）	1.5%
热水（95℃左右）	x
温水（60~70℃）	y
硫酸铝（结晶）	0.3% ~ 0.4%
水	z

②工艺流程。

浸轧（二浸二轧，浸轧液 pH4.5 ~ 5.5，温度 30 ~ 50℃，轧液率 60% ~ 65%）→烘干→焙烘（155 ~ 160℃，3 ~ 3.5min）→水洗→烘干

（3）金属络合物。含长链脂肪酸的金属配位络合型拒水剂，以拒水剂 CR 为代表。它是用氯化铬和硬脂酸在异丙醇中反应制得的，其商品为含有效成分约 30% 的异丙醇绿色溶液，用水稀释或提高溶液的 pH 或加热处理后，可使铬的氯化物部分水解而形成铬的氢氧化物。通过高温焙烘即成不溶性缩聚物沉积在纤维上，上述缩聚物可能与纤维素纤维上的羟基形成氢键结合，也可能发生缩合反应。具体工艺如下：

①整理液处方。

拒水剂 CR	7%
六亚甲基四胺 [$(CH_2)_6N_4$]	0.84%

加水至   100%

②工艺流程。

浸轧（40℃以下，轧液率60%～70%）→烘干（60～70℃）→焙烘（110℃，5min或130℃，3min）→皂洗→水洗→烘干

（二）有机硅拒水剂及其整理工艺

1. 聚甲基硅氧烷的拒水性

有机硅材料，通常指聚二甲基硅氧烷，分子中没有像长链脂肪烃那样的疏水性碳氢长链，但当有机硅材料表面层分子链作有规则的定向排列时，如图13-3所示，连接在硅原子上的甲基像张开的伞面，绕着硅原子转动，几乎将硅氧链遮蔽，如此，当与硅原子连接的甲基作整齐而紧密的排列时，形成了连续排列的甲基层，使纤维（或织物）变成拒水性的碳氢表面而获得拒水性。

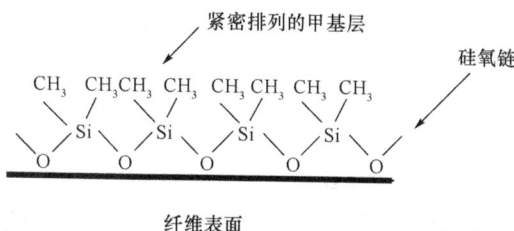

图13-3 聚甲基硅氧烷分子在纤维表面的定向排列

用于纺织品拒水整理的有机硅通常是聚二甲基硅氧烷，聚二甲基硅氧烷在纤维表面可形成拒水性的聚合物薄膜。为使整理品具有充分的拒水性，需要高温焙烘，促进聚二甲基硅氧烷交联成膜，或使用催化剂，以降低反应温度。通过加入聚甲基氢硅氧烷，可提高聚二甲基硅氧烷的反应性。聚甲基氢硅氧烷在纤维表面形成一种脆性薄膜而产生粗糙的手感，因此不能单独使用而必须与聚二甲基硅氧烷混合使用。

2. 有机硅拒水剂整理工艺

（1）含氢甲基硅油。202#含氢甲基硅油为透明无色油状物质，不溶于水，所以使用前应先制成粒径在2μm以下的稳定乳液。一般选择和纤维无亲和力的离子型乳化剂，制成含40%有机硅的乳液备用。

①整理液处方。

202#含氢甲基硅油（40%）   12.5%

醋酸铝   1.5%

②工艺流程。

浸轧（二浸二轧，室温，pH为6～6.5，轧液率65%）→烘干→焙烘（155～160℃，4min）→水洗→烘干

为了提高拒水性，有机硅拒水剂常和一般长链烃拒水剂合用。如国产821#有机硅拒水剂的工艺如下：

①整理液处方。

821#有机硅油防水剂	2.5%
防水剂 CR	2%
醋酸铝	0.2%
冰醋酸	0.1%
pH	5.5~6.0

②工艺流程。

二浸二轧→烘干→焙烘

(2)非含氢硅油。防水剂 YS—501,它由三部分组成:端羟基聚二甲基硅氧烷乳液(Ⅰ)、多硅醇官能团硅烷交联剂(Ⅱ)和胺化环氧树脂(Ⅲ)。整理工艺如下:

①整理液处方。

(Ⅰ)	70g/L
(Ⅱ)	25~30g/L
(Ⅲ)	14g/L
醋酸锌	4g/L
氯氧化锆	5g/L

组分(Ⅱ)是增加防水剂成膜性、膜强度和膜弹性的交联剂。用量少,则交联点少,膜强度低;用量过多,则交联点过多,形成的膜脆,而且弹性差。

组分(Ⅲ)的作用是使皮膜对织物有较强的黏结性,与组分(Ⅱ)缩合交联使皮膜耐久,并可调节防水织物的手感,提高乳液的稳定性。

醋酸锌和氯氧化锆是复合催化剂。

②工艺流程。

二浸二轧(轧液率60%~70%,室温)→预烘(85~90℃)→热定形(170~180℃,20~30s)

(三)全氟烃基化合物拒水整理剂及其整理工艺

1. 全氟烃基化合物典型结构模式

为了赋予拒水剂良好的成膜性和与纤维的结合性,一般都采用与各种乙烯基单体共聚的方法,其典型模式如下所示:

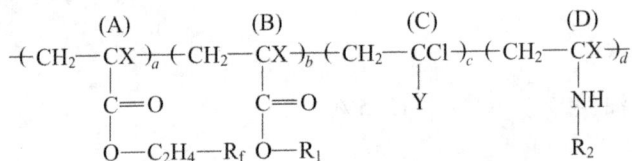

式中,$X=H$、CH_3;$Y=H$、Cl;$R_1=C_mH_{2m+1}$;$R_2=CH_2OH$,$C(CH_3)_2CH_2COCH_3$;$R_f=(CF_2CF_2)_n$ CF_2CF_3,$n=3,4,5,6\cdots\cdots$

上述拒水剂分子模式中,(A)是含氟拒水剂的主体;(B)可赋予拒水性、成膜性和柔软性;(C)可增加与纤维的结合性(特别是在聚酯、锦纶的场合)、耐磨性和耐洗涤性;(D)根据自交联和与纤维交联的方法,以形成强韧的皮膜,并增加耐久性,可应用不同的结构单元。

在上述拒水剂结构中还可加入含叔胺基或季铵基的结构单元,改善聚合物的亲水性和抗静电性,同时,可使聚合物易在水中分散,提高产品的储存稳定性和整理时的均匀性。

在拒水整理工艺中,还常将含氟拒水剂和长链脂肪烃衍生物类拒水剂拼混使用,以降低整理成本,或与树脂整理剂一起使用,以增加耐久性或达到多功能整理的目的。

2. 含氟拒水剂整理工艺

以长链烷基吡啶季铵盐拒水剂和含氟化合物共同进行拒水整理工艺如下:

①整理液处方。

异丁醇	3%
氯化锌(含结晶水)	0.3% ~ 0.5%
MF 树脂	2%
Velan PF	1% ~ 2%
FC-208	4%

含氟化合物 FC-208(含 28%全氟代烷基聚丙烯酸酯的非离子型乳液,美国 3M 公司产品),Velan PF 不仅可增进织物的拒水性,且对 FC-208 有稳定作用。Velan PF 当然也可用其他的耐久性拒水剂代替,如 Phobotex FT 系列。此外,若处方中 MF 树脂的用量增加,可提高耐洗性。

②工艺流程。

浸轧→烘干→焙烘(150℃,2min)→净洗→烘干

第二节　阻燃整理

一、纺织品阻燃技术的发展

阻燃技术的最早历史记载,是在公元前 83 年克劳迪亚斯(Claudius)的年鉴中,古希腊人在围攻战中采用铁和铝的硫酸复盐处理木质碉堡,提高木质碉堡的阻燃性能。第一个阻燃纤维专利(英国专利 551)是 1735 年怀尔德(Wyld)以明矾、硼砂及硫酸亚铁处理木材和纺织品。1820年盖·吕萨克(Gay-Lussac)发现磷酸铵、氯化铵和硼砂的混合物对亚麻和黄麻的阻燃十分有效。1913 年,化学家珀金(Perkin)采用锡酸盐浸渍绒布,再用硫酸铵溶液处理,获得较好的阻燃性能。他还对阻燃机理进行了理论上的研究,开创了阻燃技术新纪元,标志着近代新阻燃方法的开始。1930 年,人们发现氧化锑—氯化石蜡协效阻燃体系,并将其在高分子材料中广泛应用,卤—锑协效作用的发现被誉为近代阻燃技术的一个里程碑,至今仍是阻燃技术研究的热点。第二次世界大战中,美国开发了以四羟甲基氯化磷为主的一系列纤维素的阻燃整理剂,后来英国 Albright-Wilson 公司在此基础上开发出著名的 Proban 阻燃整理工艺,它开创了以阻燃剂与被阻燃材料反应达到阻燃目的的新方法。20 世纪 50 年代美国 Hooker 公司研制出多种含卤、含磷反应型阻燃剂单体,它们可应用于一系列缩聚高分子化合物。20 世纪 60、70 年代,一些工业发达国家把阻燃技术初步应用于工业,纺织品阻燃技术已达到相当水平,天然纤维织物的阻燃技术已投入应用。并开始制订有关纺织品阻燃法规和评价材料燃烧性能的标准,如 1971 年美国对儿童睡衣、地毯、家具、装饰提出了阻燃的相关法规。20 世纪 80 年代以后,阻燃纺织品的

研究开发取得了很大发展,阻燃技术从天然纤维织物进入到难度较大的合成纤维及其混纺织物,与阻燃相关的法规日趋齐全,我国目前已有100多个有关阻燃的法规和评价材料燃烧性能的标准。

二、阻燃技术的基本术语

阻燃是指某种材料所具有的防止、减慢或终止有焰燃烧的特性。纺织品经阻燃整理后,并非是其接触火源而不能燃烧,只不过是可燃性降低,在离开火源后,则有抑制火焰蔓延的性能。因此,纺织品的阻燃性只有相对意义,而不是绝对的概念。

为了便于对纺织品燃烧性能进行研究,对有关燃烧性能的基本术语作如下解释:

(1)燃烧。可燃性物质接触火源时,发生氧化放热反应,伴有有焰的或无焰的燃着过程或发烟。

(2)灼烧。可燃性物质接触火源时,固相状态的无焰燃烧过程,伴有燃烧区发光现象。

(3)余燃。燃着物质离开火源后,仍有持续的有焰燃烧。

(4)阴燃。燃着物质离开火源后,仍有持续的无焰燃烧。

(5)有焰燃烧。伴有发光现象的气相燃烧现象。

(6)发烟燃烧。一种无光可见,通常有烟雾出现的缓慢燃烧现象。

(7)点燃温度。在规定的试验条件下,使材料开始持续燃烧的最低温度,通常称为着火点。

(8)热解。材料在无氧化的高温下所产生的不可逆化学分解。

(9)熔滴。材料高温熔融滴落物。

(10)炭化。材料在热解或不完全燃烧过程中,形成炭质残渣的过程。

(11)火焰蔓延。火焰前沿的扩展过程。

(12)损毁长度。在规定的试验条件下,材料损毁面积在指定方向的最大长度,通常也称为炭长。

(13)极限氧指数(LOI)。在规定的试验条件下,使材料保持燃烧状态所需氮氧混合气体中氧的最低浓度。

三、纺织品的燃烧性能

1. 纺织纤维的燃烧特性

纺织纤维是有机高分子化合物,大多数可在300℃左右分解,属于易燃、可燃材料。各种纤维由于化学组成、结构以及物理状态的差异,燃烧的难易不尽相同,常见纤维的燃烧特性见表13-1。纺织品在燃烧时还会产生浓烟和有毒气体,造成环境污染,由纺织品引起的火灾事故不断增加,对人们的生命安全形成巨大的威胁。

十分明显,着火点和极限氧指数低的纤维是较易燃烧的纤维。一般认为,棉、黏胶纤维和醋酯纤维是易燃性纤维;腈纶、羊毛、聚酰胺纤维、聚酯纤维和蚕丝属于可燃性纤维;合成纤维中如聚氯乙烯纤维、改性聚丙烯腈纤维为难燃性纤维;石棉、玻璃纤维及金属纤维为不燃性纤维。

表 13-1 常见纺织纤维的燃烧特性

纤 维	着火点(℃)	火焰最高温度(℃)	发热量(J/kg)	LOI 值(%)
棉	400	860	15910	18
黏胶纤维	420	850	—	19
醋酯纤维	475	960	—	18
羊毛	600	941	19259	25
锦纶 6	530	875	27214	20
聚酯纤维	450	697	—	20~22
聚丙烯腈纤维	560	855	27214	18~22

合成纤维受热后首先软化、熔融,产生熔滴,由于熔滴现象使热量分散,可降低纤维的燃烧性能。但熔滴落在其他物体上,则易引起火灾扩大。

2. 影响纺织品燃烧性能的因素

纺织品的燃烧性能除了基本上取决于纤维的化学组成外,还与织物的组织结构及外界条件等有一定的关系。

(1)织物的组织结构。织物的组织结构影响织物的燃烧速率和火焰的蔓延性能,相同的纤维材料,组织结构紧密而厚重的织物燃烧速率较慢且不易蔓延,因为紧密而厚重织物中空气含量相对较低,供氧不足而使燃烧性能降低。所以,应合理选择组织结构,以最轻最少的纤维得到最佳的阻燃效果。

(2)温度。温度影响织物的燃烧性能,可用限氧指数的变化来说明,当燃烧温度从 25℃ 升高到 150℃ 时,未阻燃棉的限氧指数从 18% 降到 14%,而阻燃棉从 35% 降低到 27%,织物的易燃性随温度的升高而增加。

(3)含湿。织物的燃烧性能也受其含湿量影响,织物受热燃烧时,首先蒸发水分,需要吸热,因此,高的相对湿度对火焰的扩散有抑制作用。在湿空气中的燃烧速率一般比较慢。

(4)空气压强。空气压强的大小对织物燃烧速率也有一定影响,燃烧速率随空气压强的增加而增加,这是因为空气中的氧气分压随压强增加而提高,所以燃烧速率加快。

3. 纺织品的燃烧性能的评定

评定纺织品的燃烧性能是一个非常复杂的问题。国际纺织品标准化组织以及各国都先后制订了燃烧性能的标准测试方法和阻燃法规。总的来说,可从两方面考虑,一方面是着火性,表示着火的难易,用着火点表示;另一方面表示燃烧性能,通常以材料的 LOI 值和特定条件下余燃和阴燃时间以及损毁长度来表示。近年来,出现了应用热分析和气相色谱分析来分析纤维材料的热分解过程、热分解产物和热分解温度。

四、阻燃机理

1. 阻燃的可能途径

纺织纤维等可燃性高聚物的燃烧过程可用下图表示:

从图 13-4 可见,可燃性高聚物的燃烧过程是一个循环反应,高聚物受热分解生成可燃性气

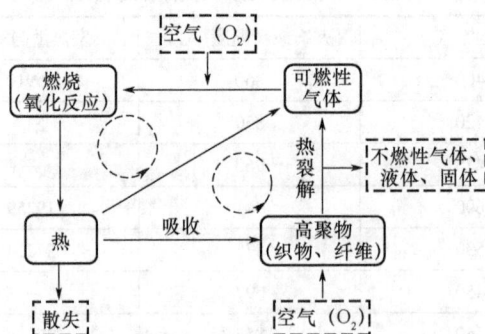

图 13-4 可燃性高聚物的燃烧过程示意图

体,可燃性气体燃烧放出热量使更多的高聚物受热分解,如此循环往复,维持燃烧过程。因此,有多种途径可以抑制或阻断燃烧过程。

(1)移走或吸收燃烧热,使材料不能受热分解,如日常生活中用水灭火。

(2)稀释可燃性气体和氧气,甚至隔绝材料和空气的接触,如用湿毛巾扑火或盖上酒精灯盖使灯熄灭。

(3)在材料中添加助剂,改变材料的裂解方式,少生成或不生成可燃性气体。

(4)干扰气相中可燃性气体与氧气的反应,少放出反应热。

2. 纺织品的阻燃机理

在阻燃整理中使用不同阻燃剂,在抑制或阻断纤维燃烧过程的方式不一样,阻燃剂的阻燃机理也是不同的。对于纺织品的阻燃机理大致可归纳为以下三种:

(1)凝聚相阻燃机理。阻燃剂的作用是促进纤维材料的催化脱水和交联,降低热分解温度,改变热分解历程和分解产物的比例,以减少热分解产物中可燃性的气体的量,增加难燃性固体炭的量。含磷阻燃剂主要通过凝聚相阻燃机理起作用。

(2)气相阻燃机理。阻燃剂是通过抑制可燃性分解产物的氧化反应,干扰火焰的燃烧方式,使燃烧所产生的热量减少,因而减少了返回到聚合物表面的热量。由于聚合物表面温度的降低,减慢或停止了聚合物的热裂解作用,从而阻止火焰的蔓延,但并不改变热分解反应历程和产物。含卤阻燃剂一般按气相阻燃机理起作用。

(3)物理效应阻燃机理。阻燃剂在纺织品中以填充剂的方式应用,单独使用时的用量相当高,有时可高达最终产品重量的60%以上。这类阻燃剂主要是无机化合物,可以分为隔热作用和吸热效应。

①隔热作用。在高温下,阻燃剂可分解形成不燃性气体或其他阻挡层,覆盖在纤维材料的表面,隔绝氧气,抑制可燃性气体向外扩散,阻止热量向基质转移,从而产生阻燃作用。硼的衍生物在棉上的阻燃作用早在1823年已被认为是在基质表面形成玻璃层,例如硼酸—硼砂混合阻燃剂。硼酸和它的水合盐具有较低的熔点,而且可产生多步脱水作用。在高温下,硼酸和它的水合盐可脱水、软化、熔融而形成不透气的玻璃层黏附于纤维表面:

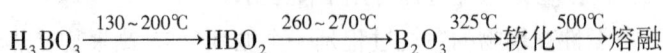

$$H_3BO_3 \xrightarrow{130\sim200℃} HBO_2 \xrightarrow{260\sim270℃} B_2O_3 \xrightarrow{325℃} 软化 \xrightarrow{500℃} 熔融$$

②吸热效应。将有高比热和低导热系数的阻燃剂填充于纤维材料的无定形区和孔隙内,将基质划分成若干隔热区,并通过升华或分解作用吸收大量热量。氧化铝、氧化锌、滑石粉以及一些含有结晶水的化合物等都是通过吸收热量而发挥阻燃作用的。例如水合氧化铝(氢氧化铝)通过脱水分解,消耗大量的脱水热和汽化热,降低燃烧温度而产生阻燃效果:

$$Al_2O_3 \cdot 3H_2O \longrightarrow Al_2O_3 + H_2O$$

3. 纤维素纤维的热裂解及阻燃机理

(1)纤维素纤维的热裂解。纤维的燃烧性能与纤维的热裂解过程及热裂解产物有十分密切的关系,不同纤维的热裂解过程和产物是不同的。纤维素纤维是碳水化合物,是一种易燃性纤维。受热后不会软化、熔融,但易于分解。在较低温度下热裂解时,产生可燃性气体、液体和固体炭化物。可燃性物质着火燃烧伴有光和热产生,而固体炭进行灼烧。

纤维素纤维的热裂解作用首先发生在无定形区,而后进入晶区。主要发生分子链的降解,引起分子链 1,4-苷键断裂,首先形成左旋葡萄糖。

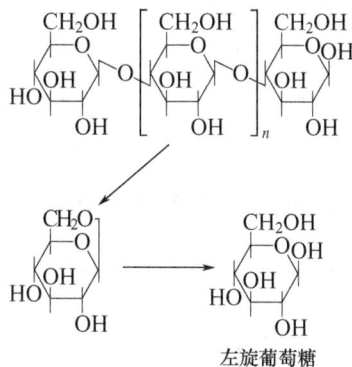

左旋葡萄糖

左旋葡萄糖可通过脱水和缩聚作用形成焦油状物质,接着在高温作用下又分解为可燃性的化合物,如乙醛、丙烯醛、甲醇、羟基丙酮等可燃性混合气体,这是有焰燃烧的主要成分。而固体炭的氧化需要较有焰燃烧更高的温度,所以不易着火,为无焰燃烧,危险性较小。因此对于纤维素纤维的阻燃整理应抑制左旋葡萄糖的产生,增加固体炭的含量。

(2)纤维素纤维的阻燃机理。在纤维素纤维织物的阻燃整理中所用的大多是含磷化合物,主要是通过凝聚相阻燃机理起作用,当受热时含磷化合物分解释出磷酸、偏磷酸,进而再聚合成聚偏磷酸和焦磷酸,偏磷酸和聚偏磷酸都是强脱水剂,使纤维素脱去水留下了焦炭,抑制了左旋葡萄糖的产生,减少热裂解产物中可燃性气体量。生成的焦磷酸会在纤维上形成一层保护膜,隔绝了氧气,抑制可燃性气体向外扩散,从而产生阻燃作用。另外含磷化合物在气相中也有阻燃作用,经阻燃整理后的纤维裂解后的产物 PO·自由基可以捕获 H·,减慢了纤维素纤维的热裂解作用。

总之,纤维素纤维织物主要是通过凝聚相阻燃机理起作用,同时也存在隔热作用和气相阻燃作用。

五、阻燃整理工艺

纤维素纤维织物是最早进行阻燃处理的织物,很多阻燃剂对纤维素纤维织物都有很好的适应性。按整理效果的耐久性的差异,阻燃整理可分为非耐久性、半耐久性和耐久性整理三类,现对这三类整理的一些常见阻燃剂及其工艺分述如下:

(1)非耐久性整理。非耐久性整理亦称暂时性整理,用于一些少洗或不洗的织物。常用的非耐久性的阻燃剂有硼酸—硼砂、磷酸及其铵盐以及一些高温下可分解而产生阻燃性气体的金属盐类。几种常用非耐久性阻燃剂的阻燃性能见表13-2。

表13-2 几种非耐久性阻燃剂的阻燃效果

| 阻燃剂名称 | 垂直本生试验 | | |
(织物增重10%)	余燃时间(s)	阴燃时间(s)	炭化长度(cm)
硼砂：硼酸(7:3)	0	190	6.60
硼砂：硼酸(1:1)	0	32	6.66
磷酸氢二铵	0	0	9.91
磷酸二氢铵	0	0	8.64
硼砂：硼酸：磷酸氢二铵(7:3:5)	0	8	8.13
硼砂：硼酸：磷酸氢二铵(5:5:1)	0	43	7.87
氨基磺酸法	0	550	12.70

大部分非耐久性阻燃剂是水溶性的无机盐类,将阻燃剂溶解于水,织物经浸轧和烘干即可。如硼酸—硼砂的整理工艺为:

①工艺处方(g/L)。

硼砂　　　　　　　　　　　137

硼酸　　　　　　　　　　　46

尿素　　　　　　　　　　　57

②工艺流程。

浸轧整理液(轧液率85%)→烘干(105℃)

(2)半耐久性阻燃整理。经半耐久性阻燃整理的产品能经受有限次的水洗,但不耐高温皂洗。可用于窗帘布等室内装饰用品的整理。磷酰化纤维素以及经不溶性的金属盐类阻燃剂整理的织物具有半耐久性阻燃效果。

①纤维素的磷酰化。磷酸和磷酸氢二铵在高温焙烘时,可使纤维素磷酰化,而赋予其较高的磷含量,得到半耐久性的阻燃效果。当温度在170℃以下时,形成纤维素磷酸铵酯,而高于170℃时,则转变为纤维素磷酰胺,磷酰化反应主要发生在纤维素葡萄糖剩基的6位碳的伯醇基上,并可在纤维素大分子链间形成交联,反应如下式所示:

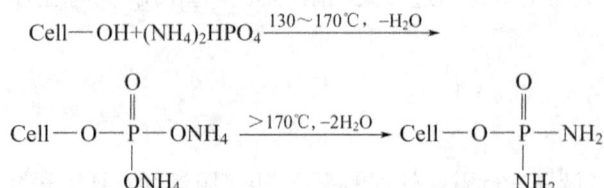

$$Cell—OH+(NH_4)_2HPO_4 \xrightarrow{130\sim170℃, -H_2O}$$

$$Cell—O—\overset{O}{\underset{ONH_4}{P}}—ONH_4 \xrightarrow{>170℃, -2H_2O} Cell—O—\overset{O}{\underset{NH_2}{P}}—NH_2$$

磷酰化处理可采用轧烘焙工艺。磷酰化处理后增重为 9% ~ 10% 时,可产生很好的阻燃效果和抗发烟燃烧的能力。加入适量脲醛树脂或三聚氰胺—甲醛树脂,可增强阻燃能力,减少纤维素的降解。但不耐硬水和碱洗涤,这是由于钙镁离子交换铵离子,使阻燃作用消失。以铵盐或酸进行后处理,可恢复阻燃能力。

②金属氧化物—非可燃性黏合剂处理。利用阻燃性金属氧化物沉积于纤维上的阻燃处理,虽有较好的阻燃效果,但耐久性较差。如将阻燃性金属氧化物和非可燃性黏合剂一起应用,可以提高耐洗性。FWWMR 整理就是利用氯化有机物和三氧化二锑为阻燃剂,应用适当的黏合剂,并兼有防水作用,同时加入防霉剂、防气候剂。此工艺大量应用于军用帐篷布的整理。

(3)耐久性阻燃整理。耐久性阻燃整理一般需耐水洗 50 次以上,有时需达 200 次以上,而且要耐皂洗。耐久性阻燃整理大多采用有机磷阻燃剂,整理剂在纤维内部或表面进行聚合或缩聚反应,形成不溶于水的聚合物。

①四羟甲基氯化鏻(THPC)及其衍生物。美国农业部于 1953 年研究成功了四羟甲基氯化鏻,并形成工业化生产,但是 THPC 在合成过程中可能产生双氯甲醚,有致癌的危险性。在 1981 年已经演变成为 THPS(四羟甲基硫酸鏻)、THPA(四羟甲基醋酸鏻)等。THPS(四羟甲基硫酸鏻)等对人体比较安全,目前作为基础的阻燃整理方法在国内外应用的比较多。

THPC 及其衍生物的阻燃体系虽有很高的阻燃效率,但也存在不足。例如整理品手感较硬,而且撕破强力有显著下降,释放甲醛较多,需选择合适的整理工艺,加入适当的添加剂,予以改善。氨薰工艺可使反应完全,整理品手感柔软,对强力影响不大。

②N-羟甲基 3-二甲氧基磷酰基丙酰胺。商品名称 Pyrovatex CP,是一种反应性阻燃剂。以二烷基亚磷酸酯先与丙烯酰胺反应,再与甲醛反应制成。

N-羟甲基丙酰胺磷酸酯可以和纤维素纤维反应,形成对碱稳定的醚键,也可以和 TMM 反应,产生不溶性的聚合物。反应如下式所示:

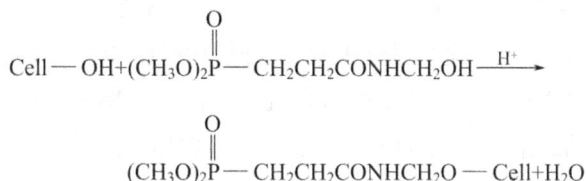

$$\text{Cell — OH} + (CH_3O)_2\overset{\overset{\text{O}}{\|}}{P}\text{— } CH_2CH_2CONHCH_2OH \xrightarrow{H^+}$$

$$(CH_3O)_2\overset{\overset{\text{O}}{\|}}{P}\text{— } CH_2CH_2CONHCH_2O \text{— Cell} + H_2O$$

N-羟甲基 3-二甲氧基磷酰基丙酰胺通常和 TMM 同浴处理,以 NH_4Cl 为催化剂,通过轧烘焙工艺固着于织物。利用 TMM 增加含氮量,提高 N 和 P 的协同效应。整理品含磷量 2% ~ 2.5%,含氮量 1% ~ 1.5%,有较好的阻燃效果,且手感柔软,能耐 50 次水洗,强力损失较小,应用方便,环境污染较小,是目前国内外广泛应用的阻燃剂之一。

③乙烯基磷酸酯的低聚物。乙烯基磷酸酯的低聚物为水溶性的化合物,阻燃剂 Fyrol 76 主要成分是乙烯基磷酸酯,含磷量高达 22.5%。其化学结构为:

$$RO-\overset{\overset{\displaystyle O}{\|}}{\underset{\underset{\displaystyle CH_3}{|}}{P}}-O\!\!\left[\!CH_2CH_2O-\overset{\overset{\displaystyle O}{\|}}{\underset{\underset{\displaystyle CH=CH_2}{|}}{P}}-OCH_2CH_2O-\overset{\overset{\displaystyle O}{\|}}{\underset{\underset{\displaystyle R'}{|}}{P}}-O\!\right]_x\!\!R$$

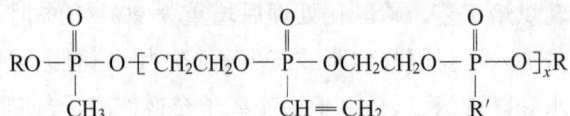

乙烯基磷酸酯低聚物在过硫酸盐等自由基型催化剂作用下,可以和羟甲基丙烯酰胺进行自由基型聚合,形成不溶性聚合物。固着于纤维素纤维织物上。

整理采用轧烘焙工艺与羟甲基丙烯酰胺反应。整理品含磷量应为 2.0%~2.5%,含氮 1.1%~1.4%,产生较好的阻燃效果,耐洗性良好,而且力学性能变化较小。还可与羟甲基丙烯酰胺及 TMM 反应,应用于涤棉混纺织物,也可与含溴阻燃剂共用。

第三节 抗菌整理

一、抗菌整理的意义

纺织品在生产和使用过程中都会黏附微生物。这些微生物来自于织物对空气中的微生物的吸附,在穿着过程中人体皮肤上的微生物的转移和与其他含有微生物的物品接触时的沾污。微生物在适宜的条件下在织物上迅速繁殖,当织物与人体接触时,可能引起人体皮肤感染。微生物分泌的酶还能分解汗水中的糖分、脂肪酸、皮脂和皮屑以及其他人体分泌物,使织物产生臭味。微生物在纤维素纤维中滋长时,并不直接以纤维素纤维为食料,而是分泌出酵素,将纤维素纤维降解或水解成可消化的物质,如葡萄糖等,结果使纤维产生霉斑,强力下降甚至造成破洞。折叠的纺织品当霉蚀时可能自上层贯穿至下层,致使大量纺织品成为废品。

抗菌整理是用抗菌剂或抑菌剂对织物进行处理,使加工后的织物获得抗菌、防霉、防臭的加工工艺。其目的不只是为了防止织物被微生物污损,更为重要的是为了防止传染疾病,降低公共环境的交叉感染率,使织物获得卫生保健和穿着舒适的新功能。

抗菌整理织物可用于内衣、睡衣、运动衣、特殊行业的工作服、军服等,以及床上用品、窗帘布、沙发布、地毯、餐巾、毛巾、袜子、鞋衬布、妇幼用品、医用材料等,具有广阔的应用领域。抗菌整理织物的生产按抗菌剂的引入途径可分为两类,即抗菌纤维的生产和织物的抗菌后整理。在合成纤维制造过程中,直接在高聚物分子中引入抗菌基团或抗菌组分结构单元,或者在纺丝液中加入抗菌剂,制成抗菌纤维。合成纤维和天然纤维织物都可以通过后整理方法获得抗菌、防霉、防臭等卫生保健功能的纺织品。

二、抗菌整理剂及其抗菌机理

采用抗菌整理剂对织物进行整理,所用的整理剂应具有下列条件:

(1)对有害微生物具有广谱高效的抗菌性;

(2)无色、无臭、对人体无毒、对皮肤无刺激性;

(3)不损伤纤维,不使织物产生色变;

(4)与其他整理剂具有相容性;

(5)抗菌作用的耐久性符合使用要求。

抗菌剂有无机抗菌剂、有机抗菌剂和天然抗菌剂三大类。无机抗菌剂过去大多用于制造抗菌纤维,近年来已研究开发出纳米无机抗菌剂被应用于织物后整理,有机抗菌剂和天然抗菌剂既可以用于制造抗菌纤维,也可以用于织物后整理。

(一)无机抗菌剂

1. 银离子抗菌剂

人类很早就有利用银、铜金属及其化合物具有的杀菌功能的记载。公元前 5 世纪的古希腊战士用银器盛水直接饮用,1893 年瑞士的植物学家拉克林发现 10^{-8} mol/L 浓度的 Ag^+ 就可以杀灭藻类中的细菌。随后人们发现铜、锌等许多金属离子也有抗菌性能,金属离子杀灭和抑制细菌的活性按下列顺序递减:

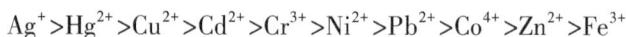

$$Ag^+>Hg^{2+}>Cu^{2+}>Cd^{2+}>Cr^{3+}>Ni^{2+}>Pb^{2+}>Co^{4+}>Zn^{2+}>Fe^{3+}$$

考虑到金属离子的毒性及颜色等问题,实际常用的主要是银、铜、锌离子。由于在所有的金属离子中银离子是最低抑菌浓度最小的品种,而且无毒无色,所以目前制备无机抗菌剂通常使用的是银离子及其化合物,而铜、锌离子在大多数情况下与银离子共同使用以达到广谱的抗菌效果。单独使用时,铜类化合物则因带有较深的颜色而限制了其作为抗菌剂使用的范围。

由于银盐具有很强的光敏反应,遇光或长期保存时,会使材料变色,接触水时 Ag^+ 易渗出而导致抗菌有效期很短,很难具有应用价值。为了解决这些问题,人们采用内部有空洞结构而能牢固负载金属离子的材料或能与金属离子形成稳定的螯合物的材料作为载体,负载金属离子等手段解决银离子变色问题,控制离子释放速度,提高离子在材料中的分散性以及离子和材料的相容性。

目前,已生产的银离子抗菌剂有载银沸石、载银黏土(如膨润土)等,也有用纳米 SiO_2、ZnO、TiO_2 作载体。纳米载银抗菌剂既可制成涂层织物,也可制成抗菌纤维,但涂层总会影响织物手感,并且耐洗性不及抗菌纤维,所以国内外都在着重发展各种新型抗菌纤维。目前这方面的产品有抗菌涤纶、抗菌丙纶以及一些复合抗菌纤维。抗菌试验表明,在纤维中添加 0.5% ~ 1% 载银抗菌剂,即可具有广谱、高效、持久的抗菌效果。

关于银离子的抗菌机理有多种解释,一般认为,银离子接触反应杀菌机理比较合适。

抗菌剂中溶出的银离子通过静电作用吸附到带负电荷的微生物的细胞膜上,银离子穿透细胞膜进入细胞内,与微生物体内蛋白质上的巯基发生反应:

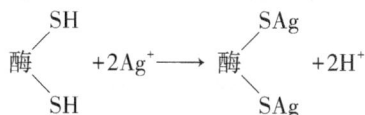

$$酶\begin{matrix}SH\\\\SH\end{matrix} +2Ag^+ \longrightarrow 酶\begin{matrix}SAg\\\\SAg\end{matrix} +2H^+$$

此反应使蛋白质变性,破坏微生物合成酶的活性,并可能干扰微生物 DNA 的合成,同时银离子和蛋白质的结合还破坏了微生物的电子传输系统、呼吸系统和物质传输系统,造成微生物丧失分裂增殖能力而死亡。

由于银离子负载在缓释性载体上,在使用过程中具有抗菌性能的银离子逐渐释放,而在很低浓度下银离子就有抗菌效果,因此通过银离子的释放,载银无机抗菌剂可发挥持久的抗菌效果。

2. 光催化型无机抗菌剂——纳米 TiO_2

光催化型抗菌剂自 1995 年在日本首次面市以来,应用越来越广泛,目前已经广泛应用于水处理、食品包装、化妆品、纺织品、日用品、高分子材料及建材中,取得了丰硕的成果。

目前光催化型抗菌剂主要为锐钛型 TiO_2 抗菌剂,其抗菌机理是基于光催化反应,使包括微生物在内的各种有机物分解而具有抗菌性能。光催化型 TiO_2 抗菌剂的颗粒应为超细 TiO_2 颗粒,最好是纳米 TiO_2 粒子。纳米 TiO_2 可通过对织物作涂层整理,也可采用共混技术将纳米 TiO_2 光催化剂混入纤维中,制造抗菌纤维。

光催化型抗菌剂无毒、无味、无刺激性,本身为白色,且色泽稳定性好。并且价格低廉,资源丰富,抗菌能力强,抗菌谱广。TiO_2 抗菌作用的发挥是通过光催化作用进行的,本身并不像其他抗菌剂会随着抗菌剂使用逐渐消耗而效果慢慢下降,所以光催化型抗菌剂具有持久的抗菌性能。

(二)有机抗菌剂

常用的有机抗菌剂有有机金属化合物、酚类化合物、硝基呋喃类化合物、季铵盐类化合物、有机氮化合物等许多类。由于有机抗菌剂品种繁多,各种微生物的生物结构和组成也不相同,因此有机抗菌剂的作用机理也随品种不同而异。

1. 有机金属化合物

有机铜化合物 8-羟基喹啉铜是一种 2∶1 螯合物。8-羟基喹啉铜为淡黄色无臭粉末,对高温和紫外线都很稳定,2∶1 螯合物是油溶性的,可制成乳液应用。一般用量为 1%(owf),对皮肤无刺激性,使用较安全,抗菌防霉效果良好。

其结构式如下所示:

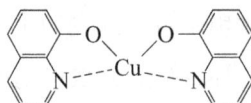

有机汞和有机锡化合物如苯基汞、乙基汞、三丁基丁酸锡和三丁基醋酸锡等在 1980 年代以前曾经得到应用,但因其有毒,后来已停止使用。

2. 酚类化合物

五氯苯酚(PCP)是一种具有特殊刺激气味的升华性抗菌防霉剂,可直接用酚的乳液或制成酚钠的水溶液使用,效率高,稳定而不易变质,处理方法简单,防霉性能耐久。使用浓度一般为 1%~3%,通常与其他整理剂混合使用。2,4,4′-三氯-2′-羟基二苯醚是一种重要的织物抗菌整理剂,其化学结构为:

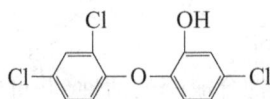

经该整理剂处理后的织物对金黄色葡萄球菌、大肠杆菌和白癣菌均具有优异的抗菌活性。

水杨酰替苯胺($HOC_6H_4CONHC_6H_5$)是苯酚的衍生物,俗名生色精水杨酸,外观呈淡黄色粉末,不溶于水,但易溶于氨水中。它可被制成乳液用作纺织品的防霉剂。用其浸轧织物,烘干后,水杨酰替苯胺就沉积在织物上,由于化合物难溶于水,故经整理后织物水洗牢度较高,如与树脂共用则耐洗性可进一步提高。

3. 季铵盐类化合物

许多季铵盐类表面活性剂具有抗菌性,但因其为水溶性,又没有可与纤维分子结合的基团,因而整理品的抗菌效果不耐水洗。但在季铵盐表面活性剂分子中引入反应性有机硅官能团,则此季铵盐化合物可与纤维分子反应或在纤维表面聚合,形成高聚物薄膜,从而产生耐久抗菌效果。卫生整理剂 DC-5700 具有此类结构,其有效成分为 3-(三甲氧基甲硅烷基)丙基二甲基十八烷基氯化铵,结构式为:

$$(CH_3O)_3Si(CH_2)_3—N^+(CH_3)_2—C_{18}H_{37} \cdot Cl^-$$

DC-5700 是含 42% 有效成分的甲醇溶液,呈琥珀色,pH 为 7.5,可以任何比例溶于水、醇类、酮类、酯类、碳氢化合物和氯化碳氢化合物中,在 125℃ 以下稳定。

由 DC-5700 的化学结构式可知,该化合物既具有季铵化合物的杀菌效果,又有有机硅的耐久性,且不溶于汗水和油脂中,穿着安全。现已用于纤维素纤维织物和聚酯、聚酰胺等合纤纯纺织物及其混纺织物的卫生整理中。

该类抗菌整理剂的抗菌机理是季铵盐阳离子吸引带负电荷的细菌,破坏细菌细胞壁,使其内容物渗出而死亡。该类产品耐非离子表面活性剂、阳离子表面活性剂洗涤,但使用阴离子表面活性剂洗涤时,阴离子表面活性剂与阳离子季铵盐结合,抗菌织物的抗菌作用就会减弱或消失。

4. 有机氮化合物

日本的中岛照夫认为具有下列结构的有机氮化合物是优良的抗菌整理剂。

$$\left[(CH_2)_6—NH—CNH—NH—CNH—NH\right]_n \cdot HCl$$

经它处理的织物可同时抑制白癣菌、金黄色葡萄球菌和大肠杆菌。

(三)天然抗菌剂

1. 壳聚糖

壳聚糖化学名称叫 β-(1→4)-2-氨基-2-脱氧-D-葡萄糖,是由甲壳素经脱乙酰基化反应而来。甲壳素广泛存在于虾、蟹等节肢动物的外壳和真菌及一些藻类植物的细胞壁中,自然界每年甲壳素的合成量达几十亿吨,是产量仅次于纤维素的自然界第二大天然高分子。

壳聚糖是一种抗菌性能较强的天然抗菌剂,体系中含 0.1% 时就具有十分明显的抗菌作用。但环境的酸碱性对壳聚糖的抗菌性能影响较大。壳聚糖是一种弱电解质,其分子上的—NH_3^+ 的 $pKa=6.2$,体系 pH 高于此值时—NH_3^+ 逐渐转化为—NH_2,作为抑菌有效因子的—NH_3^+ 的密度降低,抗菌性能下降。作为壳聚糖性能重要指标的脱乙酰化度对壳聚糖的抑菌性能影响也很大,随脱乙酰化度的提高,壳聚糖分子链上—NH_2 密度增加,在适宜的环境中抗菌基团—NH_3^+ 的密度也提高,所以壳聚糖的抗菌性能随脱乙酰化度的提高而提高。

壳聚糖抗菌剂已经在国内外都得到了广泛的应用,目前主要的应用领域集中于制备抗菌纤维和直接制备具有优异抗菌性能的壳聚糖纤维。

2. 日柏醇

日柏醇来自于桧柏油,桧柏油由可作为香精原精的中性油和具有抗菌活性的酚类酸性油组成。酸性油中含有日柏醇,中性油主要成分为斧柏烯。日柏醇具有广谱抗菌性,对真菌抗菌效果尤佳。其抗菌机理是二唑配位体的氧螯合作用,使微生物体内蛋白质变性,从而达到抗菌效果。日本联合化学工业公司的 UNIKAMCAS-25 抗菌剂就是微胶囊化的日柏醇,用于纺织品的抗菌处理,具有良好的抗菌性。

三、抗菌整理方法与工艺

棉织物的抗菌整理方法有轧烘法、吸尽法(浸渍法)、表面涂层法、微胶囊整理技术等。其中,轧烘法是抗菌后整理加工中最常用的方法,目前织物的抗菌整理大多采用此法。根据抗菌剂性能以及对织物抗菌要求的不同,又可以分为浸轧—轧烘法、浸轧—轧烘—焙烘法与浸渍—轧烘—焙烘法。

1. 浸轧—轧烘法

用有机硅季铵盐化合物 DC-5700 对织物进行抗菌整理时的特点是不用高温焙烘即可产生持久的抗菌效果。在实际使用时可采用浸轧—轧烘法。

①工艺处方(g/L)。

抗菌剂	2~10
阳离子和非离子表面活性剂	0.5

②工艺流程。

二浸二轧(轧液率 70%~80%)→烘干(温度低于 120℃)

DC-5700 应用工艺简单,该化合物可与阳离子型或非离子型助剂同浴处理,与阴离子型助剂共同处理则必须采用二浴法。织物经 DC—5700 溶液浸轧处理后,在温度低于 120℃的条件下烘干,水和甲醇蒸发后,DC—5700 便在纤维表面产生缩聚或与纤维素纤维结合,一般不需特殊的后处理。

2. 浸轧—轧烘—焙烘法

有机氮抗菌剂由于其优良的抗菌效果近年来受到关注,有机氮抗菌整理剂的主要特点是抗菌谱较广,抑菌性好,对人体安全性高,毒性极小。

有机氮化合物与树脂或交联剂同浴使用,可提高抗菌的耐久性。耐久性抗菌整理需要高温焙烘。

①工艺处方(g/L):

有机氮抗菌剂	3~5
无甲醛树脂	30~40
非离子渗透剂	0.5

②工艺流程:

二浸二轧(轧液率 60%~70%)→110℃以下烘干→焙烘(160~165℃,1.5min)

3. 浸渍—轧烘—焙烘法

壳聚糖对棉织物的抗菌整理可采用浸渍—轧烘—焙烘法,具体工艺如下:

将壳聚糖溶解于1%的醋酸溶液中,棉织物在壳聚糖溶液中浸渍 30min 后,二浸二轧(轧液率 110%)→预烘(90℃,5min)→焙烘(140℃,3min)。在壳聚糖溶液中按一定比例加入戊二醛作为交联剂可以提高处理后织物的抗菌效果。

此法也可用于抗菌剂与树脂同浴整理,将抗菌剂溶解于树脂中,织物在树脂液中充分浸渍,再经过浸轧→预烘→焙烘处理,通过树脂交联,抗菌剂附着于织物表面使其具有抗菌功效。

第四节 抗紫外线整理

一、抗紫外线整理加工的意义

太阳光是一种电磁波,由紫外线、可见光和红外线组成。太阳光中能穿透大气层辐射到地面的紫外线占总能量的 6%,紫外线按其波长范围可分为三段,即:UV-A($\lambda = 400 \sim 315nm$)、UV-B($\lambda = 315 \sim 280nm$)、UV-C($\lambda = 280 \sim 100nm$),其中,UV-C 在辐射的过程中几乎被大气所吸收。紫外线对人类的益处是能灭菌消毒,促成人体内维生素 D 的合成。但自 20 世纪初叶以来,由于世界各国大量使用氟里昂等氟氯烷物质,使大气中的臭氧层遭到破坏,导致阳光中辐射到地面的紫外线(尤其是短波长的紫外线)增加。紫外线辐射量的增加和短波长化,对人类赖以生存的环境产生重大影响,过量的紫外线照射会诱发皮肤病(甚至皮肤癌)、白内障、降低免疫功能等,直接危害人体健康。紫外线对人体影响见表 13-3。

表 13-3 紫外线的 3 个波段及其对人体影响

紫外线波段	UV-A ($\lambda = 400 \sim 315nm$)	UV-B ($\lambda = 315 \sim 280nm$)	UV-C ($\lambda = 280 \sim 100nm$)
到达地面的量	大部分 UV-A 可到达地面	少量的 UV-B 可到达地面	UV-C 几乎被大气所吸收
对人体的影响	可穿透皮肤角质层以下较厚的真皮层,可致皮肤老化	UV-B 比 UV-A 穿透皮肤较浅,但长期暴露在 UV-B 中会导致皮肤过敏、红肿	由于几乎不到达地面,所以也不对人体造成影响
危险性	危险性较小	会引起 DNA 损坏,比 UV-A 危险	对皮肤与眼睛都很危险

对户外活动的人们来说,服装是防止紫外线过量辐射的主要屏障,但仅靠常规织物屏蔽紫外线的能力是不够的。减少紫外线对皮肤的伤害,必须减少紫外线透过织物的量,而减少紫外线的透过量主要有两种途径:

(1)增强织物对紫外线的吸收能力。这可以通过选用适当的纤维和用紫外线吸收剂进行整理来达到。此外,选择合适的组织结构也可以适当提高吸收能力。

(2)增强织物对紫外线的反射能力。这可以通过选用适当的纤维,例如高比表面纤维及含高比率 TiO_2 的纤维,也可以选择适当的组织结构(织物厚度、表面平整度、织物重量、孔隙度等)来增强对光的反射和散射。在织物的后整理加工中,可使用紫外线反射剂作涂层处理,在涂层剂中加入紫外线反射剂微粒来增强织物对光的反射和散射。

二、屏蔽紫外线的物质

在纤维和织物中添加屏蔽紫外线的物质主要有两类:一类是起反射紫外线作用的物质,习惯上称为紫外线屏蔽剂。通常选用一些金属氧化物的粉体,如:Al_2O_3、MgO、ZnO、TiO_2、高岭土等;另一类是指对紫外线有强烈选择吸收,并能进行能量转换而减少它的透过率的物质,通常是一些有机化合物,习惯上称为紫外线吸收剂。用于织物后整理的主要是紫外线吸收剂,常见的有水杨酸酯类、金属离子螯合物、二苯甲酮类以及苯并三唑类等。

三、抗紫外线纺织品的加工技术原理

所谓抗紫外线纺织品,是指对紫外线有较强吸收和反射性能的纤维和织物。其制备和加工原理通常是:经过混合或处理,对纤维或织物添加能屏蔽紫外线物质,从而提高纤维或织物对紫外线的吸收和反射能力。

将作为紫外线屏蔽剂的金属氧化物制成纳米级的超细粉体材料,在与纤维材料共混结合后,由于粉体微粒尺寸与紫外线波长相当,增强了纤维材料对紫外线的反射和散射作用,从而防止和减少了紫外线透过纤维材料的量;而紫外线吸收剂主要是吸收紫外线并进行能量交换,使紫外线转变成热能和波长较短的电磁波而发散,从而达到防止紫外线辐射的目的。例如邻羟基二苯甲酮在紫外线照射下可发生如下反应:

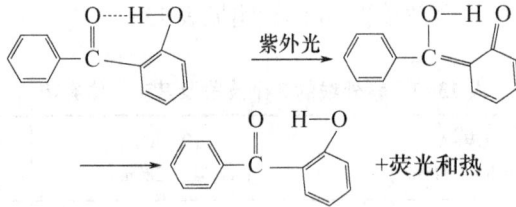

邻羟基二苯甲酮吸收紫外线放出荧光后回复到基态,伴随氢键的光致互变异构,这种结构能接受光能而不使键断裂,并使光能转变成热能,从而将吸收的能量消耗。

四、抗紫外线性能的评价

目前评价抗紫外线性能的指标主要有两个:(1)SPF(Sun Protection Factor)称防晒因子;(2)UPF(UV Protection Factor)称紫外线防护因子。前者用于化妆品行业,后者用于纺织行业。

$$SPF(UPF) = \frac{使用防紫外线化妆品(服装)日晒时皮肤红斑出现的时间}{不使用防紫外线化妆品(服装)日晒时皮肤红斑出现的时间}$$

UPF 的数值及防护等级见表 13-4。

表 13-4　UPF(UV Protection Factor)紫外线防护因子等级分类表

UPF 范围	防 UV 保护等级	防 UV 百分率
15~20	好	93.3%~95.8%
20~35	很好	95.9%~97.4%
40~50、50+	极佳	>97.5%

五、织物的抗紫外线后整理方法

织物的抗紫外线后整理是指用紫外线屏蔽剂或吸收剂对织物进行整理加工,以增强织物抗紫外线的能力。归纳起来有以下几种方法:

1. 吸尽法

吸尽法又可分为高温高压法和常温常压法。通常多采用紫外线吸收剂。高温高压吸尽法类似于涤纶的高温高压染色,这是由于一些不溶或难溶于水的紫外线吸收剂,如苯并三唑类化合物,它们的分子结构和分散染料很接近,在高温高压的条件下,可以进入纤维的内部而固着。高温高压吸尽法适用于涤纶、锦纶等合成纤维类织物,此法较多地采用分散染料染色与抗紫外线整理同浴进行。常压吸尽法则主要适合于棉、麻、羊毛、蚕丝等天然纤维类织物的抗紫外线整理。常压吸尽法须选用水溶性的紫外线吸收剂,如一些二苯甲酮类的水溶性紫外线吸收剂,其分子结构中有多个羟基,对棉及其他天然纤维有较好的吸附能力,因此可以在常压下被用于此类织物的抗紫外线整理。常压吸尽法也可以进行染色—整理一浴法加工。

2. 浸轧法

若采用紫外线屏蔽剂对织物进行后整理加工,由于价格、技术等因素的限制,水溶性的紫外线屏蔽剂目前应用还比较少,因此必须将不溶于水或微溶于水的紫外线屏蔽剂制成分散体系:乳状液或悬浮体。然后用浸轧的方法将紫外线屏蔽剂转移到织物上去。浸轧法有可分为轧烘法、轧蒸法和轧堆法。目前应用较多的是轧烘法,其工艺流程为:浸轧→烘干→焙烘→落布。为了使紫外线屏蔽剂固着在织物上,浸轧液中可加入树脂。轧蒸法和轧堆法大多适合天然纤维或混纺织物的后整理加工,往往选用一些对纤维有反应性能的紫外线屏蔽剂,在浸轧→汽蒸(或堆置)的过程中,屏蔽剂上的活性基团和纤维上的羟基($-OH$)、氨基($-NH_2$)等发生化学反应而固着,其作用机理类似于活性染料对棉和羊毛的染色过程,因此亦可考虑紫外线屏蔽剂与活性染料对织物进行同浴加工。

3. 涂层法

涂层法就是将紫外线屏蔽剂或紫外线吸收剂与涂层剂均匀分散后,涂覆在织物表面,经烘干等热处理后形成涂层薄膜而固着在织物上。涂层法适用的纤维种类广,紫外线屏蔽剂或紫外线吸收剂选择余地大,与其他整理方法相比,加工的成本也相对较低。但涂层法加工的织物手感和耐洗性较差,影响了织物的服用性能,因此涂层法比较适合遮阳伞、窗帘、帐篷等织物的加工。

4. 其他方法

除了上述三种常用的整理工艺外,抗紫外线整理还有印花法、微胶囊整理技术等方法。印花法就是将紫外线屏蔽剂或紫外线吸收剂调制在印花色浆中,印制后,采用焙烘或汽蒸等处理固着在织物上,此方法适合于对紫外线屏蔽率要求不是很高的织物;微胶囊整理技术是将紫外线屏蔽剂或紫外线吸收剂装入微胶囊中,经整理加工后,可以防止紫外线屏蔽剂或紫外线吸收剂在织物上的分解和逸散,从而提高织物抗紫外线性能。

抗紫外线后整理技术方法多,应用灵活,可以根据加工对象的变化和要求选择不同的加工方法,并且还可以与其他功能整理如防污整理、抗菌整理等复合进行,从而得到多项特性的功能纺织品。

☞思考题

1. 防水整理与拒水整理有何不同? 请简述织物拒水整理的原理。

2. 织物拒水效果的均匀性和耐久性与哪些因素有关?

3. 写出维兰(Velan)PF 防水剂的分子结构式。

4. 解释阻燃整理的涵义。影响纺织品燃烧性能的因素有哪些?

5. 从纺织品的燃烧过程分析阻燃的可能途径。

6. 纺织品的阻燃机理主要有哪几种? 以纤维素纤维织物为例说明纺织品的阻燃机理。

7. 何谓耐久性阻燃整理? 请举出一个纤维素纤维织物耐久性阻燃整理的生产实例。

8. 简述抗菌整理的目的和意义。

9. 简述银离子的抗菌机理。已生产的银离子抗菌剂为什么一般都要采用内部有空洞结构而能牢固负载金属离子的材料作为载体?

10. 请列举三种以上不同的有机抗菌剂,写出这些抗菌剂的抗菌整理方法与工艺。

11. 过量的紫外线辐射会对人体健康产生哪些危害? 抗紫外线纺织品是通过添加哪些物质来屏蔽紫外线对人体的辐射? 纺织品抗紫外线性能是如何进行评价的?

12. 织物的抗紫外线后整理有哪些方法? 试写出浸轧法和涂层法抗紫外线后整理的工艺。

参考文献

[1]阎克路. 染整工艺学教程:第一分册[M]. 北京:中国纺织出版社,2005.

[2]林杰,田丽. 染整技术:第四册[M]. 北京:中国纺织出版社,2009.

[3]辛德勒 W D,豪瑟 P J. 纺织品化学整理[M]. 王强,范雪荣,译. 北京:中国纺织出版社,2007.

[4]王树根,马新安. 特种功能纺织品的开发[M]. 北京:中国纺织出版社,2003.

[5]朱平. 功能纤维及功能纺织品[M]. 北京:中国纺织出版社,2006.

[6]夏春兰,王春,刘新星. 抗菌剂及其抗菌机理[J]. 中南大学学报,2004,35(1):31-38.

[7]周璐瑛. 纳米 ZnO 防紫外与抗菌织物的研究[C].//2001 功能性纺织品及纳米技术应用研讨会论文集,114-118.

[8]冯德才,刘小林,杨其,等. 抗菌剂与抗菌纤维的研究进展[J]. 合成纤维工业,2005(4):40-42.

[9]王建刚,马洪月,王亚丽,等. 棉织物的抗菌整理[J]. 长春工业大学学报(自然科学版),2005,26(3):200-202.

[10]李毕忠. 抗菌纤维及抗菌织物的研制与开发[J]. 纺织科学研究,2003(1):13-16.

[11]黄茂福. 紫外线吸收剂作用机理及其应用[J]. 染整科技,2001(2):46-53.

[12]宋心远等. 新型纤维及其织物的染整[M]. 北京:中国纺织出版社,2006.

下篇
其他纤维素纤
维织物的染整

第十四章　麻类织物的染整

❋ **本章知识要求**

1. 了解麻类织物的特点。

2. 了解麻纤维的脱胶工艺。

3. 了解亚麻粗纱煮漂工艺。

4. 掌握各种麻类织物的前处理工艺。

5. 了解麻混纺织物的前处理工艺。

6. 掌握麻类织物的染色方法及其工艺。

7. 了解麻混纺织物的染色。

8. 了解麻类织物的后整理包括哪些以及它们各自的特点和工艺。

❋ **本章技能要求**

1. 学会麻纤维脱胶工艺的制订与操作。

2. 学会亚麻粗纱煮漂工艺的制订

3. 能进行麻类织物前处理工艺的制订与操作。

4. 学会麻混纺织物前处理工艺的制订。

5. 能进行麻类织物活性染料染色工艺的制订与操作。

6. 学会汉麻织物染色工艺的制订。

7. 学会麻混纺织物染色工艺的制订。

8. 能进行麻类织物的一般整理工艺的制订。

麻是天然纤维中仅次于棉的第二大类纤维,麻纤维的种类很多,主要包括苎麻、亚麻、大麻、黄麻、剑麻、罗布麻等,其中以苎麻、亚麻在纺织行业中应用最广泛。

苎麻又称中国草,起源于中国,是我国最早使用的纺织纤维之一,是麻类中品质最佳的纤维,被称为"天然纤维之王"。苎麻可纺成纯苎麻布,也可与其他纺织纤维混纺、交织等。苎麻织物是我国独具特色的传统产品,具有凉爽、透气、舒适、挺括、出汗不粘身、防霉防蛀等性能,它的透气性比棉纤维高三倍左右,特别适合于夏季面料。

亚麻是人类最早发现并使用的天然纤维之一,有"麻中皇后"之称。亚麻纤维具有强度高、柔软、细度好、导电弱、吸水散水快、膨胀率大等特点,可纺高支纱,是优良的纺织原料。织成的衣料平滑整洁,也可织成各种粗细的帆布,还可与棉、毛、丝、人造纤维混纺。

大麻又称"汉麻",是世界最早栽培利用的纤维之一。大麻纤维是各种麻纤维中最细软的一种,细度仅为苎麻的三分之一,与棉纤维相当,纤维顶端呈钝圆形,没有苎麻、亚麻那样尖锐的顶端,故成品特别柔软适体。大麻纤维具有优异的吸湿排汗性能、天然的抗菌保健性能、良好的柔软舒适性能、卓越的抗紫外线性能、出色的耐高温性能、独特的消散光波、音波性能和自然的粗犷风格,广泛应用于服装、家纺、帽子、鞋材、袜子等方面。

黄麻纤维具有吸湿性能好,散失水分快等特点,一般用于制绳索、生麻布、单丝袋、席经等,也可用于织制地毯底布、贴墙布、沙发布、台布、窗帘布、帆布及地毯等。

剑麻是多年生叶纤维作物,也是当今世界用量最大,应用范围最广的一种硬质纤维之一,具有洁白、质地坚韧、富于弹性、耐海水浸、耐摩擦、不易碎断且胶质少,不易打滑等特性。剑麻纤维广泛应用于渔航、工矿、运输等所需的各种规格绳索,也可编织麻袋、糊墙纸、帘布、地毯、絮垫、门口垫等。

罗布麻由于最初在新疆罗布泊发现,故命名为罗布麻。罗布麻除了具有一般麻类纤维的良好的吸湿、透气、透湿、高强力等共同特性外,还具有丝一般的良好的手感,纤维细长,耐湿抗腐。罗布麻纤维富含多种药物成分,具有天然的远红外功能和天然的抑菌作用,其产品具有一定的医疗保健作用,因此罗布麻具有很高的经济价值和医疗价值,深受人们的重视与青睐。

第一节　麻类织物的前处理

一、麻纤维的脱胶

麻脱胶是指去除生麻中所含的胶质及其他杂质,从而获得柔软、松散的熟麻的加工过程。麻的脱胶主要有化学脱胶、生物脱胶和物理机械脱胶三种方法。化学脱胶是利用麻纤维中纤维素与胶质化学性能的差异,用化学方法将胶质去除,保留纤维素的过程;生物脱胶是利用生物酶的作用,分解胶质,从而将胶质去除的过程;物理机械脱胶是利用物理作用将胶质去除的过程。下面就以纺织中常用的苎麻、亚麻为例,介绍麻纤维的脱胶。

(一)苎麻脱胶

苎麻纤维是初生韧皮纤维,存在于麻茎的初生韧皮内部,四周为胶质所包围,胶质把纤维素的单纤维胶合在一起而形成原麻。苎麻的原麻纤维不适合纺纱,因此纺纱前必须将韧皮中的胶质去除,并使苎麻的单纤维相互分离,这个过程即为脱胶。原麻经脱胶后的产品称为精干麻。苎麻纤维的可纺性在很大程度上取决于脱胶的效果。

一般苎麻原麻中所含胶质依品种不同约占 25%～30%,主要以半纤维素、果胶物质、木质素为主。原麻的胶质含量越高,其脱胶难度就越大。苎麻的脱胶方法有民间土脱胶法、机械物理脱胶法、生物脱胶法、化学脱胶法等,采用化学脱胶法所得精干麻纯度较高,力学性能也较好,是目前工业生产的主要方法。

1. 化学脱胶

苎麻纤维胶质中大部分物质易在高温碱液中水解,而纤维素具有较高的耐碱性,因此化学脱胶法一般以碱煮工艺为主。要注意的是,在碱煮工序的前后还必须施予多道工序处理,方能达到纺纱用的质量要求。

目前常用的化学脱胶法有下列几种类型,即一煮法、二煮法、二煮一漂法、二煮一漂一练法

等,工艺流程如下:

①一煮法。

原麻拆包→浸酸→水洗→碱液煮练→水洗→打纤及水洗→酸洗→水洗→脱水→给油→脱水→烘干

该工艺简单,常用于生产麻线。

②二煮法。

原麻拆包→浸酸→水洗→一次碱液煮练→水洗→二次碱液煮练→打纤及水洗→酸洗→水洗→脱水→给油→脱水→烘干

该工艺在一煮法上增加了一次碱煮,精干麻的质量比一煮法有所提高,适用于纺中、低支纱。

③二煮一练法。

原麻拆包→浸酸→水洗→一次碱液煮练→水洗→二次碱液煮练→打纤及水洗→酸洗→水洗→脱水→精练→水洗→给油→脱水→烘干

该工艺在二煮法上增加了精练工序,精干麻的质量进一步提高,适用于纺中、高支纱。

④二煮一漂法。

原麻拆包→浸酸→水洗→一次碱液煮练→水洗→二次碱液煮练→打纤及水洗→漂白→酸洗→水洗→脱水→给油→脱水→烘干

该工艺在二煮一练法基础上把精练改成了漂白,精干麻的质量进一步提高,适用于纺低特(高支)纱。

⑤二煮一漂一练法。

原麻拆包→浸酸→水洗→一次碱液煮练→水洗→二次碱液煮练→打纤及水洗→漂白→酸洗→水洗→精练→水洗→给油→脱水→烘干

该工艺既进行了精练又进行了漂白,提高了产品的白度、柔软度和可纺性,为高档苎麻产品提供原料。

脱胶工艺中把拆包浸酸等工序称为预处理。浸酸处理可以使苎麻纤维中的大多数胶质发生水解,减轻碱煮的压力。浸酸一般用稀硫酸,工艺条件为:H_2SO_4浓度 $1.5 \sim 2g/L$,温度 $40 \sim 60℃$,时间 $1 \sim 2h$,浴比 $1:10$。浸酸后应及时水洗和下一工序的加工。由于纤维素不耐酸,因此浸酸必须要严格控制,否则会引起纤维素的水解而损伤。

碱煮是整个脱胶工艺的核心,苎麻原麻中大部分胶质是在这一过程中去除的。其作用原理与棉煮练原理类似。由于苎麻原麻中杂质含量要高于棉,因此耗碱量大。碱煮所用的碱是烧碱,其用量要根据原麻的品质和预处理情况以及其他助剂的使用情况而定。为了提高碱煮效果,还需加入水玻璃、三聚磷酸钠、螯合分散剂、亚硫酸钠、表面活性剂等其他助剂,这些物质所起的作用与在棉煮练中所起作用类似。碱煮分为常压和高压两种,常用的是高压法,其温度 $120℃$左右,头煮时间 $1 \sim 2h$,二煮时间 $4 \sim 5h$,浴比 $1:10$。

煮练后的打纤、酸洗、漂白、精练和给油等工序称为脱胶后处理。打纤又称为敲麻,目的是利用机械和水力的作用把煮练破坏的胶质清除掉,使纤维相互分离而变得松散。酸洗是利用稀硫酸中和纤维上的残余碱。漂白一般采用次氯酸钠或双氧水,以提高白度并进一步去除木质素和其他杂质。精练是将苎麻用稀烧碱或纯碱溶液加些肥皂、合成洗涤剂等煮几小时,可进一步去除胶质。给油是将麻纤维浸入已调好的乳化液中,以提高纤维的柔软性并使纤维表面光滑,有利于梳纺工程的进行。

2. 生物脱胶

生物脱胶是利用微生物来分解胶质,常有两种方法。一种是将某些脱胶细菌加在苎麻原麻上,细菌利用原麻上的胶质作为营养液进行繁殖,在繁殖过程中,分泌出酶来分解胶质,即在缓和的条件下进行的一系列"胶养菌,菌产酶,酶脱胶"的生化反应。其脱胶工艺流程如下:

菌种制备→原麻扎把→装笼→接种→生物脱胶→洗麻(拷麻)→酸漂洗→脱水抖麻→给油→脱油抖麻→烘干

该方法最重要的一步就是菌株的筛选,选用的菌株有需氧菌株和厌氧脱胶菌株之分。

另一种是直接利用脱胶酶制剂来降解原麻中的胶质,达到分离纤维的目的。脱胶酶一般是果胶酶、半纤维素酶、木质素酶等复合在一起。在苎麻胶类物质中,果胶犹如黏着剂一样,将各种胶质组分黏在一起。果胶一旦被去除,其他杂质就相对容易脱掉。因此脱胶酶类中果胶酶对苎麻脱胶的效果最为关键,果胶酶可以作为脱胶酶优劣的一个重要指标。

采用生物脱胶具有高效能,优质量,低消耗,无污染等特点,特别是有效地解决化学脱胶导致的严重水污染问题,且对苎麻纤维不造成损伤,但目前仍属于生产试验阶段。其主要原因在于生物脱胶采用的主要是果胶酶类,对果胶的去除较好,对于苎麻中的其他胶质类如半纤维素、木质素等去除的效果一直不好,与化学脱胶相比,生物脱胶的残胶率要高一些。此外,由于所用的酶制剂价格较高,而且酶活力不足,若完全采用酶制剂进行苎麻脱胶,就会增加脱胶的成本。因此,将生物脱胶与化学脱胶联合使用是一种比较好的脱胶方法,既可以减少化学脱胶中废液含碱量,解决污水处理难度较大的问题,又可以有效地弥补纯生物脱胶的不足。生物脱胶与化学脱胶联合使用就是先用酶(微生物产酶或酶制剂)处理苎麻原麻,使得原麻中胶质的分子结构受到较大的破坏,胶质的稳定性下降,大分子之间产生了较大的空隙,大分子的化学反应性能大大增强,提高了对碱的敏感性。然后,用较稀的碱液除去酶脱胶后残余的胶质,其工艺流程如下:

苎麻原麻扎把→装笼→酶脱胶→碱煮→洗麻(拷麻)→酸漂洗→脱水抖麻→给油→脱油抖麻→烘干

与纯化学脱胶相比,该工艺用酶处理取代了第一次碱煮,且第二次碱煮中碱的浓度和时间均大大降低。

(二) 亚麻原茎脱胶

亚麻纤维的主要化学成分与苎麻相似,两者虽然同属韧皮纤维,即可利用的纺织纤维集中在原麻茎的表皮中,但亚麻的茎杆较细,韧皮部很薄,且亚麻纤维是束纤维成纱,在纺纱中的亚麻纤维至少由 3~5 根单纤维组成,因此它的剥麻过程与苎麻有很大区别,必须要先经过一个不完全的脱胶过程,既要使得韧皮部与木质部易于分离,同时又较少破坏连接单纤维之间的胶质,这个不完全的脱胶过程,称为亚麻原茎的脱胶,亚麻脱胶前叫亚麻原茎。将亚麻的韧皮部与木质部分离的工艺过程称为亚麻纤维的初步加工,其加工工艺流程如下:

亚麻原茎→选茎与束捆→脱胶(沤麻)→干燥→入库养生(成为干茎)→碎茎→打麻→打成麻→梳理→分号成束→打包入库

在亚麻原茎脱胶前先要进行选茎与束捆,因为亚麻在生长过程中受自然条件的影响较大,麻茎的质量参差不齐,质量不同的麻茎应在不同条件下脱胶,应根据亚麻原茎的粗细、色泽、长短进行选茎,拣净杂草,抖掉泥土等杂质,然后以 300~500g 为一把进行束捆,准备进行脱胶。

亚麻原茎的脱胶在亚麻厂的专门车间进行,亚麻原茎的脱胶又称为沤麻。沤麻主要有温水沤麻、冷水沤麻、雨露沤麻、酶法沤麻、化学助剂沤麻、汽蒸沤麻等。目前广泛应用的是温水沤麻和雨露沤麻。

1. 温水沤麻

温水沤麻是将亚麻原茎浸入 35℃ 左右的温水中浸泡,利用水中的微生物分泌的大量果胶酶来分解原茎中的果胶质。该方法具有沤麻过程较短,不受外界气候条件的限制,沤麻质量稳定,易控制,打成麻产量、质量高,纺纱性能好等优点,是我国目前普遍采用的方法。但存在用工多、劳动强度大、污染严重等缺点。

2. 冷水沤麻

冷水沤麻是用冷水来代替温水进行沤麻。用冷水沤麻时,水温一般在 20℃ 左右。该方法不需要加热,节约能源,但耗用时间较长,一般需要沤麻 10 天左右。

3. 雨露沤麻

雨露沤麻是利用自然温湿度条件,通过真菌的作用来分解果胶质。常用方法是将一定厚度的亚麻原茎铺放在草地上,利用雨水和露水润湿原茎,在适宜的温度(18℃)和相对湿度(50%~60%)下,在细菌、阳光、空气和水的作用下发酵,溶解掉包围在纤维束外面的胶质,根据气候条件的不同,经过 2~4 周的时间,纤维被分离出来。该方法具有成本低、污染少、节约能源、不需要特殊设备等特点,但存在着所得麻纤维质量粗糙、受气候条件影响大等缺点。

4. 酶法沤麻

酶法沤麻是利用专门的酶制剂对亚麻原茎进行脱胶的方法。可在温水沤麻过程中,加入一定量的酶制剂,其与沤麻水中微生物产生的果胶酶起协同效应而完成脱胶。所用的酶是由果胶酶、半纤维素酶和纤维素酶组成,其中果胶酶活性较高,纤维素酶活性较低。该方法可有效缩短温水沤麻的时间,但由于酶制剂的价格高,因此生产成本较高。

5. 化学助剂沤麻

化学助剂沤麻是在温水沤麻过程中加入一定量的化学助剂的脱胶方法。加入的化学助剂一般是含氮物质,这些物质可改善沤麻过程中细菌的环境,加速其生长繁殖,从而提高沤麻速度。如加入原茎重1%的碳酸铵、硫酸铵、尿素等,可提高沤麻速度。

6. 汽蒸沤麻

汽蒸沤麻是指利用汽蒸使亚麻脱胶的方法。采用此法沤麻主要优点是生产效率高于其他沤麻方法,但设备投资大,制得的麻比较粗硬。

亚麻原茎经过沤麻脱胶之后,还需经养生、打麻、梳理等工序才能完成亚麻的初步加工,沤麻后的这些工序统称制麻。所谓亚麻养生就是把亚麻干茎烘到一定的回潮率(8%)后,再加湿一段时间,使所有的麻茎都能有均匀一致的潮湿状态。通过养生增加了韧皮部强力,利于破茎,为下一步打麻过程创造有利条件。干茎养生之后进行碎茎打麻,碎茎打麻是利用机械力将亚麻干茎中的木质部分轧碎,将韧皮部与木质部剥离的过称,碎茎打麻一般在打麻联合机上进行。

打麻后制取的长纤维叫打成麻。打成麻需进行梳理,使纤维平直,并清除一些杂草等杂质,然后按质量等级打包入库,便于进行纺纱。在打成麻梳理过程中被梳掉的短纤维叫做亚麻一粗,在打麻过程中的一些下脚料可进行再次加工,加工出的短纤维叫做亚麻二粗。亚麻粗麻不仅可用作造纸、纤维板、地毯等,也可作为亚麻棉混纺的原料。

二、亚麻纺纱中的化学加工

把亚麻打成麻加工成细纱的过程称为亚麻纺纱工程。其过程是先把打成麻经梳理、分劈、除杂、混并、牵伸等作用制成具有一定捻度和强度的粗纱,然后粗纱经过煮漂后再进行细纱加工。亚麻的粗纱煮漂就是利用化学药剂对亚麻粗纱进行脱胶的加工过程,它是亚麻纤维的第二次脱胶,是亚麻纺纱工艺中的重要环节。

(一)亚麻粗纱煮漂的原理

亚麻纤维属于植物纤维,主要由纤维素和非纤维素两大类组成,非纤维素主要包括果胶、半纤维素、木质素、蜡质、色素等胶质。与棉纤维相比,亚麻纤维中纤维素含量低得多,而非纤维素含量高得多。亚麻粗纱的煮漂就是根据纤维素与非纤维素的化学结构和化学性质的不同,使得它们在化学反应条件及反应速率上存在差异,利用碱、氧化剂等其他助剂的联合作用,使纤维中的非纤维素等杂质乳化、溶解而去除,从而使纤维的线密度降低,使纺纱顺利进行,纤维白度提高,品质提升。由于亚麻纤维是束纤维成纱,因此亚麻的粗纱煮漂是针对亚麻束纤维包覆的单纤维中的胶质进行的,粗纱中的胶质既要去除一部分,使束纤维变细,也需要保留一部分,不能变为单纤维。因此,亚麻的脱胶其实是部分脱胶。

(二)亚麻粗纱煮漂的工艺分析

目前,亚麻粗纱煮漂工艺有碱煮—氧漂、碱煮—氯氧漂、碱煮—双氧漂、碱煮—亚漂、碱煮—亚氧漂等。国内大多数采用的是在碱煮—亚氧漂的基础上,把煮练跟氧漂结合起来,其具体工艺流程如下:

酸洗→亚氯酸钠漂白→水洗→氧煮→水洗

在制订工艺时,要依据粗纱的理化指标、纺纱线密度、后道工序等条件而灵活掌握,配方中化学药剂的用量,要根据亚麻纤维含杂量高低相应地进行调整,如果亚麻纤维果胶含量高,则要强煮,即氢氧化钠含量高些;若木质素含量高,则要强漂,即漂液中有效氯含量要高些。

1. 酸洗

酸洗的目的是去除纤维素中部分水溶性物质,使亚麻纤维均匀地处在吸酸溶液中,为下一步的亚漂做准备,酸洗一般选用的是稀硫酸,其工艺如下:

硫酸	3~5g/L
温度	50℃
时间	30min

由于纤维素纤维不耐酸,因此酸洗温度要常温进行,不可高温,以免纤维损伤过大。经酸洗后,亚麻粗纱的整体质量损失 1.5% 左右。

2. 亚氯酸钠漂白

亚麻粗纱的亚氯酸钠漂白是在中温酸性条件下进行(亚氯酸钠的性质及漂白机理详见棉织物的漂白),因此酸洗后可直接加入稀释均匀的亚氯酸钠。

在亚氯酸钠漂白时可加铵盐类或酯类进行活化。漂白时加入一定量的硝酸钠,其目的是作亚氯酸钠的稳定剂,同时兼作设备的防腐蚀剂。

用亚氯酸钠漂白后要加强清洗,水洗一定要洗净。因为下一步的双氧水漂白是高温碱性漂白,与亚氯酸钠的中温酸性漂白,两者漂白的条件有很大差别。

3. 氧煮

亚麻粗纱进行氧煮的目的是去除亚漂还没去除的色素、果胶、半纤维素、蜡质等杂质,同时用双氧水来漂白亚麻纤维。以上这些杂质的去除,主要依靠碱煮来完成,因此,在亚麻粗纱氧煮中使用的碱剂浓度要高于活化双氧水所需要的浓度。经氧煮后,亚麻粗纱质量损失 5% 左右。

(三)亚麻粗纱煮漂应注意的事项

在亚麻配麻过程中,往往把不同产地和不同麻号的打成麻搭配,由于不同产地、麻号的亚麻纤维在表观物理指标、内在化学成分等方面存在较大差异,因此要根据实际情况制订或调整亚麻粗纱煮漂工艺。

在纺制粗纱时,由于不同粗纱机或同一粗纱机的不同落纱批次之间粗纱管卷装粗纱的质量是不精确的,因此,每锅粗纱装入质量的差别会直接影响煮漂后粗纱的质量。为克服这一问题,可以对每锅粗纱装纱前进行称重,要注意粗纱管质量偏差所造成的粗纱质量偏差。

在亚麻粗纱煮漂中容易出现几种质量问题,即粗纱没煮透、粗纱煮漂过度、锈纱等问题。

①粗纱没煮透有可能是粗纱卷绕过紧导致煮漂液循环不充分,或保温温度时间不够,执行工艺不认真等。可采取回锅重漂,重新制订工艺条件。

②粗纱煮漂过度会导致纤维损失率过高,强度下降明显,白度值超常,严重时还会出现上细纱机纺纱时断头明显增加甚至不能纺纱的问题。

③锈纱的出现主要与水质有关,一般是因为煮漂水里含锈量高,因此可在煮漂过程中加适量的软水剂,如磷酸钠等。

三、麻类织物的前处理

(一)苎麻织物的前处理

苎麻织物的前处理,基本上与棉织物的前处理相似,主要由烧毛、退浆、煮练、漂白和丝光等过程组成。

1. 烧毛

由于苎麻织物毛羽数量多,纤毛粗,纤维刚性大,因此,烧毛比棉织物更为重要,若烧毛不净,在穿着中会有刺痒感。苎麻烧毛要求高速、烧透,最适宜的设备是双喷射火口或旋风预混喷射式火口的气体烧毛机,这些火口火焰温度可达 1350℃ 以上,在高温快速条件下,能保证既烧去绒毛，又不损伤纤维。烧毛宜采用两次烧毛，其工艺简便，工序合理，车速为 80～100m/min。烧毛质量要达到四级。

2. 退浆

退浆有碱退浆、酶退浆、氧化退浆等方法。退浆时应根据织物上浆的浆料种类及性质，选择合适的退浆工艺。苎麻纱线常用的浆料是淀粉浆，可用碱退浆和酶退浆。两者各有优缺点。碱退浆所用的碱是氢氧化钠，与酶退浆相比，成本较低，但其退浆率较低，只有 60% 左右。退浆后的水洗要充分，否则易造成浆料对织物的再次沾污。另外，碱退浆对纤维的强力有影响。酶退浆采用淀粉酶，由于酶具有专一性，只对织物上的淀粉进行水解催化，因此，对纤维的强力没有影响。

3. 煮练

苎麻薄型织物，退浆煮练可以合一，厚重织物可以在退浆后再进行煮练。由于苎麻纤维对酸、碱和氧化剂的抵抗力比棉差，在较强的酸、碱、氧化剂的作用下，易失去麻特有的风格，故在制订工艺时应特别注意，一般都在常压下进行。

退煮采用平幅连续汽蒸设备，汽蒸宜在双层液下履带汽蒸箱或 R 汽蒸箱中进行。退煮前后的水洗特别重要，轧碱前应进行热水洗，水温 80℃ 左右，汽蒸后为提高水洗效果，可添加洗净剂。

参考工艺如下：

NaOH	20～30g/L
渗透剂	1～2g/L
精练剂	5～10g/L

4. 漂白

苎麻织物的漂白可用氯漂或氧漂。用次氯酸钠漂白时，易产生泛黄现象，可用双氧水进行脱氯。因此，采用氯氧双漂是一种较好的工艺。

苎麻织物采用双氧水漂白，白度好。用硅酸钠作氧漂稳定剂白度高，但易产生硅垢，造成织物擦伤、折皱等疵病。采用非硅稳定剂可避免硅酸钠的缺点，但效果不如硅酸钠，因此常以硅酸钠和非硅酸稳定剂混合使用为宜。

氧漂参考工艺如下：

双氧水（100%）	4～5g/L
氧漂稳定剂	1～3g/L
渗透剂	1～2g/L
螯合分散剂	0.5～1g/L
以氢氧化钠调节 pH 至	10～11

对白度要求高和浅色产品的漂白可在丝光后再进行一次复漂，以提高白度。

5. 丝光

苎麻织物丝光的目的在于提高染料的吸附能力，同时提高织物的尺寸稳定性，通过丝光还可使织物表面的毛羽大大减少，有利于解决刺痒感。与棉不同的是，苎麻的丝光其实是半丝光，其碱液浓度在 150~180g/L 之间。若苎麻丝光采用常规丝光,由于在浓碱的强烈作用下,苎麻纤维在剧烈收缩过程中经受较大的经纬向张力,从而导致纤维形状的改变,易造成织物手感粗硬,刺痒感明显。

丝光设备宜采用布铗丝光机,要求经向张力要低,纬向门幅不能拉得太宽,以免产生破边。织物在轧碱前的干湿程度必须均匀,轧碱温度要低,后道冲洗要保持一定的温度,丝光落布 pH 应接近中性。苎麻织物丝光后的钡值要求达到 130 以上。

一般漂布和浅色产品不丝光,但中、深色产品需丝光,以提高上染率。

(二)亚麻织物的前处理

亚麻织物的前处理基本与苎麻织物相似,主要由烧毛、退浆、煮练、漂白和丝光等过程组成。亚麻织物的前处理加工主要以平幅的状态进行,分连续式和间歇式,很少采用绳状形式。

1. 烧毛

亚麻纤维刚性大,在纱线中的抱合力较小,导致织物表面毛羽较多,影响后续加工及服用性能,因此,亚麻织物的烧毛工序是非常重要的。烧毛设备常采用气体烧毛机,温度可达 1000℃以上,车速 100m/min 左右,一般需采用二正二反烧毛,烧毛等级需达到 3 级以上。烧毛后可采用蒸汽灭火或水灭火。为达到良好的布面光洁度,可在丝光后再次进行烧毛。

2. 退浆

目前,亚麻纱线上浆的浆料主要是淀粉浆,退浆一般采用碱退浆和酶退浆。碱退浆的退浆率较低,不能把所有浆料退除干净。

碱退浆工艺举例如下:织物浸轧含烧碱浓度 6~8g/L、净洗剂 1~2g/L 的退浆液,轧碱温度 80~90℃,汽蒸时间 30~60min,然后充分水洗。由于碱退浆易对织物再次沾污,影响退浆效果,因此水洗一定要充分,必要时要更换新水。

酶退浆主要采用的是淀粉酶,其退浆工艺举例如下:织物浸轧含淀粉酶 1~2g/L、渗透剂 1~2g/L 的退浆液,在 60℃左右堆置 2~3h,然后水洗烘干。

3. 煮练

如前所述,亚麻纤维在粗纱煮漂中只是部分脱胶,剩余的胶质仍包裹在纤维上,若不煮透对后续漂白、染色等工序有较大的影响,因此亚麻织物需进行"重煮"。煮练工艺举例如下:

烧碱	25g/L
渗透剂	2g/L
亚硫酸钠	5g/L
温度	90~100℃
时间	3h

煮练之后要进行充分的水洗。

4. 漂白

为保证纤维的强度,避免强力损失过大,亚麻织物漂白需采用"轻漂"。亚麻织物的漂白常采用氯—氧漂工艺,工艺举例如下:

浸轧次氯酸钠溶液(有效氯浓度 3~5g/L,pH 9~10)→室温堆置(60min)→浸轧硫酸溶液

$(2\sim3g/L)\rightarrow$室温堆置$(30min)\rightarrow$大苏打脱氯$(1\sim2g/L,30℃)\rightarrow$浸轧双氧水溶液(双氧水浓度$2\sim3g/L$,氧漂稳定剂$3g/L$,pH $10\sim11)\rightarrow$汽蒸$(100℃,60min)\rightarrow$水洗

5. 丝光

亚麻织物光泽度较好,因此一般进行半丝光,以提高织物的染色性能、颜色深度和色泽鲜艳度。由于亚麻纤维的纤维素含量较低,且亚麻是束纤维成纱,使得纤维的延伸度较差,在浓碱作用下纤维损伤明显,同时纤维的过度收缩,导致扩幅困难,影响织物的手感,因此亚麻织物的丝光不应在较高的碱浓度下进行,但是,过低的碱液浓度使得丝光效果不明显。

亚麻织物进行丝光时,碱浓度一般在$150g/L$左右,丝光后织物的钡值能达到120,丝光水洗后布面 pH 为$7\sim8$。

(三)汉麻织物的前处理

由于汉麻类织物上的果胶、木质素和蜡质等杂质比较多,而纤维素的含量比棉织物较少,所以耐碱性能不如棉织物,因此在前处理过程中工作液的温度、碱剂的浓度等反应条件要比棉纤维织物要缓和一些。汉麻织物的常规前处理主要由烧毛、退浆、煮练、漂白、丝光等工序组成。

1. 汉麻织物的常规前处理

(1)烧毛。由于汉麻织物的含潮率比棉纤维织物的含潮率要高,在烧毛前应进行均匀的烘干,烧毛效果会更好。一般的汉麻织物采用二正二反烧毛,烧毛时应加强刷毛辊的刷毛、刮毛效果,使缠绕不紧密的毛羽脱落,倒伏的毛羽竖起来,有利于提高烧毛效果。一般火焰的温度控制在$1000\sim1200℃$,车速控制在$60\sim150m/min$,不同规格的汉麻织物烧毛的工艺参数见表14-1。

表14-1 不同规格汉麻织物烧毛的工艺参数

工艺参数	轻薄织物	常规织物	厚重织物
车速(m/min)	100~150	80~100	60~80
火焰距离(cm)	1~1.2	0.8~1.0	0.5~1.0

烧毛次数与布的组织结构有关,汉麻平布一般正反面烧毛次数相等,如二正二反;斜纹织物以烧正面为主,如三正二反;轻薄织物一般为一正一反。

(2)退浆。汉麻织物退浆一般采用酶退浆,克服了碱退浆不能使浆料降解,在后道的水洗工序中浆料容易重新黏附到织物上的缺点,使淀粉浆料发生水解,产生相对分子质量小、黏度低、易溶于水的低分子化合物,减轻了后道水洗负担。酶退浆工艺:

淀粉酶	$1\sim2g/L$
活化剂	$2\sim3g/L$
渗透剂	$1\sim2g/L$
pH	$6.0\sim6.5$
温度	60℃

酶退浆工艺流程:

浸轧热水$\rightarrow$浸轧退浆液$\rightarrow$堆置$20min\rightarrow$高温汽蒸$\rightarrow$水洗

（3）练、漂合一。汉麻织物前处理过程中，一般把煮练和漂白二个工序合在一起，工作液中加入螯合分散剂，降低重金属离子对 H_2O_2 的催化作用，一般选用非硅氧漂稳定剂，避免硅垢的产生。练、漂工艺：

前处理精练剂 5~10g/L
螯合分散剂 1~2g/L
氧漂稳定剂 2~3g/L
烧碱 3~5g/L
双氧水（27.5%） 4~8g/L

练、漂工艺流程：

浸轧练漂液→高温汽蒸→脱氧→水洗中和→烘干

（4）丝光。由于汉麻纤维的结晶度较高，且在张力作用下经过浓烧碱作用，结晶度有进一步提高的倾向，因此丝光后纤维的硬度增加，不利于手感的改善，故汉麻织物的丝光宜采用低碱工艺，碱液浓度应控制在 180~200g/L 之间比较合适，宜采用半丝光工艺，同时扩幅不宜过大，以免产生破边。在浓碱作用下纤维损伤明显，同时纤维的过度收缩，达不到成品门幅，造成扩幅的困难，因此丝光时烧碱浓度宜比棉织物丝光的碱浓度要低，普通棉织物丝光要过二道碱槽，而汉麻织物只需过一道碱槽。

2. 汉麻织物精练酶冷轧堆前处理

目前有些企业正在开发冷轧堆酶氧前处理工艺，用于汉麻织物退浆之后、丝光染色之前的处理，可有效去除麻类织物上的各类杂质及共生物，具有流程短、条件温和、原料成本低廉等特点，并可获得优良的前处理效果，为后续染整工艺创造良好条件。该工艺提高了对汉麻杂质的去除效果，增加了织物的白度和毛效。因为生物精练酶具有专一性的特点，只对织物上的杂质及共生物起作用，不损伤纤维，反应条件温和，不影响纤维强力。用酶氧前处理工艺后的汉麻织物具有手感柔软、丰满、布面亮泽、纹理清晰等特点，改善了纤维的染色性能及匀染性，提升了织物的得色量。其工艺流程如下：

浸轧精练液→打卷转动堆置→热水洗→脱氧→中和水洗

生物精练酶参考工艺如下：

生物精练酶 3.0~5.0g/L
渗透剂 2.0~4.0g/L
双氧水（27.5%） 10.0~15.0g/L
双氧水稳定剂 0.5~1.0g/L

轧液温度 50~60℃，烧碱调节 pH 至 10~11，堆置时间 18~24h，然后水洗。

3. 汉麻色织产品纱线的前处理

目前汉麻色织产品大生产中常用的前处理方法是练漂一浴法，即将煮练、漂白二步合为一步。汉麻纤维中含有果胶、木质素、蜡质物和色素等杂质，在精练剂、氧化剂以及碱剂的共同作用下，发生皂化、乳化以及氧化反应，将杂质变成可溶于水的无机盐而去除。练漂工艺如下：

浴比 1:（8~15）

双氧水(50%)　　　　　　　　3.0~5.0g/L

双氧水稳定剂　　　　　　　　0.5~1.0g/L

螯合分散剂　　　　　　　　　0.8~2.0g/L

前处理精练剂　　　　　　　　3.0~8.0g/L

NaOH(100%)　　　　　　　　3.0~5.0g/L

一般棉织物的练漂一浴法前处理温度为110~120℃,而汉麻织物的前处理条件要相对缓和一些,一般为90~100℃。较好的汉麻纱线前处理可为纱线染色打下良好基础。

汉麻色织产品纱线的前处理升温曲线:

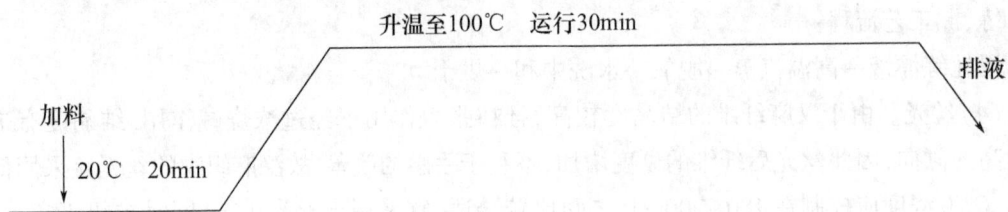

四、麻混纺织物的前处理

纯麻织物具有良好的透气性、吸湿性及独特的粗犷风格,但也存在手感粗硬、穿着刺痒感等缺陷,因此将麻纤维与其他纤维混纺,可弥补纯麻织物的不足之处,开发深受消费者喜爱的面料。

(一)麻棉混纺织物的前处理

麻棉混纺织物一般采用55%麻与45%棉或50%麻与50%棉进行混纺。这种面料外观上既保持了麻织物独特的粗犷挺括风格,又具有棉织物柔软的特性,改善了麻织物不够细洁、易起毛的缺点。

与棉相比,麻纤维上的木质素、果胶、蜡质等含量都较高,给前处理的加工带来较大的困难,如前处理不当易造成后续加工的质量问题,特别易造成染色的不匀。因此,前处理加工质量的好坏是麻棉混纺织物获得优良品质的基础。

1. 烧毛

麻棉混纺织物的烧毛用双喷射火口气体烧毛机,火力集中,温度高,采用二正二反烧毛。由于坯布表面带有麻屑等杂质,因此在烧毛前先用刮刀将这些杂质刮干净,若不去除干净,将影响烧毛质量。

由于麻纤维的抱合力较差,在外力作用下,纤维容易从纱线里出来,经退煮漂后,织物表面有可能又会出现粗硬的纤毛,因此要想得到较好的布面光洁度,可在丝光前再进行一次烧毛。

2. 退浆

麻棉混纺织物所上浆料一般是淀粉浆,因此可用碱退浆或酶退浆。

碱退浆可参考纯麻织物的退浆工艺。酶退浆采用的是淀粉酶,其退浆工艺举例如下:织物浸轧含淀粉酶3~5g/L、渗透剂2~3g/L,温度50℃的退浆液,在室温条件下堆置120min,然后水洗烘干。

3. 煮练

煮练是麻棉混纺织物前处理加工的关键工序,煮练过重易造成纤维强力损失过大,而且使麻纤维"棉纤化",失去麻纤维所特有的风格;煮练过轻容易使木质素、果胶等杂质去除不干净,影响染料在麻纤维和棉纤维上的上染。因此,要控制好工艺条件,以获得最佳的煮练效果。工艺举例如下:

烧碱	20~25g/L
精练剂	5g/L
亚硫酸钠	5g/L
温度	95~100℃
时间	3~4h

4. 漂白

煮练后,纤维上的大部分杂质已去除干净,但色素的存在会导致染色后颜色的鲜艳性,特别是麻纤维的存在对白度的影响更甚,导致麻棉混纺织物经煮练后,颜色比全棉织物深得多,因此还需进行漂白使织物达到一定的白度。麻棉混纺织物的漂白宜采用氯—氧漂,既先用次氯酸钠漂白,后进行双氧水漂白。

5. 丝光

麻棉混纺织物丝光的主要目的是提高上染率,增加颜色鲜艳性,若采用纯棉的丝光工艺易导致麻纤维形状的改变,因此,与纯棉相比其工艺缓和得多。在制订丝光工艺时,要结合麻纤维的结构及物理化学性能,同时兼顾棉纤维的性质。麻棉混纺织物丝光的碱浓度一般在160~180g/L。

(二)涤麻混纺织物的前处理

涤麻混纺织物集涤纶与麻纤维优良性于一身,具有轻薄、滑爽、挺括和穿着舒适等特点,特别适合外衣面料。涤麻混纺织物的前处理工艺流程如下:

原布准备→烧毛→退浆→煮练→漂白→碱减量

1. 烧毛

涤麻混纺织物的烧毛在气体烧毛机上进行,不宜采用接触式烧毛机。这是因为用接触式烧毛机(如铜板烧毛机),涤纶表面容易熔融而产生黑色胶状物。气体烧毛机宜采用火力集中,火口温度高的,如双喷射辐射式烧毛机。

2. 退、煮、漂

涤纶较干净,而麻纤维也已进行部分脱胶,因此,可将退浆、煮练、漂白合在一起进行。在进行退煮漂时,要注意涤纶不耐碱,因此要严格控制碱的用量,既要使麻纤维上的杂质去除干净,白度达到一定要求,又要避免涤纶的过度损伤。漂白时,可与次氯酸钠漂白结合起来,先进行氯漂,后进行氧煮。涤麻混纺织物退煮漂一浴法工艺举例如下:

烧碱	15g/L
双氧水	5g/L
精练剂	3g/L
稳定剂	10g/L
温度	90℃
时间	90min

3. 碱减量

碱减量针对的是涤麻混纺织物的涤纶。碱减量的原理是利用碱对涤纶分子结构中酯键的水解作用,使涤纶大分子从表面开始不断被碱水解剥蚀,最终使得织物质量减轻,手感柔软,光泽柔和,吸湿性提高,悬垂性增加。影响碱减量的因素主要有碱的用量、时间、温度及所加的促进剂等。

第二节 麻类织物的染色

一、麻类织物的染色

麻纤维属于纤维素纤维,因此,用于纤维素染色的染料都可适用于麻织物的染色。可用于纤维素染色的染料有活性染料、直接染料、还原染料、硫化染料等,目前使用最多的是活性染料。

与其他纤维素纤维相比,麻纤维是较难染色的纤维之一,由于麻纤维直径较粗,无定形区少,导致染色的上染率较低,染色牢度较差及颜色不鲜艳,色光萎暗等问题。

(一)活性染料染色

活性染料染麻织物的方法有浸染、轧染和冷轧堆等(活性染料的性质及染色机理详见棉织物的染色)。

1. 浸染

浸染适合于受张力易变形的麻织物,采用的方法可分为一浴一步法,一浴二步法和二浴二步法。常用的是一浴二步法,该方法是先让麻织物在中性浴中进行染色,并加电解质进行促染,再加入碱剂固色,最后进行皂洗,工艺举例如下:

(1)工艺流程。

染色→固色→水洗→皂煮→水洗→烘干

(2)工艺处方及条件。

①染色工艺处方及条件。

染料	0.2%~5.0%(owf)
元明粉	20~50g/L
时间	20~30min
浴比	1:(10~20)

染色温度应根据不同染料类型而定,如 X 型活性染料上染温度 20~30℃;K 型活性染料上染温度 60℃左右;KN 型活性染料上染温度 30℃左右;M 型活性染料上染温度 50~60℃。

②固色工艺处方及条件。

纯碱	10~30g/L
时间	20~30min

固色温度应根据不同染料类型而定,如 X 型活性染料固色温度 30~40℃;K 型活性染料固色温度 90℃左右;KN 型活性染料固色温度 60℃左右;M 型活性染料固色温度 60~70℃。

③皂洗工艺处方及条件。

皂洗剂	1~2g/L
温度	95℃
时间	15min

2. 轧染

麻织物用活性染料的轧染染色有一浴法轧染和二浴法轧染两种。一浴法轧染是将染料和碱剂放在同一染浴中,织物浸轧染液后,通过汽蒸或焙烘使染料固着在纤维上。二浴法轧染是将染料和碱剂放在不同染浴中,织物先浸轧染液,后浸轧碱液,然后汽蒸或焙烘使染料固着。

(1)一浴法轧染工艺。

①工艺流程及条件。

浸轧染液→烘干→汽蒸(100~103℃,1~5min)或焙烘(100~103℃,2~3min)→水洗→皂洗→水洗→烘干

②染液处方。

染料	x
元明粉	20~30g/L
$NaHCO_3(Na_2CO_3)$	5~20g/L
尿素	0~20g/L
防染盐 S	0~5g/L
润湿剂	2~3g/L
海藻酸钠糊	适量

③工艺要点。碱剂的种类和用量应根据活性染料的反应性和用量而定,如染料反应性低则用较强的碱剂,用量要多一些。染料用量高,碱剂的用量也要高;反之亦然。

由于染料与碱剂在同一个染浴中,往往会导致染料的水解,特别对于反应性高的染料,因此,制备染液时,碱剂宜临用前加入,染液制备后,放置时间不宜过长。

尿素具有吸湿助溶的作用,但 KN 型活性染料采用焙烘法固色时不能使用尿素,因为在碱性高温条件下,尿素能与乙烯砜型活性染料发生反应,使固色率下降。

染液中加防染盐 S 的目的是防止在汽蒸过程中,染料因受还原性物质或还原性气体的影响,使得色萎暗。

海藻酸钠糊作为抗泳移剂,可减少在烘干时染料发生泳移。

汽蒸或焙烘的温度和时间根据染料的反应性和扩散性而定,如染料反应性较高,温度应较低,时间也较短;反之亦然。

(2)二浴法轧染工艺。

①工艺流程及条件。

浸轧→烘干→浸碱液→汽蒸(100~103℃,1~5min)或焙烘(100~103℃,2~3min)→水洗→皂洗→水洗→烘干

②工艺处方。

染液处方:

染料	x
NaHCO$_3$(Na$_2$CO$_3$)	0~10g/L
尿素	0~20g/L
防染盐 S	0~5g/L
润湿剂	1~3g/L
海藻酸钠糊	适量

固色液处方:

NaHCO$_3$(Na$_2$CO$_3$)	10~20g/L
元明粉	20~30g/L

③工艺要点。在二浴法轧染的轧染液中一般不加碱剂,这样染液稳定性较好。如染料反应性较低,可加少量碱剂,以提高固色率。固色液中加元明粉是为了减少在浸轧固色液时织物上染料的溶落。

3. 冷轧堆染色法

麻织物的活性染料冷轧堆染色是麻织物在浸轧含有染料和碱剂的染液后打卷,并用塑料薄膜包好,在室温条件下缓慢转动堆放一定的时间,使染料完成上染和固着的染色方法。

(1)工艺流程。浸轧(轧液率60%~70%)→打卷后转动堆置(室温)→后处理(水洗、皂洗、烘干)

(2)染液处方及条件。

染料	20~50g/L
纯碱	20~50g/L
尿素	0~30g/L
堆置温度	室温
堆置时间	视染料而定

(3)工艺要点。碱剂选用时应注意染料的反应性,一般用纯碱。如染料反应性低,也可采用烧碱。由于采用了较强的碱剂,必须将染料与碱剂分开配制,在具体操作时把染料和助剂配成一桶,而将碱剂另配一桶。染色时将染液和碱剂通过混合器计量地加入轧槽。

堆置时间根据使用染料的反应性和用量,一般 X 型活性染料堆置4~6h,K 型活性染料堆置12~20h,KN、M 型活性染料堆置6~10h。为了减少堆置时间,可提高堆置的温度,如在打卷时用蒸汽均匀地加热织物,成卷后放入保温箱中堆置。堆置后可在平洗机上进行水洗、皂洗等后处理。

(二)直接染料染色

直接染料染麻织物的染色方法比较简便,可以采用浸染、卷染、轧染等方法染色(直接染料的性质及染色机理详见棉织物的染色)。现以最常见的浸染举例如下:

1. 工艺流程

配制染液→染色→水洗→固色→水洗→烘干

2. **染液处方及条件**

染料	0.5%~5%(owf)
元明粉	20g/L
时间	60min
温度	70~90℃
浴比	1∶(10~15)

室温配制染液后升温至50~60℃开始投入织物进行染色,逐步升温至所需染色温度(视染料而定),染色10min后加入元明粉,继续染30~60min,染色后再进行固色处理。

3. **固色处方**

固色剂Y(或固色剂M)	1%~5%(owf)
醋酸	0.5%~1.0%(owf)
温度	50~60℃
时间	10~20min
浴比	1∶(10~15)

固色处理后,不经水洗,直接烘干。

(三)汉麻织物的染色

从汉麻纤维的微观结构可知,结晶度和取向度均比棉纤维高,由于汉麻纤维大分子排列整齐、密实,缝隙和洞孔较少,分子间各基团相互抱合紧密,染液难以渗透,染色深度降低,上染率比棉低,易出现白点,染色牢度差。

由于汉麻纤维的结构特点,染料在上染汉麻纤维过程中,染料在汉麻纤维内部扩散要比染料在棉纤维内部扩散困难得多,造成汉麻纤维比棉纤维的匀染性差,上染率比棉纤维低,因此要选用在汉麻纤维内扩散速率好、匀染性好的染料。在染色过程中,适当提高染色温度,延长染色时间,使染料在汉麻织物内充分扩散,提高上染百分率,提高染料匀染性。

1. **汉麻纱线的染色**

(1)工艺流程。

松纱→配制染液→染色→酸洗→皂洗→固色→烘干→柔软

(2)染液处方及条件。

染化料	0.5%~5%(owf)
螯合剂	1.0~2.5g/L
元明粉	10~20g/L
纯碱	5~20g/L
匀染剂	1.5~3.0g/L
时间	90min
温度	60~80℃
浴比	1∶(10~15)

(3)工艺曲线。

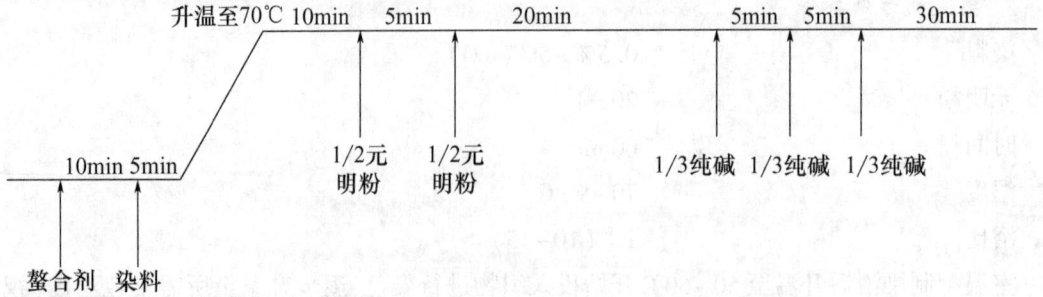

染完色后,色纱经中和水洗至中性,然后加皂洗剂进行皂洗,去除色纱上的浮色,对于大部分染料来说皂洗后要加固色剂进行固色处理。

2. 汉麻织物酶洗变性染色

汉麻纤维超分子结构与棉纤维存在较大差异,导致染料上染困难,染深色性较差,固色率低,染色鲜艳度差,这些缺点严重制约了汉麻织物的生产。目前一些科研机构、高校以及在世界范围内汉麻生产技术领先的公司都在研究开发汉麻变性工艺处理汉麻织物。

汉麻织物的变性处理是通过一种非离子型改性剂的作用,在汉麻纤维上引入对阴离子性染料具有极强亲和力的非离子基团,且这些非离子基团可与染料中的活性基团发生反应,从而提高了汉麻织物的染色深度,同时也改善了固色率。

汉麻织物经过变性后,会导致手感变差,穿着不舒服,而经过生物酶处理后再变性,织物的手感得到了改善。生物酶处理改变了汉麻织物的微结构,使汉麻纤维的结晶度有所降低,从而使汉麻织物的手感有所改善。

通常使用生物酶处理可使纤维素 β-1,4 葡萄糖苷键产生水解,大分子从中间断裂,随着水解的不断进行,结晶区之间空隙增大,受到外力作用时,纤维的抗弯强度降低,使织物的服用性能得到改善。通过生物酶处理,可使大麻织物的结构发生变化,无定形区的增大,可使染料的平衡上染百分率有所提高,同时改善了织物的手感、柔软性、悬垂感等服用性能。

(1)生物酶处理配方及条件。

生物酶	2%~3%(owf)
HAc	0.5g/L
NaAc	0.5g/L
温度	40~60℃
浴比	1:(15~20)
时间	60min

(2)工艺曲线。

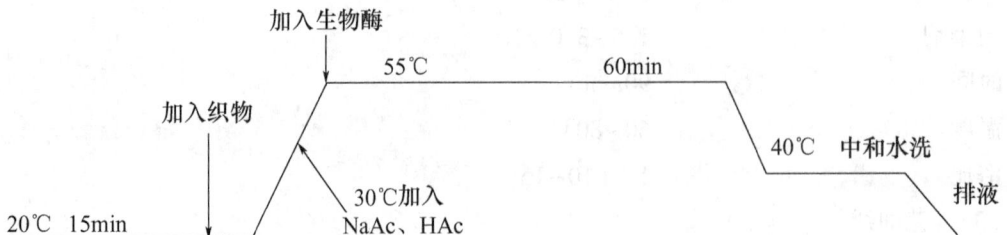

（3）汉麻织物的变性处方及条件。

浴比	1∶（15~20）
汉麻改性剂	10g/L
pH	9~10
温度	60℃
时间	60min

（4）改性后的汉麻织物的染色处方及条件。

染料	2%~4%（owf）
元明粉	15~20g/L
纯碱	10~20g/L
浴比	1∶20

（5）改性后的汉麻织物的染色工艺曲线。

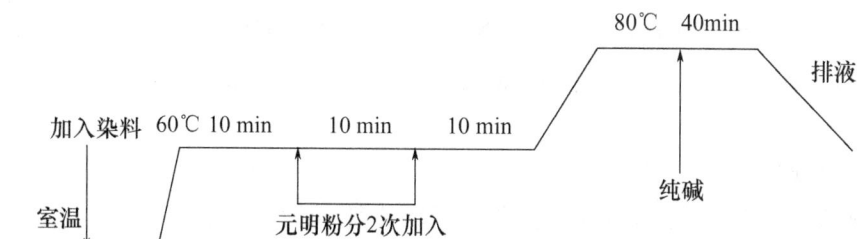

二、麻混纺织物的染色

（一）麻棉混纺织物的染色

由于麻纤维的胶质含量要高于棉纤维,且结晶度比棉高,因此麻纤维要比棉纤维难以染色,导致用同一种染料和相同的染色工艺染麻棉混纺织物,结果往往是麻的得色率要低于棉纤维,造成两种纤维颜色深浅差异。目前,常用活性染料进行染色。工艺举例如下:

1. 工艺流程及条件

浸轧→烘干→汽蒸（100~103℃,1~5min）或焙烘（100~103℃,2~3min）→浸轧固色剂 Y→水洗→皂洗→水洗→烘干

2. 轧染工艺处方

染料	x
元明粉	20~30g/L
小苏打	15~20g/L
尿素	10g/L
渗透剂 JFC	适量

在开车前化料时加适量渗透剂 JFC,可使染料在初上染时均匀的上染织物,避免因为染料上染不匀而造成色花。

（二）涤麻混纺织物的染色

涤麻混纺织物的染色工艺基本上与涤棉混纺织物相似,但由于麻纤维的染色性能较棉差,

因此,在相同工艺处方条件下,与棉相比,麻纤维的得色量较浅。涤麻混纺织物的染色一般采用二浴法,先用分散染料染涤纶,然后进行还原清洗,再用棉用染料染麻纤维,棉用染料常用活性染料或还原染料。在用活性染料染麻纤维时,最好采用高温型的活性染料,因为在较高温度下,可以促使麻纤维膨化,从而促进染液渗透,提高染料上染率和麻纤维的得色量。分散/还原染料一浴二步法工艺举例如下:

浸轧染液(还原染料、分散染料、抗泳移剂,轧液率60%~70%)→烘干→热熔(180~220℃)→浸轧还原液(烧碱、保险粉、元明粉,轧液率90%~100%)→汽蒸(100~105℃,1min)→氧化→皂洗→水洗→烘干

第三节 麻类织物的整理

麻织物的整理对织物的手感、外观风格和性能等有着重要的影响。采用合适的后整理工艺,不仅可以改善织物的外观和风格,还能提高织物的档次,扩大织物的使用范围。

一、一般整理

麻织物的一般整理主要有拉幅定形整理、柔软整理、防缩整理等。

(一)拉幅整理

拉幅整理是利用麻纤维在潮湿状态下具有一定的可塑性能的特点,将其门幅拉宽至规定的尺寸,从而消除部分内应力,使织物的门幅稳定、整齐,并纠正纬斜,改进织物的外观质量。

进行拉幅整理的设备主要有布铗拉幅机和针板拉幅机。拉幅机主要有给湿装置、拉幅装置、烘干装置组成,同时还附有整纬等辅助装置。给湿方法有浸轧给湿、蒸汽给湿、水喷给湿等,其中以浸轧给湿使用较多,给湿率控制在8%以内。拉幅时车速应根据麻织物薄厚不同而不同,薄型织物车速快点,厚型织物车速慢点,一般车速控制在30~80m/min。

(二)柔软整理

柔软整理方法有机械柔软整理法和化学整理法。

1. 机械柔软整理

机械柔软整理主要是利用机械方法,在张力状态下,将织物进行多次的揉屈来降低织物的刚性,使之获得适当的柔软度。如采用AIRO-1000气流式柔软整理机(图11-14)对麻织物进行柔软整理。

2. 化学柔软整理

化学柔软整理是采用柔软剂对织物进行柔软整理的方法。通过减少织物中纱线间、纤维间或与人体之间的摩擦力来提高织物柔软平滑的手感。因某些柔软剂兼有拒水剂的作用,因此柔软剂的量要适当,否则易导致麻织物的亲水性下降。

3. 超级柔软整理(S.S.P.即 Super Soft Process)

超级柔软整理(S.S.P整理)技术主要用于麻织物、棉织物以及麻棉混纺织物等纤维素纤

维织物,它是通过化学、生物、机械等柔软整理方法的协同作用,使织物获得超级柔软的手感和品质。在经过丝光、液氨以及树脂等前处理后,麻织物已经具有了外观平整、光泽、防皱以及强力好等特性,达到了较好的服用效果。但是麻类织物还存在着手感粗硬、弹性小和洗涤后缩水率大、变硬等缺陷。麻织物经过 S.S.P 整理后,不仅保留了麻织物吸湿透气、爽身宜人、抑菌、抗辐射和无静电等优点,同时还赋予了麻织物具有丝绸一般的光泽、柔软、平整、抗皱、防缩和有弹性的特性,达到了高档产品内在质量与外观形式完美的统一。一般在液氨整理后进行 S.S.P整理。

(三)防缩整理

麻织物产生缩水的原因与棉织物类似,主要原因是由于织物织缩的变化。常用毛毯式预缩机和呢毯式预缩机进行防缩整理。通过预缩整理可降低麻织物缩水、改善织物的手感。

二、树脂整理

麻织物形成折皱的原因与棉织物类似,因此麻织物的防皱整理的机理可参照棉织物的防皱机理,即共价交联理论和树脂沉积理论。但麻织物的整理效果一般比棉稍差,这是因为麻纤维具有较高的结晶度和取向度,使得可供整理剂分子进入并与纤维素分子发生交联反应的空间少,因此在同样整理条件下,麻的抗皱性比棉差,而强力损失比棉大。

防皱整理剂的种类很多,最常用的是醚化的 N-羟甲基酰胺类防皱整理剂。整理工艺如下:

1. 工艺处方

醚化 2D 树脂	50%~80g/L
催化剂	适量
柔软剂	10g/L
渗透剂	10g/L

2. 工艺流程及条件

浸轧树脂整理液(二浸二轧或一浸一轧,轧液率 60%~70%)→预烘(80~90℃)→热风拉幅烘干→焙烘(150~160℃,3~5min)→皂洗→后处理(水洗、皂洗、烘干)

采用 N-羟甲基酰胺类防皱整理剂处理麻织物,存在着甲醛释放的问题,因此可采用非甲醛类防皱整理剂来减少甲醛释放。目前,研究最多的无甲醛类防皱整理剂是多元羧酸类,如丁烷基四羧酸(BTCA)、柠檬酸(CA)和马来酸酐(MA)等。丁烷基四羧酸防皱整理工艺如下:

工作液组成:

丁四烷四羧酸	7%
催化剂 $NaH_2PO_2 \cdot 6H_2O$	4%

工艺流程及条件:

织物二浸二轧工作液(轧液率 100%左右)→预烘(80℃,5min)→焙烘(180℃,2min)→水洗→烘干

三、液氨整理

液氨整理作为一种后整理工艺起源于"液氨丝光"。麻织物采用液氨整理可产生用其他工

艺处理达不到的效果,使产品升级高档化。

(一)液氨整理原理

所谓液氨是将常温下气体状态的氨冷却到-34℃以下变成液态氨,液氨具有极强的渗透力,能够在较短时间内渗透到麻纤维的内部。经液氨处理后,可使麻纤维晶格中氢键重新排列,麻纤维结晶区和非结晶区发生快速而均匀地膨胀,纤维分子重新排列,内应力释放,从而改善了麻类织物手感粗硬、易起皱、染色性能差等缺点。麻织物经液氨处理后具有手感柔软、质地丰满、外观挺括、穿着舒适,优良的抗皱免烫等特点。

(二)液氨整理工艺

麻织物进行液氨处理时,主要工艺条件是织物带氨量、浸氨时间、浸氨温度、去氨方式与张力控制等。

工艺流程如下:

平幅进布→预烘→风冷→浸轧液氨→延时反应→烘筒去氨→汽蒸除氨→透风→落布

在浸轧液氨之前需进行预烘和冷却,预烘的目的是使织物含潮率控制在3%以下;冷却的目的是降低布面温度,防止因布面温度过高导致液氨大量挥发。浸轧液氨时通过轧车的压力来控制布面的带氨量。在除氨时,先用烘筒去除布面上的大部分氨,然后通过蒸汽进一步彻底除去布面上的氨。

处理时车速不可过慢或过快,车速过慢,生产效率较低,成本增加;车速过快,液氨与织物反应不充分,达不到效果。轧车压力控制织物的带氨量,轧车压力过大织物带氨量较小,反应不完全,达不到效果;轧车压力过小,织物带氨量过大,成本高。织物张力的大小对产品质量有较大影响,若张力过大,织物的光泽、断裂强度和回弹性较好,但织物缩水率、染色性能和断裂延伸下降。去除液氨时,烘筒蒸汽压力应保持适当,烘筒蒸汽压力低,除氨效果差;压力过大,去氨效果好,但布面易发硬,影响手感。

四、生物酶整理

随着生物工程技术的发展,生物酶在纺织染整加工中的应用越来越多。用生物酶加工纺织品成为提高产品档次的一个重要手段,但目前,麻织物的生物酶整理应用还较少。采用纤维素酶对麻织物进行处理,可改善麻织物缩水率大、抗皱性差、手感粗糙等缺点,增加麻织物产品的附加值,并且酶具有专一性、高效性、无污染性、作用条件缓和等优点,因此麻织物的生物酶整理有着极大的应用前景。

麻织物进行生物酶整理时,要达到理想的整理效果,就要充分发挥酶的作用。纤维素酶活性的发挥与使用条件密切相关。工艺举例如下:

酶用量	2%(owf)
pH	6
温度	60℃
时间	60min

由于酶的活性受 pH 和温度的影响较大,不适宜的 pH 和温度会使酶活性降低甚至是失去

活性,因此要严格控制工艺条件。在进行酶整理时,不需要增加专用设备,可在传统的染色机和工业洗衣机上进行。

五、汉麻织物的弹性整理

作为服用纺织品,汉麻织物具有吸湿、透气、抗菌等诸多优势,但是也存在着弹性差、断裂伸长率低、易皱、刺痒和手感硬等缺点。近年来随着市场需求的提高,尤其对汉麻类织物在抗皱性、回弹性、柔软性和舒适性等一些功能性方面有了更高的要求。汉麻织物的弹性整理是采用多氨基硅烷和环氧基硅烷的改性工作液对汉麻织物进行处理,可赋予汉麻纤维良好的纤维记忆性能和保型性,使汉麻织物具有良好的弹性、手感柔软、优异的悬垂性能、卓越的舒适服用性能,且整理工作液中不含有甲醛,保证了面料的环保性。

☞ 思考题

1. 苎麻和亚麻两种纤维的脱胶有何区别?
2. 与棉织物相比,麻类织物的丝光有何不同?
3. 麻类织物染色常用什么染料? 染色存在哪些问题?
4. 什么是麻类织物的液氨整理? 它的原理是什么?

参考文献

[1]肖丽,王贵学,陈国娟.苎麻酶法脱胶的研究进展[J].微生物学通报,2004(5):101-105.

[2]王军,夏东升.苎麻生物脱胶研究进展[J].安徽农业科学,2008(15):6517-6518.

[3]邢声远.纤维辞典[M].北京:化学工业出版社,2007.

[4]江洁,刘晓兰,郑喜群.化学助剂在亚麻脱胶工艺中的应用[J].齐齐哈尔轻工学院学报,1997(3):1-4.

[5]贾志远,张元明.亚麻粗纱煮漂工艺的研究进展及发展趋势[J].中国麻业科学,2007(6):349-352.

[6]于建华.浅谈粗纱煮漂中的色差问题[J].黑龙江纺织,2005(1):4-6.

[7]蒋志军,李雪雁,张新璞,等.亚麻粗纱煮漂工艺研究[J].染料与染色,2005(4):72-73.

[8]冯建永,段亚峰,张龙江,等.涤麻混纺织物的设计及染整工艺[J].印染,2009(6):32-35.

[9]李青山,高洁,刘杰,等.亚麻接枝——染色同浴法工艺研究[J].国际纺织导报,2002(3):72-74.

[10]孙国荣.苎麻及麻棉混纺织物染整工艺[J].印染,1996(5):15-17.

[11]戴飞,宋曲一,崔维怡,等.纯棉织物采用液氨进行抗皱免烫整理的发展[J].纺织染整,2001(4):73-75.

[12]姚卫国,王文星.大麻织物液氨整理工艺探讨[J].印染,1999(8):33-36.

[13]燕庭毅,严志伟.液氨整理生产实践[C].//第六届全国印染后整理学术研讨会论文集,2005,254-259.

[14]史加强,王滨立.亚麻生物化学加工与染整[M].北京,中国纺织出版社,2005.

[15]赵欣,高树珍,王大伟.亚麻纺织与染整[M].北京,中国纺织出版社,2007.

[16]朱世林.纤维素纤维制品的染整[M].北京,中国纺织出版社,2002.

[17]裴振岐.麻织物染整探讨[J].染整技术,2007(1):21-23.

第十五章　再生纤维素纤维织物的染整

❉ **本章知识要求**

1. 了解再生纤维素的种类,天丝纤维与黏胶纤维的区别。
2. 了解黏胶及铜氨纤维的前处理流程。
3. 掌握黏胶纤维的染色特点及其与染棉的区别。
4. 掌握天丝纤维织物的染整加工流程。
5. 了解天丝纤维的原纤化和酶处理。
6. 掌握天丝纤维织物染色及后整理工艺。
7. 了解天丝织物染整加工中存在的主要问题。
8. 了解竹纤维织物的染整加工工艺。

❉ **本章技能要求**

1. 能进行黏胶纤维织物染色工艺的制订与操作。
2. 学会黏胶纤维织物染色条件的控制。
3. 能进行天丝纤维织物染整加工工艺的制订与操作。
4. 学会天丝纤维碱处理程度的控制。
5. 学会天丝纤维织物染色时染料的选择及染色条件的控制。
6. 能进行竹纤维织物染整加工工艺的制订与操作。

再生纤维素纤维是以天然纤维素纤维为原料,经过化学及机械加工方法而制成的纤维。由于再生纤维的基本原料本身也具有天然纤维的基本化学结构,化学加工的作用只是改变纤维的物理特性,因此,再生纤维也称为人造纤维。

再生纤维素纤维的发展总体上可分为三个阶段,形成了三代产品。第一代产品是 20 世纪初面世的普通黏胶纤维、醋酯纤维和铜氨纤维等。黏胶纤维是以天然纤维素(如木材或棉短绒等)为基本原料,经纤维素黄原酸酯溶液纺制而成的再生纤维素纤维。醋酯纤维是以纤维素为原料,纤维素分子上的羟基与醋酸作用生成醋酸纤维素酯,经干法或湿法纺丝制得。根据羟基被乙酰化的程度分为二醋酯纤维和三醋酯纤维两种。铜氨纤维是将棉短绒等天然纤维素原料溶解在氢氧化钠或中性铜盐的浓氨溶液中,配成纺丝液,在水或稀碱溶液中纺丝成型,然后在含 2%~3% 的硫酸溶液的第二浴内使铜氨纤维素分解而再生的纤维素纤维。第二代产品是 20 世纪 50 年代生产的高湿模量黏胶纤维,是一种具有较高湿强度、较高湿模量、较低伸长度和膨化度的黏胶纤维。它克服了普通黏胶纤维湿强低、织物洗涤揉搓时易变形、干燥后易收缩、穿着中易伸长、尺寸稳定性差的缺点。高湿模量纤维又可以分为两类,一类为日本东洋纺公司的波里诺西克(polynosic)纤维,我国商品名为富强纤维,日本称之为虎木棉;另一类为变化型高湿模量黏胶纤维,其代表是奥地利兰精(Lenzing)公司生产的莫代尔(Modal)纤维和中国丹东京洋特种纤维有限公司的丽赛(Richcel)纤维。国际人造丝和合成纤维标准局把高湿模量黏胶纤维统称为莫代尔(Modal)纤维。第三代产品是以20世纪90年代推出的天丝(Tencel)纤维,是一种用针叶木材纤维打浆,将木浆在溶剂$N-$甲基吗啉氧化物(NMMO)中溶解制得纺丝原液,然后将纤维素溶液还原纺制而成的纤维。天丝(Tencel)纤维是英国考陶尔兹(Courtaulds)公司生产的Lyocell纤维的商标名称,在我国注册中文名为"天丝"。百分之百纯天然材料,加上环保的制造流程,故被称为21世纪的绿色纤维。近年来,我国充分利用竹子资源丰富的有利条件,成功地开发了竹纤维。竹纤维是以竹子为原料,经特殊的高科技工艺处理制得的再生纤维素纤维。由于竹子在生长的过程中,没有任何的污染源,完全来自于自然,并且竹纤维是可以降解的,降解后对环境没有任何污染,又可以完全的回归自然,竹纤维也是一种绿色纤维。

虽然再生纤维素纤维的主要化学成分都是纤维素,但由于它们超分子结构和形态结构的不同,其染整加工也有所不同。本章主要介绍黏胶纤维、铜氨纤维、天丝(Tencel)纤维以及竹纤维织物的染整加工。

第一节　黏胶纤维及铜氨纤维织物的染整

黏胶纤维可以分为短纤维和长丝。

(1)黏胶短纤维。是将连续纺制成的纤维速切成一定长度而成。根据其切断长度,可分为棉型、毛型和中长纤维三类,它们主要用于混纺。棉型(俗称"人造棉"),切断长度35~40mm,线密度1.1~2.8dtex(1.0~2.5旦)。毛型(俗称"人造毛"),切断长度51~76mm,线密度3.3~6.6dtex(3.0~6.0旦)。中长纤维介于毛型和棉型之间。

(2)黏胶长丝(俗称"人造丝")。黏胶长丝具有蚕丝般的风格,虽然不及蚕丝光泽柔和悦目,但柔软光滑,具有丝绸的外观和垂感。

铜氨纤维也是再生纤维素纤维,仅有长丝,也称为人造丝。其性能比黏胶纤维优越,可制成非常细的纤维,单丝线密度可为0.5~1.1dtex,用铜氨纤维织成的织物,光泽柔和,手感柔软,更接近于蚕丝织物。

一、黏胶纤维及铜氨纤维织物的前处理

黏胶纤维及铜氨纤维在制造过程中已经过洗涤、除杂和漂白处理,大部分杂质和色素已去除,但由于纤维中含有纺丝成型时所加的油剂、织造过程中施加的浆料以及在练漂前的整个过程中织物可能沾上的污渍等。因此,仍需进行前处理。黏胶纤维对化学试剂的敏感性较大,湿强度低,易产生变形,所以不能采用过分剧烈的工艺条件,同时要采用松式处理设备。其前处理加工的工艺流程为:原布准备与检验、烧毛、退浆、煮练、漂白等。纤维不耐碱,因此不可进行丝光处理。

1. 原布准备与检验

人造棉织物可利用棉布的平幅连续练漂设备,前准备应有翻布、分批、缝头、打印等,缝头时人造棉织物的针脚比棉布要稀一点。人造丝织物可采用挂练桶精练,前准备有退卷、码折、钉襻、打印等。码折时,人造丝织物一般用 S 码,缎类等厚重织物也可用圈码。

2. 烧毛

人造棉可用气体烧毛机烧毛,但经不起强烈摩擦,故不用毛刷和刮刀装置,又因黏胶纤维吸湿性高,烧毛温度可比棉稍高一些,车速可慢一些,人造丝织物不需要烧毛。

3. 退浆

人造棉上的浆料多为淀粉浆,而酸碱对人造棉强力有影响,故采用酶退浆,工艺与棉退浆相同。人造丝织物最常用的浆料为动物胶,也有添加 CMC 和 PVA 等化学浆料的,可采用碱退浆或精练剂退浆。退浆是人造棉和人造丝织物前处理的重点。

4. 精练

人造棉织物不需要精练。人造丝可用精练桶精练,或在染色前用染色设备进行精练(含退浆)。精练桶精练工艺举例:

纯碱	1g/L
精练剂	3~5g/L
35%硅酸钠	0.3g/L
浴比	1:(30~35)
温度	100℃
时间	60~90min

精练后,织物用 0.3g/L 纯碱溶液在 90℃以上洗涤一次,最后以冷水洗净。

对于人造丝双绉、乔其等加强捻织物,其丝线捻度大,再加上黏胶纤维本身的皮层结构,精练前需要在室温下用中等浓度的烧碱溶液进行松弛处理,使纤维在碱的作用下发生膨化,直径变粗,长度缩短,增大丝线在织物组织内的屈曲波高。由于丝线的加捻程度和捻向的不同,会产生预期的绉效应。这一处理过程称为碱缩或膨化处理。膨化处理工艺条件为:织物用 3.8%烧碱溶液(约 42g/L),室温处理 20~30min,膨化后的织物应立即水洗 1~2 次,接着再进行精练。精练时可加入保险粉 0.25g/L,其目的是破坏和去除加捻人造丝上为区别捻向而着色的染料,并起到还原漂白的效果。

5. 漂白和增白

织物中所含天然色素很少,人造丝在精练时已加入适量保险粉进行还原漂白,白度基本可达到要求,所以一般不另行漂白。如有特殊要求,可再进行漂白和增白。漂白和增白所用试剂和工艺与棉织物相同。

二、黏胶纤维及铜氨纤维织物的染色

普通黏胶纤维的强度低,延伸度大,弹性差,特别是湿强度更低,因此,黏胶纤维不耐张力状态下加工,并且很容易起皱,为此最好采用松式平幅的加工设备。铜氨纤维干强与黏胶纤维相似,湿强比黏胶纤维高。铜氨纤维没有明显的皮芯层结构,因此,染色时纤维比较容易膨化、吸色快,初染率和平衡上染百分率均比黏胶纤维高,并且容易染花,所以,染色时应该选用低温时具有良好扩散性能的染料。

黏胶纤维和铜氨纤维均属于纤维素纤维,凡是能染棉的染料都能用于染黏胶纤维。最常用的是直接染料、活性染料和硫化染料,这三种染料的染色原理、工艺、染后产品物理指标和染色成本均不一样,各有特点。因此,合理选用这一种染料是很有必要的。

(一)直接染料染色

直接染料是黏胶纤维染色的主要染料,其染色织物的色牢度较差,一般需要经过固色处理。下面以深墨绿色卷染为例。

染色处方:

直接翠蓝 GL	1.2%(owf)
直接湖蓝 5B	0.55%(owf)
直接耐晒黄 RS	0.65%(owf)
平平加 O	1g/L(染色一开始时加入)
食盐	40g/L(分三次加入)
纯碱	0.33g/L(pH 调节剂,助溶剂)

固色液处方:

固色剂 Y	7g/L
冰醋酸	0.5mL/L(调节 pH=5)
平平加 O	0.25g/L

染色在80℃时开始,自第二道升温至100℃,第三道加入1/3的食盐,第四、第五道加入剩余的食盐,共染12道。染色结束后放掉残液,分别在60℃、50℃及室温下各水洗二道,再在60~65℃下固色四道,然后50℃水洗一道,最后冷水上卷。

黏胶纤维结晶区少,无定形区较大,对染料的吸收能力较棉纤维大,易于染色,但由于皮芯结构的存在,常在染液中加入匀染剂,以获得匀染。直接染料染黏胶纤维时,有时会加入纯碱来软化硬水,但是纯碱碱性较强,容易影响黏胶纤维的强度和织物的手感,造成剥色及表面染色等疵病。所以,黏胶纤维的染色可以选用磷酸三钠或六偏磷酸钠作为软水剂。

(二)活性染料染色

活性染料特别适宜于黏胶纤维织物的中、浅色品种的染色,其染色产品色泽均匀、丰满、湿处理牢度较好。活性染料的染色有绳状染色、卷染和轧染三种方法,无论是绳状染色还是卷染,大多采用一浴两步法。

1. 黏胶散纤维染色

(1)工艺流程。

染色→固色→水洗→皂洗→水洗→烘干

(2)工艺处方及工艺条件(表15-1)。

表 15-1 常用活性染料一浴两步法染色处方及工艺条件

染化料及工艺条件		用量
染色	活性染料(%,owf)	1~3
	元明粉(g/L)	15~80
固色	纯碱(g/L)	3~20
皂煮	工业皂粉(g/L)	1.5~2.0
工艺条件	浴比	1:(12~15)
	染色温度(℃)	视染料类别而定
	染色时间(min)	45~60
	固色温度(℃)	视染料类别而定
	固色时间(min)	30~40
	皂煮温度(℃)	90~95
	皂煮时间(min)	15~20

（3）工艺说明。黏胶纤维存在着皮芯层结构，皮层比例小，结构紧密，结晶度、取向度较高，膨化程度小；芯层比例大，结构疏松，结晶度、取向度较低。因此染色时，皮层起阻碍作用，初染率低。黏胶纤维结晶区少，无定形区含量较大，对染料的吸收能力较大，一旦染料分子冲破皮层障碍进入芯层，染料就能够良好的扩散，因而平衡上染百分率较高。所以，在相同的染色条件下，黏胶纤维织物的得色量染色开始时比棉低，染色结束时比棉要高。

黏胶纤维的上染和固色速率对温度和 pH 比较敏感。染浅色时，一般可不加促染剂，染深色时可少量分次加入。碱剂一般用纯碱，必须先将碱剂溶解好后缓慢加入染浴，以防引起色花，并且用量不宜过高。

2. 黏胶长丝织物染色

（1）工艺流程。

染色→固色→水洗→皂洗→水洗→烘干

（2）工艺处方及工艺条件（表 15-2）。

表 15-2 常用活性染料一浴两步法染色处方及工艺条件

染化料及工艺条件		用量		
		浅色	中色	深色
染色	活性染料(%,owf)	0.5 以下	0.5~3.0	3.0 以上
	元明粉(g/L)	5~10	10~20	20~40
固色	纯碱(g/L)	1~1.5	1.5~3	3~4
皂煮	洗涤剂 209(g/L)	—	0.5~1.0	0.5~1.0
	纯碱(g/L)	—	0.5	1.0
工艺条件	浴比	1:12		
	染色温度(℃)	视染料类别而定		
	染色时间(min)	20~40		
	固色温度(℃)	视染料类别而定		
	固色时间(min)	20~40		
	皂煮温度(℃)	90~95		
	皂煮时间(min)	5~10		

（3）工艺说明。碱剂的碱性不宜太强，一般用小苏打与纯碱的混合碱剂固色。染色时间应充分，加纯碱前先加小苏打染一定的时间，有利于匀染，其染色时间长短取决于长丝的线密度，大致关系见表15-3。

表15-3　染色时间与染色深度、长丝线密度的关系

线密度（dtex）	染色时间（min）		
	0.5%~2.0%（owf）	2.0%~4.0%（owf）	4.0%以上（owf）
1.65	45	75	100
4.95	60	90	120
16.5	70	100	130

染色开始时先将长丝浸湿，然后依次加入染料、元明粉和碱剂。染色后先用冷水洗，再用80~90℃热水洗，然后再用冷水洗。

染色时特别要注意的是：首先，染色时织物受到的张力应低，因为黏胶纤维湿强力低，延伸度高，易变形；其次，固色时碱性易弱些，固色的pH过高，不仅会造成大量的染料水解，还会使织物强力损伤，影响内在质量；再次，染色温度不宜太低，因为黏胶纤维具有皮层结构，染料难于扩散。此外，织物在运行时受到的摩擦力应低，否则织物易擦伤。

三、黏胶纤维及铜氨纤维织物的整理

黏胶纤维及铜氨纤维织物通常只进行一般性整理，包括脱水、烘干、拉幅、预缩等。有的品种还需要进行手感整理和外观整理。人造棉和人造丝织物容易起皱，但目前由于各种原因，很少对其进行树脂整理。

人造棉、人造丝织物的一般性整理如下：

1. 人造丝乔其、绉类织物

离心脱水→手工开幅→缝头→大呢毯整理机烘干→拉幅（或小呢毯整理机烘干、柔光）→码尺。这样安排的目的是保持其皱缩效果。

2. 人造丝平纹织物

离心脱水→单滚筒烘干机烘至九成干→呢毯整理机（烘干、柔软、柔光）→码尺。这样安排的目的是为保持其较低的缩水率。

3. 人造棉织物和某些人造丝织物（衬里布）

这些织物需要上浆，常用浆料有小麦淀粉、骨胶和其混合浆料，也有用甲壳制成剂进行上浆的。

第二节　天丝（Tencel）纤维织物的染整

一、天丝（Tencel）纤维的结构与性能

（一）Tencel纤维的结构

天丝分子结构基本属于纤维素分子结构，是由 β-D-葡萄糖剩基彼此以1,4-苷键连接而

成。天丝纤维横截面呈近圆形,纵向形态光滑,其聚合度较高,一般为500~550。天丝纤维有两种类型:一种为标准型(G100),容易产生原纤化,为原纤化天丝,可用于针织、机织产品,可制成桃皮绒或表面光洁的产品;另一种为 A100 型和 LF 型,是指天丝在纺丝时加入了交联剂,使原纤间纵向交联,不易产生原纤化,称非原纤化天丝,强力略低10%左右,主要用于生产布面光洁的纺织品。LF 天丝纤维克服了标准型天丝纤维原纤化程度高、织物加工处理工艺复杂、成本高等问题。LF 天丝适宜生产低特品种,兼细致与圆滑,犹如丝绸般的触感,适合高档夏季面料。

(二) Tencel 纤维的性能

天丝纤维具有许多突出的优良性能,如干湿强度比一般纤维素纤维高,可与高强的合成聚酯纤维相提并论,湿强度约为干强度的 85%~90%。吸湿性能良好,织物在水中的缩水率很低,织物或衣服在洗涤时的尺寸稳定性好。总之,它具有棉的"舒适性"、涤纶的"强度"、毛织物的"豪华美感"和真丝的"独特触感"及"柔软垂感"。天丝纤维有很多优点的同时也有许多缺点,比如天丝在水中具有 60%~70% 的高膨胀性,由此赋予织物优良的悬垂性和流畅的动感,但会使织物在湿态下发硬,从而使织物在染整和服装加工中易产生折痕、擦伤和色斑等疵点,而且这类疵点具有较强的"记忆性",会持久地保存下来。尤其令人注目的是天丝制品在湿态下,经机械外力摩擦作用,会产生明显的原纤化现象。

天丝的原纤化一般可分为两步:初级原纤化和二次原纤化。初级原纤化是指天丝纤维在湿态加工中,由于其横截面膨胀,致使纤维微原纤间的作用力减弱,在自身或与金属的摩擦力作用下,开始是皮层纤维呈刨屑状脱落,然后是残留的皮层纤维纵向开裂,形成较长的、不均匀的原纤茸毛,并相互纠结起球,这就是初级原纤化。经过酶处理而去除初级原纤化产生的不均匀茸毛和毛球后,再在机械外力的作用下,使纤维芯层继续发生原纤化,形成绒毛短、均匀细密的微原纤,这就是二次原纤化,如图 15-1 所示。

(a) 初级原纤化天丝纤维表面形态　　　　(b) 二次原纤化天丝纤维表面形态

图 15-1　天丝纤维原纤化处理后的形态

原纤化具有双重效应,一方面给织物的生产和使用带来麻烦,使织物在染整加工中产生擦伤、折皱等,服用过程中会起毛、起球及色光发生变化;另一方面,原纤化可被合理利用,通过初级原纤化、酶处理和二次原纤化产生许多新颖独特的风格,赋予织物柔软、丰满、细腻的绒效应,如桃皮绒风格的织物。

二、天丝(Tencel)纤维织物的染整工艺

常见的天丝纤维织物按成品的最终风格分为两种类型,即桃皮绒织物和表面整洁光滑的光洁织物。

桃皮绒风格织物的染整加工路线一般是:

前处理(烧毛→退浆→煮漂→碱处理)→初级原纤化→纤维素酶处理→平幅染色→二次原纤化(空气整理机处理)→柔软、树脂整理→拉幅→成品

该工艺流程适合 G100 原纤化天丝。

光洁风格的织物,其染整工艺路线为:

坯前处理(烧毛→退浆→煮漂→碱处理)→平幅染色→柔软、树脂整理→拉幅→成品

该工艺流程适合 A100 非原纤化天丝。

(一)前处理

1. 烧毛

去除天丝织物表面的不规则绒毛,以免影响后续染整加工,并改善织物的外观和手感。如同普通棉织物一样,采用气体烧毛机烧毛,应采用透烧的方式进行烧毛,烧毛级数应达 4 级。工艺条件为二正二反或一正一反烧毛,温度为 1000~1100℃,车速 100~110m/min。

2. 退浆

天丝织物含杂相对较少,织造过程中的浆料主要是淀粉,同时含有少量 PVA 等化学浆料。根据织物上浆料种类,可选用淀粉酶退浆、氧化剂退浆或净洗剂退浆。根据天丝织物能经受一般机械张力和常用化学试剂(如酸、碱和氧化剂等)低浓、低温、短时间处理的性能,常采用冷轧堆退浆工艺。冷堆工艺对纤维强力损伤小,多数工厂都在使用。

高效短流程冷轧堆酶退浆工艺适合于天丝织物的前处理加工,但应选用宽温带的高效退浆淀粉酶,冷堆退浆后进行水洗,烘干,得到合格的半制品。天丝 A100 织物冷轧堆酶退浆工艺处方及条件如下:

淀粉酶	4~6g/L
渗透剂	2~3g/L
轧液率	100%~110%
常温	20~40℃
堆置	2~4h

在冷轧堆后的水洗中,采用轻碱加高效煮练剂(NaOH 5~10g/L,精练剂 2~4g/L)辅助进行退浆水洗,可获得满意的效果。对白度有较高要求的织物、天丝棉等可在退浆的同时完成漂白。在冷堆时加入精练剂,可提高白度和去除杂质。天丝/棉混纺织物前处理冷堆退煮漂一步法工

艺配方及条件如下:

烧碱	15~25g/L
精练剂	6~8g/L
100%双氧水	5~8g/L
双氧水稳定剂	5~10g/L
渗透剂	2g/L
堆置温度	常温
堆置时间	20~24h

3. 碱处理

退煮漂后增加一道平幅烧碱处理工艺,其目的是用碱剂拆开纤维无定形区分子链间氢键,甚至碱还可以进入结晶区边缘或部分缺陷处,使天丝纤维发生强烈的膨化作用,提高柔顺性,降低僵硬度,在后续染整工序中大大降低折痕、皱印、擦伤的发生率。此外,天丝织物经碱处理后,纤维取向性紊乱,难以再次产生原纤化,且对织物表面的毛羽具有剥除效果,使布面光洁度达4级以上。经过碱处理后的面料在水中的流动性提高,可减少生产中及成衣洗涤过程中的折痕,着色度及匀染性会提高,并且增加了颜色的鲜艳度,改善和棉混纺织物的色差,提升布面的外观和手感,有助于解决起毛起球问题。

由于烧碱对天丝纤维有强烈的膨化作用,因此前处理必须在平幅状态下进行,否则容易形成折皱。可采用连续式直辊丝光机和间歇式直辊打卷丝光机进行前处理。直辊丝光机碱处理工艺处方及条件如下:

NaOH	80~100g/L
渗透剂	1~2g/L
浸碱时间	5s

工艺流程:

浸轧浓碱液(轧液率80%~90%)→淡碱冲洗→水洗→酸中和→水洗→烘干

又由于天丝不耐高浓强碱,一般对其进行所谓的"丝光"处理(即苛化处理)时,烧碱用量一般为80~100g/L。若碱浓过高,会对天丝织物的手感和强力造成不良影响。苛化后第一格平洗槽温度不宜过高,50℃即可,防止高温碱浓损伤织物强力,此工艺适合大批量天丝加工。

对于小批量天丝织物的加工,苛化处理可在间歇式直辊打卷丝光机上进行。工艺流程为:

碱处理(NaOH 80~100g/L,室温2道)→水洗→中和(HAc1g/L)→水洗

此工艺的关键是要控制碱浓度一致性,确保碱处理后第一道水洗必须是温水。

4. 初级原纤化

初级原纤化的目的是在松弛和揉搓状态下将未被固定在纱线内部的短纤维末端尽量释放出来,织物表面翘起的纤维,在受到更强的机械作用时就会发生更强的纤维原纤化。

原纤化过程是织物通过机械的高速摩擦撞击,使纤维表面分裂。升高温度、延长时间、降低浴比以及加强机械摩擦等均有利于初级原纤化,但为了防止纤维局部过度摩擦而造成擦伤,需加入适量的润滑剂,有利于防止折痕的产生。原纤化处理可在 Air-stream 气流染色机中进行,工艺举例:

```
        95~100℃   60~90min
         织物  ┌──────────┐
润湿剂2g/L  ↓  ╱          ╲
       ┌──────╱            ╲  水洗、中和水洗
       ↓     60℃            ╲
室温 ───┘                     ╲───
```

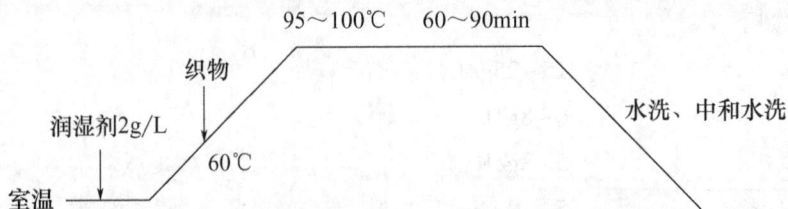

初级原纤化过程必须充分,使纤维表面短原纤裂离、去除,否则会造成成衣在洗涤过程中再次产生原纤、起毛起球,严重影响成衣外观。

5. 酶处理

经初级原纤化后,织物表面单纤维沿纤维表面裂开,贴在织物表面或相互缠绕,影响外观,必须用纤维素酶处理加以去除,使织物表面变得光洁,改变织物手感,提高织物悬垂性及染色性能,又称酶脱原纤处理。

酶处理时,要严格控制好酶的用量、pH、温度、处理时间以及浴比等。在保证脱原纤化效果的同时,也要避免织物强力有较大的损伤。酶处理工艺处方及条件如下:

纤维素酶	1%~3%(owf)
加醋酸调 pH	4.5~5.5
浴比	1:10
温度	50℃
时间	40~60min

酶处理结束后,在浴液中加入 2~5g/L 的纯碱,并升温至 80℃、处理 10min 使酶失活,或者酶处理完毕后,加热至 90℃、保温 15min 使酶失活,然后充分水洗。酶脱原纤处理的程度,常用酶减量率(或称失重率)来衡量。

$$酶减量率 = \frac{酶处理前无水织物的重量 - 酶处理后无水织物的重量}{酶处理前无水织物的重量} \times 100\%$$

天丝织物酶减量率控制在 2%~5%。酶处理一般在染色之前进行,使用的设备与初级原纤化设备相同。酶处理后的纤维表面形态如图 15-2所示。

(二)染色

天丝纤维属于再生纤维素纤维,可选用活性染料进行染色。采用单活性基染料可染浅色,染深色时色牢度较差。因此,一般选用含两个或两个以上活性基团的活性染料,在常温常压卷染缸中进行。

1. 天丝(Tencel)纤维织物的染色性能

纤维素分子的聚合度、结晶度和取向度比黏胶纤维高,因此上染速率比普通黏胶纤维慢,而

酶处理后光洁表面

图 15-2 酶处理后天丝纤维的表面状态

且移染性差,所以要严格控制升温速率。在低温区染料吸附速率慢,升高温度,吸附速率增加很快,所以温度对 Tencel 纤维的上染速率影响很大。

Tencel A100 纤维比 Tencel G100 纤维上染速率和固色速率均要快,固色率增高,染深性和提升力也有所改善。原因是交联后改变了纤维的化学成分,在分子链间引入了一定数量的交联剂,提高了染料与纤维分子间的结合力,使上染速率和上染量大大增加。Tencel A100 纤维透染性能变差,原因是:一方面由于交联后的纤维,溶胀程度有所降低,这不利于染料的扩散渗透;另一方面,交联后纤维分子三嗪环中的一个氮原子对活性染料还有可能起催化反应作用,提高活性染料的固色速率,也使透染性下降。因此,实际加工中要给予重视。

2. 设备选型和染料的选用原则

考虑到天丝的原纤化倾向和织物的最终产品的风格要求,在设备选型和染料的选用上,必须注意以下三点:

(1)光洁织物染色应首选平幅染色设备,如卷染、轧染、冷轧堆等,这样才能避免纤维产生原纤化和皱印。而对桃皮绒风格的织物,绳状和平幅染色机均可以采用。

(2)在染料的选择上,除了染色成本、染色牢度、染色效果等需要考虑外,染料对酶处理、原纤化或防原纤化的影响也要重视。如果染料选择不当,都将使酶脱原纤处理难度加大。又如对桃皮绒风格的织物,染后要进行二次原纤化。若选用了双活性基或三活性基的染料,那么这种交联作用就会对原纤化产生抑制作用,影响织物表面的绒效果。所以,生产桃皮绒风格的织物,可选择单活性基的染料。

对于平幅染色的光洁织物,如选用多活性基染料染色,不仅有高的固色率、染深性和色牢度,还可以通过染料在纤维分子间交联,能有效地抑制或减轻织物在服用、洗涤过程中的原纤化和起毛、起球现象。染料防原纤化作用随染料结构的不同而不同,三活性基>双活性基>单活性基的染料。

(3)活性染料有低温、中温和高温之分,应选用高温型的染料为佳。这是因为天丝纤维聚合度和结晶度比黏胶纤维高,低温或中温染料染色,渗透性和扩散性差,易造成表面浮色和色光重现性差。织物下水后,染色温度低,织物硬度大,绳状染色易产生擦伤、折痕。

3. 染色工艺

(1)染液处方及工艺条件。

活性染料	x
浴中宝 C	0.1~0.2g/L
无水硫酸钠	20~80g/L
浴比	1：(5~12)
染色温度	视染料类别而定
染色时间	10~25min
固色纯碱	5~30g/L
固色温度	视染料类别而定
固色时间	10~25min

皂煮净洗剂	0.5~1.5mL/L
皂煮温度	85~95℃
皂煮时间	10~15min

(2)染色注意事项。

①天丝纤维遇水后膨胀较大,染料及助剂容易进入纤维内部,吸附速率快,故初染率相当高,上染后移染性能比棉稍差,易造成前后及左右色差,在染料的选择上应选取初染率低的品种,一般采用适当提高染色温度的措施,如中温型染料可由60℃提高到80℃,高温移染一定的时间(约30~40min),再降温至60℃,分批加入纯碱固色。

②采用多次加盐、多次加碱的方式控制色差。例如使用活性B型染料,在60℃时加入染料,在10min后加入1/3的盐,再过10min加入2/3的盐,再过10min加入1/3的碱,再过10min加入2/3的碱。染色后进行皂洗、热水、冷水洗。

(三)后整理

1. 柔软、树脂整理

天丝纤维织物同棉织物一样,经树脂整理后不仅能提高织物的抗皱性,回弹性、悬垂性,还能改善织物的手感。天丝纤维织物的树脂整理工艺与棉织物基本相同。参考配方及工艺条件如下:

低甲醛交联树脂	10~20g/L
柔软剂	10~20g/L
催化剂	5~10g/L
带液率	70%~90%
烘干	110~130℃

在加工过程中要注意的是树脂的用量不宜过高,因为过高的用量,不仅抗皱性提高不明显,而且容易在原纤上形成脆化点,这些脆化点就是潜在的断裂点,在服用过程中受外力作用时,原纤易断掉而发生去原纤化现象,对桃皮绒效果的保持不利。

为了改善织物的手感,树脂整理中应加入适当的柔软剂。在柔软整理中,可使用的柔软剂有脂肪酰胺类、脂肪酸酯类、聚乙烯乳液等,应用较多的是氨基有机硅类。其各自的用量为:脂肪酸类20~30g/L;聚乙烯类10~20g/L;硅类5~10g/L;聚氨基甲酸酯30g/L。柔软剂即可以使桃皮绒织物表面的摩擦减小,又能使纤维间的可滑移性增加,从而又加速了原纤化作用,所以在整理中要平衡树脂和柔软剂的用量,达到既控制原纤化,又能得到优异手感的目的。织物经浸轧柔软剂后,带液率70%~80%,松弛整理1h,使织物获得丰满的手感和悬垂性。

2. 二次原纤化

对于要求桃皮绒风格的织物,染色后还要进行二次原纤化。二次原纤化可在气流整理设备或转鼓设备上进行。其目的是在湿态或近干态的松弛条件下拍打、撞击并揉搓织物,致使织物表面的纤维再次发生原纤化,产生均匀细密的绒毛,由于绒毛细而短,故不会起球。同时,也使织物组织和纱线结构松弛,柔软性提高。二次原纤化处理在Airo-1000空气整理机上进行,在

特定的温度、时间、速度、送风量的条件下,对天丝织物进行风格整理,使天丝织物表面产生均匀致密的桃皮绒风格。其工艺要求为:

容布量	400~500m
速度	80m/min
温度	120℃
时间	20~30min
送风功率	70%

3. 拉幅整理

经机械柔软处理后的天丝织物,布面具有水洗风格。如有些客户要求布面平整,并稳定织物的尺寸,可对织物进行普通拉幅处理。

第三节　竹纤维织物的染整加工

竹纤维包括天然竹纤维和化学竹纤维两大类。天然竹纤维主要是竹原纤维。竹原纤维是采用物理机械方法去除纤维中的木质素、多戊糖、竹粉和果胶等杂质,提取天然的纤维素成分而制取的天然竹纤维。化学竹纤维又可以分为竹浆纤维、竹炭纤维两种。竹浆纤维以天然竹子为原料,按传统黏胶纤维的生产方法,将竹子先经化学处理除杂制成竹浆粕,将浆粕溶解制成竹浆黏胶溶液,然后经湿法纺丝制成竹浆黏胶纤维。竹炭纤维是选用纳米级竹炭微粉,经过特殊工艺加入黏胶纺丝液中再经近似常规纺丝工艺纺织出的纤维产品。

竹纤维制品的染整加工流程为:

坯检→翻布→缝头→烧毛→退煮→漂白→(丝光)→染色→后整理→检验→成品

一、竹纤维织物的前处理

1. 烧毛

由于竹纤维刚性较大、有害毛羽偏多,为了提高纤维织物的光洁度,需要进行烧毛处理。竹纤维回潮率高,烧毛前布匹接头缝合时不可用普通缝纫机,应改用拼缝机,以保证接头平整、顺直、牢固,有利于减少烧毛痕。烧毛采用二正二反的工艺,烧毛时火口温度易高,可达1300℃,通过火口速度要慢,车速90~100m/min,张力要低,使绒毛快速烧去,下机烧毛光洁度达4级以上。

2. 退浆

竹浆纤维所含杂质较少,主要含有织造时上的淀粉浆料,故需要退浆。由于竹纤维湿强度比较低,湿加工性能差,不能用强碱工艺进行前处理,应采用酶退浆工艺,不能进行丝光处理。下面简要介绍一下酶退浆工艺。

用于纺织品退浆的淀粉酶主要有谷草杆菌淀粉酶(α-淀粉酶)、淀粉糖化酶(β-淀粉酶)、麦芽淀粉酶以及胰淀粉酶等。我国主要采用耐热性强的α-淀粉酶,如BF-7658酶、胰酶。其退浆工艺流程为：

织物→浸渍热水→浸渍酶液→保温堆置→50℃热水洗→冷水洗→烘干

影响酶退浆效果的因素主要有酶的种类、浓度、溶液 pH、反应温度、时间、活化剂以及抑制剂等。常用的工艺处方及条件为：

α-淀粉酶(活力单位≥4000)	4g/L
食盐	6g/L
渗透剂	1g/L
温度	55℃
时间	2.5h
pH	6.5
浴比	1：20

由于竹原纤维毛羽多，上浆较重，且竹原纤纱具有耐热碱液、回潮率高特点，可采用碱退浆工艺，退煮时 NaOH 浓度为 20~25g/L，在 100℃的条件下处理 45min。由于回潮率随着温度的提高有较大的上升，会使去浆去碱不净，退浆率只能达到 50%~60%，因此可加一定的煮练剂，并加强平洗。

3. 漂白

由于竹纤维表面还有微黄色素，在染浅色及鲜艳色时，退浆后的织物不能满足白度的要求，需进行漂白处理。其漂白原理和工艺可参照棉织物的漂白，常用双氧水进行漂白，其工艺处方及条件如下：

30%H_2O_2	4~5g/L
纯碱	3~4g/L(调节 pH 为 10~11)
双氧水稳定剂	1~1.5g/L
时间	40min

经漂白处理后，纤维白度明显增加，纤维失重率能控制在 1.0%~1.3%之间，但是纤维断裂强力下降较多。为了改进传统的双氧水漂白工艺，可采用加入双氧水活化剂进行低温漂白，它不仅可以降低漂白温度，而且可以在近中性条件下进行漂白，能对纤维起到良好的保护作用，并获得良好的漂白效果。为避免双氧水分解过快而损伤织物，造成白度不匀，在漂液温度升到 70℃之后，必须严格控制升温速率，以 0.7℃/min 升温至 98℃。

4. 丝光

竹原纤维的结构比棉紧密，结晶度比棉高(竹原纤维结晶度 71.3%、棉为 65.7%)，为了进一步提高原竹纤维的染色性能，与棉和麻一样需要进行丝光加工。处理后水洗、酸中和、水洗、晾干。碱处理后竹原纤维的强力降低，断裂延伸度增加，吸湿性及化学反应能力增强。竹浆纤维结晶度约为 46%，因结构疏松、不耐浓烧碱，不需要丝光处理。

丝光工艺条件为：

烧碱	x
温度	室温

车速	40～45m/min
浸碱时间	20s 左右
浴比	1∶30

二、竹纤维织物的染色

竹纤维的化学组成是纤维素,凡是能染棉的染料都能用于竹纤维的染色,直接染料、活性染料、还原染料、硫化染料等都能用于竹纤维染色。但竹纤维内部有很多中空管状的多孔异形纤维,与棉纤维存在差异。所以,要严格选择染化料。常用染料以活性染料为主,不仅牢度好,而且色泽鲜艳。竹原纤维的纺织品染色与棉麻制品相似,竹浆黏胶纤维的染色与普通黏胶纤维的染色类似。

染色处方:

Ci bacron FN	x
棉用匀染剂 L-450	1g/L
螯合分散剂 ROT	0.5g/L
软水剂	0.5g/L
元明粉	15～80g/L
纯碱	8～25g/L
浴比	1∶(10～15)

皂煮工艺条件:

净洗剂	1～2g/L
浴比	1∶(10～15)
温度	80～100℃
时间	20～30min

工艺曲线:

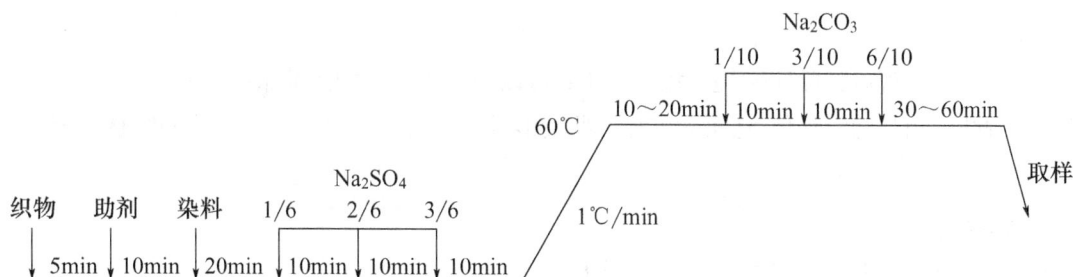

竹纤维染色时对染料的亲和力和有效吸附体积都比黏胶纤维和棉纤维大,染色扩散系数也较大,比黏胶纤维、棉纤维有着更好的上染性能。但竹纤维织物强力较低,使其不能承受有张力的加工,一般难以进行连续轧染,宜采用溢流染色或卷染染色设备。

三、竹纤维织物的整理

竹纤维缩水率大、尺寸稳定性差,容易变形,这些缺点直接影响竹纤维织物的服用性能。因此,合理选择后整理工艺对提高竹纤维织物的品质至关重要。同时,竹纤维具有皮芯结构特征,若采用接触式烘筒烘干,容易产生角质化现象,严重影响织物的手感,并导致纺物颜色发黄和高收缩率等问题。因此,竹纤维织物的后整理一般采用间接烘燥处理。建议采用拉幅机和转鼓式烘干机处理。其后整理工艺流程为:

柔软整理→预缩→树脂整理→预缩→拉幅→验码成包

1. 柔软整理

竹原纤维由于刚度大,导致柔软度不足,进行拉幅柔软整理可以改善织物的性能。考虑到竹原纤维湿态强力下降大,一般使用松式拉幅定形机进行生产。选用亲水性柔软剂或硅油柔软剂进行柔软整理,烘房温度控制在130℃,时间20s左右,落布门幅比成品门幅大1~2cm,保证预缩时纬向收缩满足成品要求。

2. 预缩工序

严格控制竹纤维织物的缩水率是后整理工艺要点之一,低张力的加工结合必要的预缩整理,可以得到较满意的缩水率。预缩工序有降低织物缩水率和提高手感的作用。在后整理工艺安排上,采用两次预缩。第一次预缩的目的是降低织物的缩水率,第二次的目的主要是改善织物的手感。竹原织物缩水率大,预缩时织物要保持一定的回潮率,进布张力要小,以保证出橡胶毯的布面没有木耳边为好。

3. 树脂整理

竹纤维的屈服应力和屈服应变都比较低,这使得竹纤维织物的抗皱性和折皱回复性能较差。为了改善织物的抗皱性和回弹性,可对织物进行树脂整理。其工艺流程为:

浸轧树脂整理液→预烘→烘干→焙烘(155~160℃,3~5min)→后处理

其整理工艺处方如下:

树脂整理剂	3%~3.5%
催化剂	1.2%~1.4%
渗透剂	0.3%
柔软剂	5%~7%

经过树脂整理后,纤维断裂强力没有下降,可以同时改善织物的缩水率和平整度。另外,为了提高竹纤维制品的附加值,还可对其做一些功能性的整理,如阻燃整理、抗紫外线整理等。

思考题

1. 何谓再生纤维?何谓再生纤维素纤维?
2. 黏胶纤维可分为哪些类别?各有什么特点?
3. 黏胶纤维和棉纤维的染色性能有哪些不同?
4. 天丝纤维与黏胶纤维有什么不同?天丝纤维有哪些特点?
5. 天丝纤维织物前处理中酶处理的目的是什么?
6. 何谓天丝的原纤化?影响原纤化的因素有哪些?
7. 天丝的原纤化对染整加工有哪些影响?

8. 写出天丝纤维织物染整加工工艺流程。

9. 天丝纤维织物染整加工中存在的主要问题是什么？

10. 天丝纤维织物活性染料染色时，染料的选择依据有哪些？

参考文献

[1]朱世林. 纤维素纤维制品的染整[M]. 北京：中国纺织出版社，2002.

[2]张玉莲. 绿色纤维——Tencel[M]. 北京：中国纺织出版社，2001.

[3]许英健，王景翰. 新一代纤维素纤维—天丝及其分析[J]. 中国纤检，2006（01）：43-45.

[4]李国利，王莉. LF天丝纯纺细号纱的生产技术[J]. 山东纺织科技，2010（06）：13-15.

[5]万震，周红丽. 天丝散纤维染整技术[J]. 印染，2006（23）：23-26.

[6]代明，刘儒初，吴桂英. Lyocell纤维印染布生产实践[J]. 纺织导报，2003（5）：124-126.

[7]梁玉华，王秀燕. Tencel纤维的染性能研究[J]. 上海纺织科技，2005（6）：10-11.

[8]滑钧凯，刘充玲，孙成义. 天丝（Tencel）及其混纺品的染色[J]. 毛纺科技，2004（3）：17-21.

[9]武生存，孙冰，崔红. 深色天丝L2100/棉织物的生产实践[J]. 印染，2006（2）：17-19.

[10]高鹏，秦志宏，王力民. Lyocell染整清洁生产初探[J]. 印染，2002（8）：33-35.

[11]李晓芳，贸杰，李继清. Tencel纤维纱线染色生产实践[J]. 河南纺织高等专科学校学报，2004（4）：60-61.